INTRODUCTION
TO
BIG DATA

Thinking, Technology
and Application

大数据导论

思维、技术与应用

武志学 编著

人民邮电出版社
北京

图书在版编目（CIP）数据

大数据导论 ： 思维、技术与应用 / 武志学编著. --
北京 ： 人民邮电出版社，2019.4（2023.4重印）
21世纪高等院校云计算和大数据人才培养规划教材
ISBN 978-7-115-50485-2

Ⅰ. ①大… Ⅱ. ①武… Ⅲ. ①数据处理－高等学校－
教材 Ⅳ. ①TP274

中国版本图书馆CIP数据核字(2018)第289518号

内 容 提 要

本书将基本概念与实例相结合，由浅入深、循序渐进地对大数据思维、技术和应用做了全面系统的介绍。全书共 12 章，分为大数据基础篇、大数据存储篇、大数据处理篇、大数据挖掘篇和大数据应用篇。

大数据基础篇的内容涵盖了大数据思维理念、大数据的产生与作用、大数据基本概念、大数据采集工具 Flume 和 Scribe、大数据爬虫工具 Nutch 和 Scapy、大数据预处理工具 Kettle、大数据处理架构 Hadoop；大数据存储篇的内容包含分布式文件存储系统 HDFS、海量数据存储数据库系统 HBase 和海量数据仓库系统 Hive；大数据处理篇主要介绍了分布式并发计算批处理模式 MapReduce，基于内存的快速处理模式 Spark，以及基于实时数据流的实时处理模式 Spark Streaming；大数据挖掘篇主要对分类、预测、聚类和关联等各类大数据挖掘算法的原理和使用场景进行了描述，并使用 Spark MLlib 提供的机器学习算法进行了实例讲解；大数据应用篇分别从大数据场景应用的横向和纵向出发，介绍了大数据在各个功能领域的应用场景和在各个行业的应用场景。

本书可作为高校大数据相关专业和其他专业的大数据导论课程的教材，每个知识点都配有与理论学习内容相结合的案例介绍和代码实例，并在每章后面配有丰富的作业。本书也可以作为广大 IT 从业人员系统了解大数据技术和应用的参考书。

◆ 编　　著　武志学
　责任编辑　左仲海
　责任印制　马振武
◆ 人民邮电出版社出版发行　　北京市丰台区成寿寺路 11 号
　邮编　100164　　电子邮件　315@ptpress.com.cn
　网址　http://www.ptpress.com.cn
　固安县铭成印刷有限公司印刷
◆ 开本：787×1092　1/16
　印张：15.75　　　　　　2019 年 4 月第 1 版
　字数：414 千字　　　　　2023 年 4 月河北第 5 次印刷

定价：49.80 元

读者服务热线：(010)81055256　印装质量热线：(010)81055316
反盗版热线：(010)81055315
广告经营许可证：京东市监广登字20170147号

前　言

随着信息技术的快速发展，海量的数据已经成为企业最具价值的财富。移动互联网和物联网技术使得信息传播极其迅速，大数据开始蔓延到社会的各行各业，从而影响着人们的学习、工作、生活，以及社会的发展。大数据技术的应用场景也越来越广泛，从市场营销到产品设计，从市场预测到决策支持，从效能提升到运营管理，并且大数据的应用已经从早期的互联网公司开始走向传统企业。

目前，大数据领域正面临全球性的“人才荒”，根据麦肯锡报告显示，2018 年，美国市场的大数据人才和高级分析专家的人才缺口将高达 19 万。此外，美国企业还需要 150 万位能够提出正确问题、运用大数据分析结果的大数据相关管理人才。目前，国内的大数据人才仅 46 万，未来 3 到 5 年内大数据人才的缺口将高达 156 万，并且随着时间的推移，人才缺口还会逐渐放大，在很长时间内企业将面临大数据人才严重紧缺状态。

为了满足社会需求，加快大数据人才的培养，2016 年教育部先后设置“数据科学与大数据技术”本科专业和“大数据技术与应用”高职专业。截至 2018 年，我国已有 283 所本科院校获批大数据相关的本科专业，212 所高职院校获批大数据相关的高职专业。尽管各方都意识到了大数据人才培养的重要性，但是到底如何培养好的大数据人才，还是个亟待解决的问题。作者基于 2012 年至今在高校从事大数据人才培养的实际经验，结合多年从事大数据技术研究和大数据应用开发的实践体会，编写了这本教材。本书围绕着大数据技术和应用问题，由浅入深、循序渐进，以基本概念与实例相结合的方法，对大数据思维、技术和应用做了系统的介绍，包括大数据获取、大数据预处理、大数据存储和管理、大数据批处理、大数据在线处理、大数据挖掘和大数据应用等各个技术环节。

本书不仅可以作为高校大数据相关专业和其他专业的大数据导论课程的教材，也可以作为广大 IT 从业人员系统了解大数据技术和应用的参考书。作者力图使读者通过学习，能够基本理解各类大数据技术，能够初步使用大数据思维分析问题，能够掌握大数据技术解决实际问题的基本原理，并能够了解大数据技术在各个行业的应用场景。

作为高校的教材，本书在每一个环节都配有与理论学习内容相结合的案例介绍，还有使用 Java 和 Python 语言编写的应用实例，使读者能够在大数据平台上通过实践亲身体验大数据处理和分析的过程，从而加快和加深对大数据理论和技术的理解。为了使读者方便检验和复习巩固学习到的知识，本书每章后面都配有丰富的作业。

全书内容主要分为 5 部分，共 12 章。

第一部分是大数据基础篇（第 1～5 章），对大数据思维、大数据技术、大数据平台和大数据应用进行了基本介绍。第 1 章主要阐述了大数据的产生与作用及大数据思维；第 2 章对大数据技术和大数据应用进行了基本介绍；第 3 章介绍了大数据的采集方法，相应的日志采集系统 Flume 和 Scribe，以及网络爬虫工具 Nutch 和 Scapy；第 4 章介绍了大数据预处理技术，以及数据预处理工具 Kettle；第 5 章对大数据的技术基础进行了描述，并对著名的 Google 和 Hadoop 大数据处理系统进行了介绍。

第二部分是大数据存储篇（第 6～7 章），主要介绍了大数据存储和管理技术，分别讲解了分布式文件存储系统 HDFS，以及支持大规模、半结构化海量数据存储的数据库系统 HBase。

第三部分是大数据处理篇（第 8～10 章），主要介绍了大数据处理技术，分别为分布式并发计算批处理模式 MapReduce，基于内存的快速处理模式 Spark，以及基于实时数据流的实时处理模式 Spark Streaming。

第四部分是大数据挖掘篇（第 11 章），主要对分类、预测、聚类和关联等各类大数据挖掘算法的原理和使用场景进行了描述，并使用 Spark MLlib 提供的机器学习算法进行了实例讲解。

第五部分是大数据应用篇（第 12 章），首先，从大数据应用场景横向角度出发，介绍了大数据在各个功能领域的应用场景，包括精准营销、个性化推荐和大数据预测；然后，从大数据应用场景纵向角度出发，介绍了各个行业的大数据应用场景，包括银行、证券、保险、互联网、电信和物流等行业。

采用本书作为教材时，授课教师可以参考下述教学安排。

章	理论课	实验课	合计
第 1 章　大数据思维	2 学时		2 学时
第 2 章　大数据技术概述	2 学时		2 学时
第 3 章　大数据采集	2 学时	2 学时	4 学时
第 4 章　大数据预处理	4 学时	4 学时	8 学时
第 5 章　大数据处理系统	4 学时	2 学时	6 学时
第 6 章　大数据文件系统 HDFS	4 学时	4 学时	8 学时
第 7 章　NoSQL 数据库 HBase	4 学时	4 学时	8 学时
第 8 章　大数据批处理 Hadoop MapReduce	4 学时	4 学时	8 学时
第 9 章　大数据快速处理 Spark	4 学时	4 学时	8 学时
第 10 章　大数据实时流计算 Spark Streaming	4 学时	4 学时	8 学时
第 11 章　大数据挖掘	12 学时	12 学时	24 学时
第 12 章　大数据应用	4 学时		4 学时
合计	50 学时	40 学时	90 学时

本书的编写得到了五舟汉云公司研发人员和电子科技大学成都学院教师们的大力支持和帮助，在这里表示感谢。特别感谢赵阳老师在本书编写过程中提出的宝贵建议，感谢五舟汉云大数据小组成员汪雪飞、龚晓宇和杨棋等对书中实例的验证，感谢五舟汉云教育小组成员邓依洁、屈太源、吕姗姗、杨莹和杨燕等为本书提供的校对和制图工作。

编者

2018 年 6 月

目 录 CONTENTS

第一部分 大数据基础篇

第1章 大数据思维 2

第2章 大数据技术概述 15

第3章 大数据采集 22

第 4 章　大数据预处理　37

第 5 章　大数据处理系统　57

第二部分　大数据存储篇

第 6 章　大数据文件系统 HDFS　66

第 7 章　NoSQL 数据库 HBase　80

第三部分 大数据处理篇

第四部分 大数据挖掘篇

第 11 章 大数据挖掘 163

第五部分 大数据应用篇

第 12 章 大数据应用 205

第一部分

大数据基础篇

Chapter 1 第1章 大数据思维

大数据开启了一次重大的时代转型。大数据技术在短短的数年之内，从少数科学家的主张，转变为全球领军公司的战略实践，继而上升为大国的竞争战略，形成一股无法忽视、无法回避的历史潮流。互联网、物联网、云计算、智慧城市正在使数据沿着“摩尔定律”飞速增长，一个与物理空间平行的数字空间正在形成。在新的数字世界当中，数据成为最宝贵的生产要素，顺应趋势、积极谋变的国家和企业将乘势崛起，成为新的领军者；无动于衷、墨守成规的组织将逐渐被边缘化，失去竞争的活力和动力。毫无疑问，大数据正在开启一个崭新时代。

1.1 什么是大数据

大数据本身是一个抽象的概念。从一般意义上讲，大数据是指无法在有限时间内用常规软件工具对其进行获取、存储、管理和处理的数据集合。目前，业界对大数据还没有一个统一的定义，但是大家普遍认为，大数据具备 Volume、Velocity、Variety 和 Value 四个特征，简称“4V”，即数据体量巨大、数据速度快、数据类型繁多和数据价值密度低，如图 1-1 所示。下面分别对每个特征作简要描述。

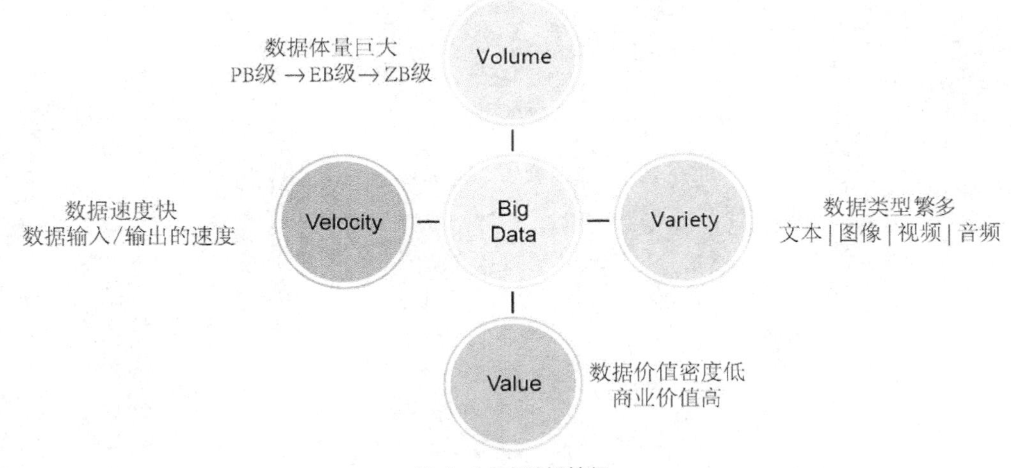

图 1-1 大数据特征

（1）Volume：表示大数据的数据体量巨大。数据集合的规模不断扩大，已经从 GB 级增加到 TB 级再增加到 PB 级，近年来，数据量甚至开始以 EB 和 ZB 来计数。例如，一个中型城市的视频监控信息一天就能达到几十 TB 的数据量。百度首页导航每天需要提供的数据超过

1.5PB，如果将这些数据打印出来，会超过 5 000 亿张 A4 纸。图 1-2 展示了每分钟互联网产生的各类数据的量。

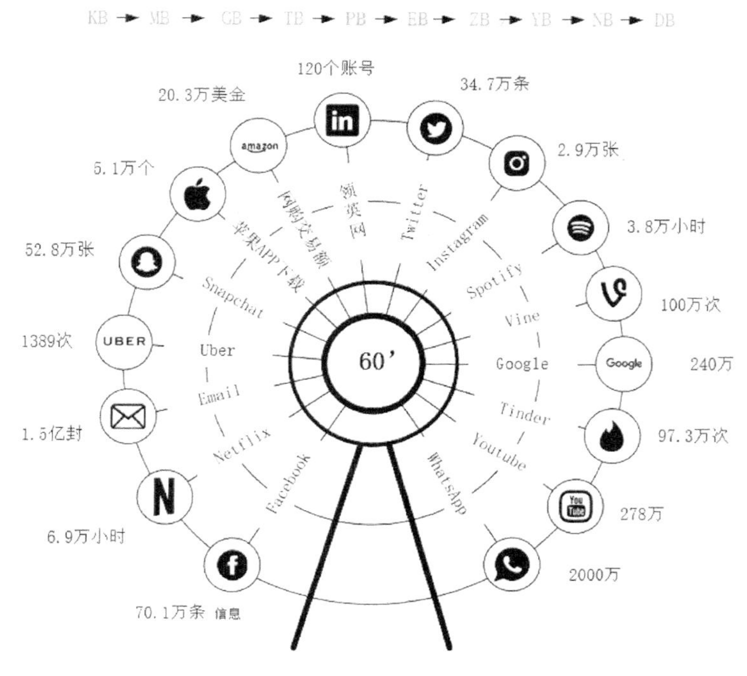

图 1-2　互联网每分钟产生的数据

（2）Velocity：表示大数据的数据产生、处理和分析的速度在持续加快。加速的原因是数据创建的实时性特点，以及将流数据结合到业务流程和决策过程中的需求。数据处理速度快，处理模式已经开始从批处理转向流处理。业界对大数据的处理能力有一个称谓——“1 秒定律”，也就是说，可以从各种类型的数据中快速获得高价值的信息。大数据的快速处理能力充分体现出它与传统的数据处理技术的本质区别。

（3）Variety：表示大数据的数据类型繁多。传统 IT 产业产生和处理的数据类型较为单一，大部分是结构化数据。随着传感器、智能设备、社交网络、物联网、移动计算、在线广告等新的渠道和技术不断涌现，产生的数据类型无以计数。现在的数据类型不再只是格式化数据，更多的是半结构化或者非结构化数据，如 XML、邮件、博客、即时消息、视频、照片、点击流、日志文件等。企业需要整合、存储和分析来自复杂的传统和非传统信息源的数据，包括企业内部和外部的数据。

（4）Value：表示大数据的数据价值密度低。大数据由于体量不断加大，单位数据的价值密度在不断降低，然而数据的整体价值在提高。以监控视频为例，在一小时的视频中，有用的数据可能仅仅只有一两秒，但是却会非常重要。现在许多专家已经将大数据等同于黄金和石油，这表示大数据当中蕴含了无限的商业价值。

根据中商产业研究院发布的《2018—2023 年中国大数据产业市场前景及投资机会研究报告》显示，2017 年中国大数据产业规模达到 4 700 亿元，同比增长 30%。随着大数据在各行业的融合应用不断深化，预计 2018 年中国大数据市场产值将突破 6 000 亿元，达到 6 200 亿元。

通过对大数据进行处理，找出其中潜在的商业价值，将会产生巨大的商业利润。

1.2 从 IT 时代到大数据时代

近年来，信息技术迅猛发展，尤其是以互联网、物联网、信息获取、社交网络等为代表的技术日新月异，促使手机、平板电脑、PC 等各式各样的信息传感器随处可见，虚拟网络快速发展，现实世界快速虚拟化，数据的来源及其数量正以前所未有的速度增长。伴随着云计算、大数据、物联网、人工智能等信息技术的快速发展和传统产业数字化的转型，数据量呈现几何级增长，根据市场研究资料显示，全球数据总量将从 2016 年的 16.1ZB 增长到 2025 年的 163ZB（约合 180 万亿 GB），十年内将有 10 倍的增长，复合增长率为 26%，如图 1-3 所示。若以现有的蓝光光盘为计量标准，那么 40 ZB 的数据全部存入蓝光光盘，所需要的光盘总重量将达到 424 艘尼米兹号航母的总重量。而这些数据中，约 80%是非结构化或半结构化类型的数据，甚至更有一部分是不断变化的流数据。因此，数据的爆炸性增长态势，以及其数据构成特点使得人们进入了“大数据”时代。

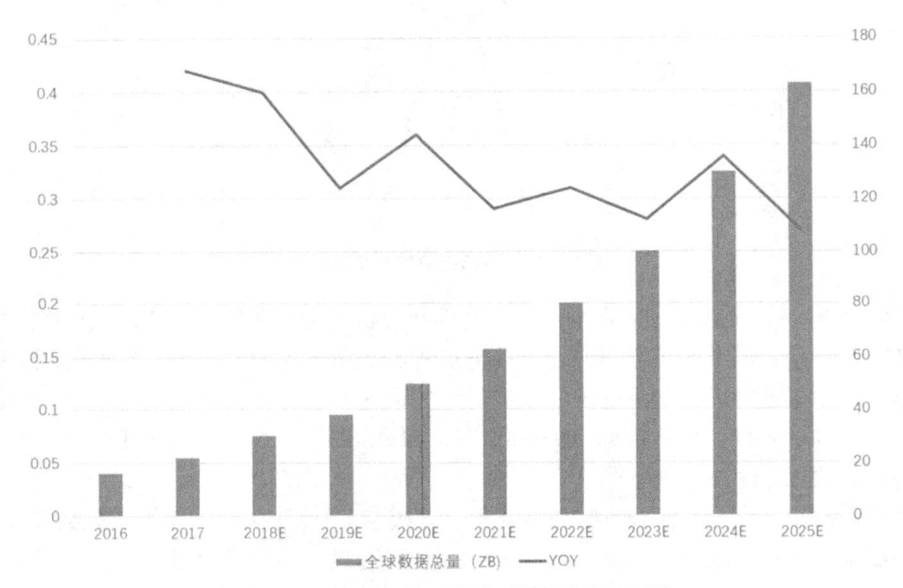

图 1-3　2016—2025 年全球数据产量及预测

如今，大数据已经被赋予多重战略含义。在资源的角度，数据被视为“未来的石油”，被作为战略性资产进行管理；在国家治理角度，大数据被用来提升治理效率，重构治理模式，破解治理难题，它将掀起一场国家治理革命；在经济增长角度，大数据是全球经济低迷环境下的产业亮点，是战略新兴产业的最活跃部分；在国家安全角度，全球数据空间没有国界边疆，大数据能力成为大国之间博弈和较量的利器。总之，国家竞争焦点将从资本、土地、人口、资源转向数据空间，全球竞争版图将分成新的两大阵营：数据强国与数据弱国。

从宏观上看，由于大数据革命的系统性影响和深远意义，主要大国快速做出战略响应，将大数据置于非常核心的位置，推出国家级创新战略计划。美国 2012 年发布了《大数据研究和发展计划》，并成立“大数据高级指导小组”，2013 年又推出“数据—知识—行动”计划，2014 年进一步发布《大数据：把握机遇，维护价值》政策报告，启动“公开数据行动”，陆续公开 50 个门类的政府数据，鼓励商业部门进行开发和创新。欧盟正在力推《数据价值链战略计划》；英国发布了《英国数据能力发展战略规划》；日本发布了《创建最尖端IT国家宣言》；韩国提出了“大数据中心战略”。中国多个省市发布了大数据发展战略，国家层面的《关于促进大数据发展的行动纲要》也于2015年8月19日正式通过。

从微观上看，大数据重塑了企业的发展战略和转型方向。美国的企业以GE提出的“工业互联网”为代表，提出智能机器、智能生产系统、智能决策系统，将逐渐取代原有的生产体系，构成一个“以数据为核心”的智能化产业生态系统。德国的企业以“工业4.0”为代表，要通过信息物理系统（Cyber Physical System，CPS）把一切机器、物品、人、服务、建筑统统连接起来，形成一个高度整合的生产系统。中国的企业以阿里巴巴提出的“DT时代”（Data Technology）为代表，认为未来驱动发展的不再是石油、钢铁，而是数据。这3种新的发展理念可谓异曲同工、如出一辙，共同宣告“数据驱动发展”成为时代主题。

与此同时，大数据也是促进国家治理变革的基础性力量。正如《大数据时代》的作者舍恩伯格在定义中所强调的：“大数据是人们在大规模数据的基础上可以做到的事情，而这些事情在小规模数据的基础上是无法完成的。”在国家治理领域，大数据为解决以往的“顽疾”和“痛点”，提供了强大支撑，如建设阳光政府、责任政府、智慧政府；大数据使以往无法实现的环节变得简单、可操作，如精准医疗、个性化教育、社会监管、舆情监测预警；大数据也使一些新的主题成为国家治理的重点，如维护数据主权、开放数据资产、保持在数字空间的国家竞争力等。

中国具备成为数据强国的优势。中国的数据量在2013年已达到576 EB，到2020年这个数字将会达到8.06 ZB，增长超过12倍。从全球占比来看，中国成为数据强国的潜力极为突出，2010年中国数据占全球数据的比例为10%，2013年占比为13%，2020年占比将达到18%，如图1-4所示。届时，中国的数据规模将超过美国位居世界第一。中国成为数据大国并不奇怪，因为中国是人口大国、制造业大国、互联网大国、物联网大国，这都是最活跃的数据生产主体，未来几年，中国成为数据大国也是逻辑上的必然结果。

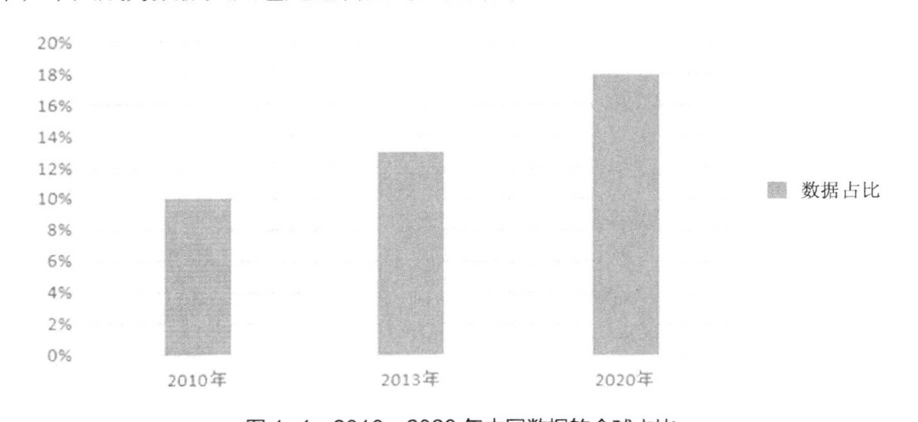

图1-4 2010—2020年中国数据的全球占比

1.3 大数据的产生与作用

大数据是信息通信技术发展积累至今，按照自身技术发展逻辑，从提高生产效率向更高级智能阶段的自然生长。无处不在的信息感知和采集终端为我们采集了海量的数据，而以云计算为代表的计算技术的不断进步，为我们提供了强大的计算能力。

1.3.1 大数据的产生

从采用数据库作为数据管理的主要方式开始，人类社会的数据产生方式大致经历了 3 个阶段，而正是数据产生方式的巨大变化才最终导致大数据的产生。

（1）运营式系统阶段。数据库的出现使得数据管理的复杂度大大降低，在实际使用中，数据库大多为运营系统所采用，作为运营系统的数据管理子系统，如超市的销售记录系统、银行的交易记录系统、医院病人的医疗记录等。人类社会数据量的第一次大的飞跃正是在运营式系统开始广泛使用数据库时开始的。这个阶段的最主要特点是，数据的产生往往伴随着一定的运营活动；而且数据是记录在数据库中的，例如，商店每售出一件产品就会在数据库中产生一条相应的销售记录。这种数据的产生方式是被动的。

（2）用户原创内容阶段。互联网的诞生促使人类社会数据量出现第二次大的飞跃，但是真正的数据爆发产生于 Web 2.0 时代，而 Web 2.0 的最重要标志就是用户原创内容。这类数据近几年一直呈现爆炸性的增长，主要有两个方面的原因。一是以博客、微博和微信为代表的新型社交网络的出现和快速发展，使得用户产生数据的意愿更加强烈。二是以智能手机、平板电脑为代表的新型移动设备的出现，这些易携带、全天候接入网络的移动设备使得人们在网上发表自己意见的途径更为便捷。这个阶段的数据产生方式是主动的。

（3）感知式系统阶段。人类社会数据量第三次大的飞跃最终导致了大数据的产生，今天我们正处于这个阶段。这次飞跃的根本原因在于感知式系统的广泛使用。随着技术的发展，人们已经有能力制造极其微小的带有处理功能的传感器，并开始将这些设备广泛地布置于社会的各个角落，通过这些设备来对整个社会的运转进行监控。这些设备会源源不断地产生新数据，这种数据的产生方式是自动的。

简单来说，数据产生经历了被动、主动和自动三个阶段。这些被动、主动和自动的数据共同构成了大数据的数据来源，但其中自动式的数据才是大数据产生的最根本原因。

1.3.2 大数据的作用

大数据虽然孕育于信息通信技术，但它对社会、经济、生活产生的影响绝不限于技术层面。更本质上，它是为我们看待世界提供了一种全新的方法，即决策行为将日益基于数据分析，而不是像过去更多凭借经验和直觉。具体来讲，大数据将有以下作用。

第一，对大数据的处理分析正成为新一代信息技术融合应用的结点。移动互联网、物联网、社交网络、数字家庭、电子商务等是新一代信息技术的应用形态，这些应用不断产生大数据。云计算为这些海量、多样化的大数据提供存储和运算平台。通过对不同来源数据的管理、处理、分析与优化，将结果反馈到上述应用中，将创造出巨大的经济和社会价值，大数据具有催生社会变革的能量。

第二，大数据是信息产业持续高速增长的新引擎。面向大数据市场的新技术、新产品、新服务、新业态会不断涌现。在硬件与集成设备领域，大数据将对芯片、存储产业产生重要影响，还将催生出一体化数据存储处理服务器、内存计算等市场。在软件与服务领域，大数据将引发数据快速处理分析技术、数据挖掘技术和软件产品的发展。

第三，大数据利用将成为提高核心竞争力的关键因素。各行各业的决策正在从“业务驱动”向“数据驱动”转变。在商业领域，对大数据的分析可以使零售商实时掌握市场动态并迅速做出应对，可以为商家制定更加精准有效的营销策略提供决策支持，可以帮助企业为消费者提供更加及时和个性化的服务；在医疗领域，可提高诊断准确性和药物有效性；在公共事业领域，大数据也开始发挥促进经济发展、维护社会稳定等方面的重要作用。

第四，大数据时代，科学研究的方法手段将发生重大改变。例如，抽样调查是社会科学的基本研究方法，在大数据时代，研究人员可通过实时监测、跟踪研究对象在互联网上产生的海量行为数据，进行挖掘分析，揭示出规律性的东西，提出研究结论和对策。

1.4 大数据时代的新理念

大数据时代的到来改变了人们的生活方式、思维模式和研究范式，我们可以总结出10个重大变化，如图1–5所示。

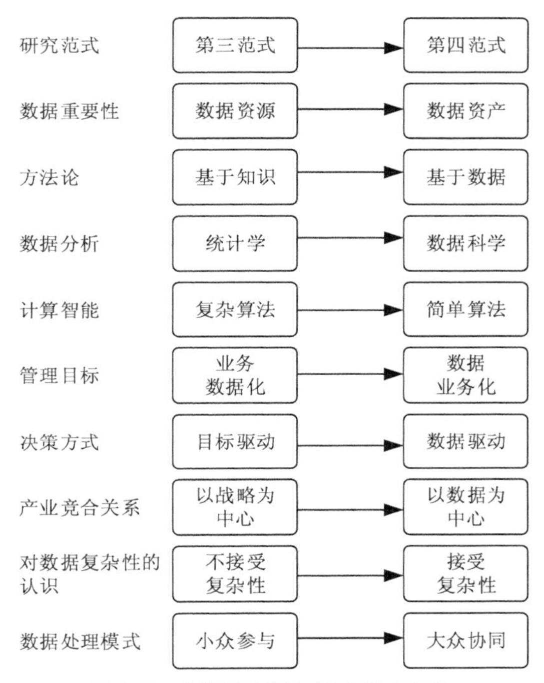

图1–5 大数据时代的10个重大变化

1.4.1 对研究范式的新认识：从第三范式到第四范式

2007年1月，图灵奖得主、关系型数据库鼻祖Jim Gray发表演讲，他凭着自己对于人类科学发展特征的深刻洞察，敏锐地指出科学的发展正在进入“数据密集型科学发现范式”——科学史上的“第四范式”。

在他看来，人类科学研究活动已经历过三种不同范式的演变过程。“第一范式”是指原始社会的“实验科学范式”。18世纪以前的科学进步均属于此列，其核心特征是对有限的客观对象进行观察、总结、提炼，用归纳法找出其中的科学规律，如伽利略提出的物理学定律。“第二范式”是指19世纪以来的理论科学阶段，以模型和归纳为特征的“理论科学范式”。其核心特征是以演绎法为主，凭借科学家的智慧构建理论大厦，如爱因斯坦提出的相对论、麦克斯方程组、量子理论和概率论等。“第三范式”是指20世纪中期以来的计算科学阶段的“计算科学范式”。面对大量过于复杂的现象，归纳法和演绎法都难以满足科学研究的需求，人类开始借助计算机的高级运算能力对复杂现象进行建模和预测，如天气、地震、核试验、原子的运动等。

然而，随着近年来人类采集数据量的爆炸性增长，传统的计算科学范式已经越来越无力驾驭海量的科研数据了。例如，欧洲的大型粒子对撞机、天文领域的 Pan-STARRS 望远镜每天产生的数据多达几千万亿字节（PB）。很明显，这些数据已经突破了“第三范式”的处理极限，无法被科学家有效利用。

正因为如此，目前正在从“计算科学范式”转向“数据密集型科学发现范式”。“第四范式”的主要特点是科学研究人员只需要从大数据中查找和挖掘所需要的信息和知识，无须直接面对所研究的物理对象。例如，在大数据时代，天文学家的研究方式发生了新的变化，其主要研究任务变为从海量数据库中发现所需的物体或现象的照片，而不再需要亲自进行太空拍照。

1.4.2　对数据重要性的新认识：从数据资源到数据资产

在大数据时代，数据不仅是一种“资源”，更是一种重要的“资产”。因此，数据科学应把数据当作一种“资产”来管理，而不能仅仅当作“资源”来对待。也就是说，与其他类型的资产相似，数据也具有财务价值，且需要作为独立实体进行组织与管理。

大数据时代的到来，让“数据即资产”成为最核心的产业趋势。在这个“数据为王”的时代，回首信息产业发展的起起伏伏，我们发现产业兴衰的决定性因素，已不是土地、人力、技术、资本这些传统意义上的生产要素，而是曾经被一度忽视的“数据资产”。世界经济论坛报告曾经预测称，“未来的大数据将成为新的财富高地，其价值可能会堪比石油”，而大数据之父维克托也乐观地表示，“数据列入企业资产负债表只是时间问题”。

“数据成为资产”是互联网泛在化的一种资本体现，它让互联网不仅具有应用和服务本身的价值，而且具有了内在的“金融”价值。数据不再只是体现于“使用价值”方面的产品，而成为实实在在的“价值”。目前，作为数据资产先行者的 IT 企业，如苹果、谷歌、IBM、阿里、腾讯、百度等，无不想尽各种方式，挖掘多种形态的设备及软件功能，收集各种类型的数据，发挥大数据的商业价值，将传统意义上的 IT 企业，打造成为“终端+应用+平台+数据”四位一体的泛互联网化企业，以期在大数据时代获取更大的收益。

大数据资产的价值的衡量尺度主要有以下 3 个方面的标准。

1．独立拥有及控制数据资产

目前，数据的所有权问题在业界还比较模糊。从拥有和控制的角度来看，数据可以分为 I 型数据、Ⅱ型数据和Ⅲ型数据。

I 型数据主要是指数据的生产者自己生产出来的各种数据，例如，百度对使用其搜索引擎的用户的各种行为进行收集、整理和分析，这类数据虽然由用户产生，但产权却属于生产者，并最大限度地发挥其商业价值。

Ⅱ型数据又称为入口数据，例如，各种电子商务营销公司通过将自身的工具或插件植入电商平台，来为其提供统计分析服务，并从中获取各类经营数据。虽然这些数据的所有权并不属于这些公司，在使用时也有一些规则限制，但是它们却有着对数据实际的控制权。

相比于前两类数据，Ⅲ型数据的产权情况比较复杂，它们主要依靠网络爬虫，甚至是黑客手段获取数据。与 I 型和Ⅱ型数据不同的是，这些公司流出的内部数据放在网上供人付费下载。这种数据在当前阶段，还不能和资产完全画等号。

2．计量规则与货币资本类似

大数据要实现真正的资产化，用货币对海量数据进行计量是一个大问题。尽管很多企业都意识到数据作为资产的可能性，但除了极少数专门以数据交易为主营业务的公司外，大多数公司都没有为数据的货币计量做出适当的账务处理。

虽然数据作为资产尚未在企业财务中得到真正的引用，但将数据列入无形资产比较有利。考虑到研发因素，很多高科技企业都具有较长的投入产出期，可以让那些存储在硬盘上的数据直接进入资产负债表。对于通过交易手段获得的数据，可以按实际支付价款作为入账价值计入无形资产，从而为企业形成有效税盾，降低企业实际税负。

3．具有资本一般的增值属性

资本区别于一般产品的特征在于，它具有不断增值的可能性。只有能够利用数据、组合数据、转化数据的企业，他们手中的大数据资源才能成为数据资产。目前，直接利用数据为企业带来经济利益的方法主要有数据租售、信息租售、数据使能三种模式。其中，数据租售主要通过对业务数据进行收集、整理、过滤、校对、打包、发布等一系列操作，实现数据内在的价值。信息租售则通过聚焦行业焦点，收集相关数据，深度整合、萃取及分析，形成完整数据链条，实现数据的资产转化。数据使能是指，类似于阿里这样的互联网公司通过提供大量的金融数据挖掘及分析服务，为传统金融行业难以下手的小额贷款业务开创新的行业增长点。

总而言之，作为信息时代核心的价值载体，大数据必然具有朝向价值本体转化的趋势，而它的“资产化”，或者未来更进一步的“资本化”蜕变，将为未来完全信息化、泛互联网化的商业模式打下基础。

1.4.3　对方法论的新认识：从基于知识到基于数据

传统的方法论往往是“基于知识”的，即从“大量实践（数据）”中总结和提炼出一般性知识（定理、模式、模型、函数等）之后，用知识去解决（或解释）问题。因此，传统的问题解决思路是“问题→知识→问题”，即根据问题找“知识”，并用“知识”解决“问题”。然而，数据科学中兴起了另一种方法论——“问题→数据→问题”，即根据“问题”找“数据”，并直接用“数据”（在不需要把“数据”转换成“知识”的前提下）解决“问题”，如图 1-6 所示。

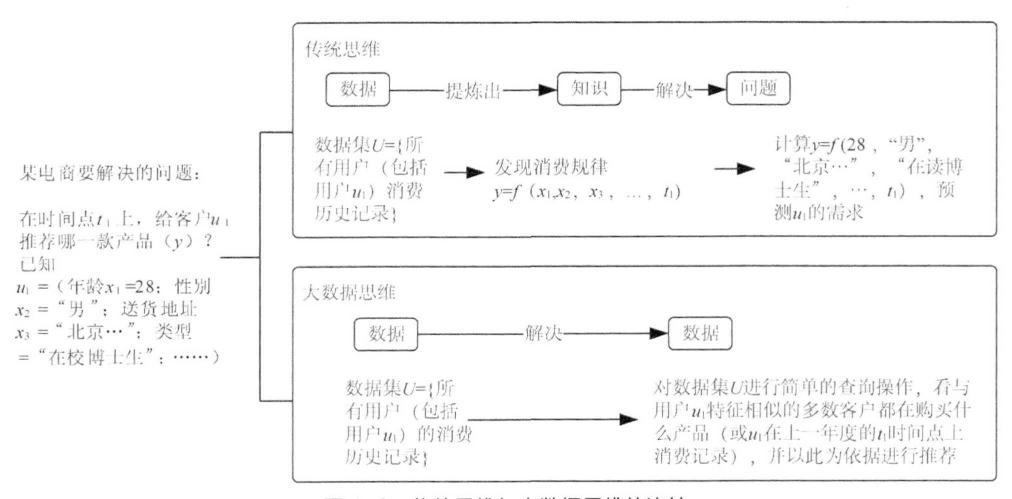

图 1-6　传统思维与大数据思维的比较

1.4.4　对数据分析的新认识：从统计学到数据科学

在传统科学中，数据分析主要以数学和统计学为直接理论工具。但是，云计算等计算模式的出现及大数据时代的到来，提升了我们对数据的获取、存储、计算与管理能力，进而对统计学理论与方法产生了深远影响。大数据带给我们 4 个颠覆性的观念转变。

1．不是随机样本，而是全体数据

在大数据时代，我们可以分析更多的数据，有时候甚至可以处理和某个特别现象相关的所有数据，而不再依赖于随机采样。以前我们通常把随机采样看成是理所应当的限制，但是真正的大数据时代是指不用随机分析法这样的捷径，而采用对所有数据进行分析的方法，通过观察所有数据，来寻找异常值进行分析。例如，信用卡诈骗是通过异常情况来识别的，只有掌握了所有数据才能做到这一点。在这种情况下，异常值是最有用的信息，可以把它与正常交易情况作对比从而发现问题。

2．不是纯净性，而是混杂性

数据量的大幅增加会造成一些错误的数据混进数据集。但是，正因为我们掌握了几乎所有的数据，所以我们不再担心某个数据点对整套分析的不利影响。我们要做的就是要接受这些纷繁的数据并从中受益，而不是以高昂的代价消除所有的不确定性。这就是由“小数据”到“大数据”的改变。

3．不是精确性，而是趋势

研究数据如此之多，以至于我们不再热衷于追求精确度。之前需要分析的数据很少，所以我们必须尽可能精确地量化我们的记录，但随着规模的扩大，对精确度的痴迷将减弱。拥有了大数据，我们不再需要对一个现象刨根问底，只要掌握了大体的发展方向即可，适当忽略微观层面上的精确度，会让我们在宏观层面拥有更好的洞察力。

例如，微信朋友圈中朋友发动态的时间，在一小时以内的会显示多少分钟之前，在一小时以外的就只显示几小时前；微信公众号中显示的阅读量，超过十万以后显示的就是 100 000+，而不是具体数据，因为超过十万的阅读量已经让我们觉得这篇文章很优秀了，没必要精确。

4．不是因果关系，而是相关关系

在数据科学中，广泛应用“基于数据”的思维模式，重视对“相关性”的分析，而不是等到发现“真正的因果关系”之后才解决问题。在大数据时代，人们开始重视相关分析，而不仅仅是因果分析。我们无须再紧盯事物之间的因果关系，而应该寻找事物之间的相关关系。相关关系也许不能准确地告诉我们某件事情为何会发生，但是它会告诉我们某件事情已经发生了。

在大数据时代，我们不必非得知道现象背后的原因，而是要让数据自己发声。知道是什么就够了，没必要知道为什么。例如，知道用户对什么感兴趣即可，没必要去研究用户为什么感兴趣。相关关系的核心是量化两个数据值之间的数据关系。相关关系强是指当一个数据值增加时，其他数据值很有可能也会随之增加。相关关系是通过识别关联物来帮助我们分析某一现象的，而不是揭示其内部的运作。

通过找到一个现象良好的关联物，相关关系可以帮助我们捕捉现在和预测未来。例如，如果 A 和 B 经常一起发生，我们只需要注意 B 是否发生，就可以预测 A 是否也发生了。

1.4.5 对计算智能的新认识：从复杂算法到简单算法

“只要拥有足够多的数据，我们可以变得更聪明”是大数据时代的一个新认识。因此，在大数据时代，原本复杂的“智能问题”变成简单的“数据问题”。只要对大数据进行简单查询就可以达到“基于复杂算法的智能计算的效果”。为此，很多学者曾讨论过一个重要话题——“大数据时代需要的是更多的数据还是更好的模型？”

机器翻译是传统自然语言技术领域的难点，虽曾提出过很多种算法，但应用效果并不理想。IBM 有能力将《人民日报》历年的文本输入电脑，试图破译中文的语言结构，例如，实现中文的语音输入或者中英互译，这项技术在 20 世纪 90 年代就取得突破，但进展缓慢，在应用中还是有很多问题。近年来，Google 翻译等工具改变了“实现策略”，不再依靠复杂算法进行翻译，而是通过对他们之前收集的跨语言语料库进行简单查询的方式，提升了机器翻译的效果和效率。他们并不教给电脑所有的语言规则，而是让电脑自己去发现这些规则。电脑通过分析经过人工翻译的数以千万计的文件来发现其中的规则。这些翻译结果源自图书、各种机构（如联合国）及世界各地的网站。他们的电脑会扫描这些语篇，从中寻找在统计学上非常重要的模式，即翻译结果和原文之间并非偶然产生的模式。一旦电脑找到了这些模式，今后它就能使用这些模式来翻译其他类似的语篇。通过数十亿次重复使用，就会得出数十亿种模式及一个异常聪明的电脑程序。但是对于某些语言来说，他们能够使用到的已翻译完成的语篇非常少，因此 Google 的软件所探测到的模式就相对很少。这就是为什么 Google 的翻译质量会因语言对的不同而不同。通过不断向电脑提供新的翻译语篇，Google 就能让电脑更加聪明，翻译结果更加准确。

1.4.6 对管理目标的新认识：从业务数据化到数据业务化

在传统数据管理中，企业更加关注的是业务的数据化问题，即如何将业务活动以数据方式记录下来，以便进行业务审计、分析与挖掘。在大数据时代，企业需要重视一个新的课题——数据业务化，即如何“基于数据”动态地定义、优化和重组业务及其流程，进而提升业务的敏捷性，降低风险和成本。业务数据化是前提，而数据业务化是目标。

电商的经营模式与实体店最本质的区别是，电商每卖出一件产品，都会留存一条详尽的数据记录。也正是因为可以用数字化的形式保留每一笔销售的明细，电商可以清楚地掌握每一件商品到底卖给了谁。此外，依托互联网这个平台，电商还可以记录每一个消费者的鼠标单击记录、网上搜索记录。所有这些记录形成了一个关于消费者行为的实时数据闭环，通过这个闭环中源源不断产生的新鲜数据，电商可以更好地洞察消费者，更及时地预测其需求的变化，经营者和消费者之间因此产生了很强的黏性。

线下实体商店很难做到这一点，他们可能只知道一个省、一个市或者一个地区卖了多少商品，但是，他们很难了解到所生产、经营的每一件商品究竟卖到了哪一个具体的地方、哪一个具体的人，这个人还买了其他什么东西、查看了哪些商品、可能会喜欢什么样的商品。也就是说，线下实体店即使收集了一些数据，但其数据的粒度、宽度、广度和深度都非常有限。由于缺乏足够的数据，实体店对自己的经营行为，对消费者的洞察力，以及和消费者之间的黏性都十分有限。

就此而言，一家电商和一家线下实体店最本质的区别就是是否保存了足够的数据。其实，这正是互联网化的核心和本质，即“数据化”。这并不是一个简单的数据化，而是所有业务的过程都要数据化，即把所有的业务过程记录下来，形成一个数据的闭环，这个闭环的实时性和效率是关键的指标。这个思想就是一切业务都要数据化。

在大数据时代，企业不仅仅是把业务数据化，更重要的是把数据业务化，也就是把数据作为直接生产力，将数据价值直接通过前台产品作用于消费者。数据可以反映用户过去的行为轨迹，也可以预测用户将来的行为倾向。比较好理解的一个实例就是关联推荐， 当用户买了一个商品之后，可以给用户推荐一个最有可能再买的商品。个性化是数据作为直接生产力的一个具体体现。

随着数据分析工具与数据挖掘渠道的日益丰富与多样化，数据存量越来越大，数据对企业也越来越重要。数据业务化能够给企业带来的业务价值主要包括以下几点：提高生产过程的资源利用率，降低生产成本；根据商业分析提高商业智能的准确率，降低传统“凭感觉”做决策的业务风险；动态价格优化利润和增长；获取优质客户。目前，越来越多的企业级用户已经考虑从批量分析向近实时分析发展，从而提高 IT 创造价值的能力。同时，数据分析在快速从商业智能向用户智能发展。数据业务化可以让数据给企业创造额外收益和价值。

1.4.7　对决策方式的新认识：从目标驱动型到数据驱动型

传统科学思维中，决策制定往往是“目标”或“模型”驱动的，也就是根据目标（或模型）进行决策。然而，大数据时代出现了另一种思维模式，即数据驱动型决策，数据成为决策制定的主要“触发条件”和“重要依据”。

小数据时代，企业讨论什么事情该做不该做，许多时候是凭感觉来决策的，流程如图 1-7 所示，由两个环节组成：一个是拍脑袋，另一个是研发功能。基本上就是产品经理通过一些调研，想了一个功能，做了设计。下一步就是把这个功能研发出来，然后看一下效果如何，再做下一步。整个过程都是凭一些感觉来决策。这种方式总是会出现问题，很容易走一些弯路，很有可能做出错误的决定。

数据驱动型决策加入了数据分析环节，如图 1-8 所示。基本流程就是企业有一些点子，通过点子去研发这些功能，之后要进行数据收集，然后进行数据分析。基于数据分析得到一些结论，然后基于这些结论，再去进行下一步的研发。整个过程就形成了一个循环。在这种决策流程中，人为的因素影响越来越少，而主要是用一种科学的方法来进行产品的迭代。

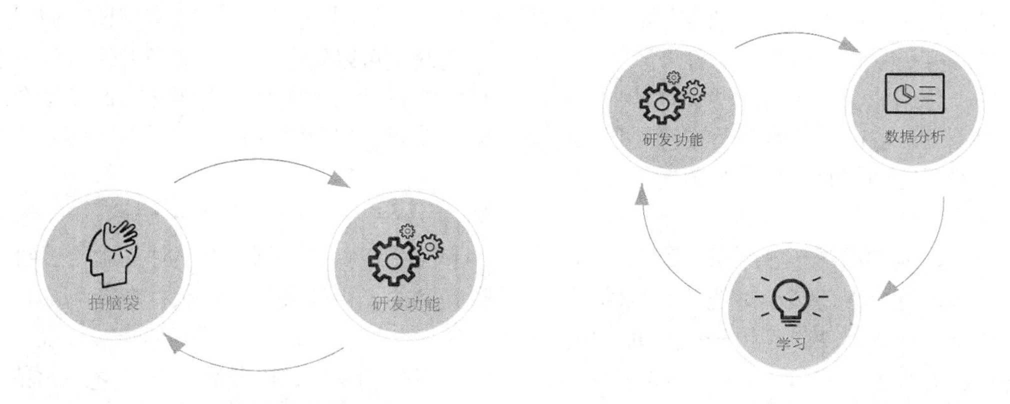

图 1-7　产品迭代的错误流程　　图 1-8　数据驱动的产品迭代流程

例如，一个产品的界面到底是绿色背景好还是蓝色背景好，从设计的层面考虑，两者是都有可能的。那么就可以做一下 A/B 测试。可以让 50%的人显示绿色背景，50%的人显示蓝色背景，然后看用户点击量。哪个点击比较多，就选择哪个。这就是数据驱动，这样就转变成不是凭感觉，而是通过数据去决策。

相比于基于本能、假设或认知偏见而做出的决策，基于证据的决策更可靠。通过数据驱动的方法，企业能够判断趋势，从而展开有效行动，帮助自己发现问题，推动创新或解决方案的出现。

1.4.8　对产业竞合关系的新认识：从以战略为中心到以数据为中心

在大数据时代，企业之间的竞合关系发生了变化，原本相互竞争，甚至不愿合作的企业，不得不开始合作，形成新的业态和产业链。

所谓竞合关系，即在竞争中合作，在合作中竞争。它的核心思想主要体现在两个方面：创造价值与争夺价值。创造价值是个体之间相互合作、共创价值的过程；争夺价值则是个体之间相互竞争、分享价值的过程。竞合的思想就是要求所有参与者共同把蛋糕做大，每个参与者最终分得的部分都会相应增加。

传统的竞合关系以战略为中心，德国宝马汽车公司和戴姆勒公司旗下的奔驰品牌在整车制造领域存在着品牌竞争，但双方不仅共同开发、生产及采购汽车零部件，而且在混合动力技术领域进行研究合作。为了能够在激烈的市场竞争中获取优势，两家公司通过竞合战略，互通有无、共享资源，从而在汽车业整体利润下滑的趋势下获得相对较好的收益，最终取得双赢。

在大数据时代，竞合关系是以数据为中心的。数据产业就是从信息化过程累积的数据资源中提取有用信息进行创新，并将这些数据创新赋予商业模式。这种由大数据创新所驱动的产业化过程具有“提升其他产业利润”的特征，除了能探索新的价值发现、创造与获取方式以谋求本身发展外，还能帮助传统产业突破瓶颈、升级转型，是一种新的竞合关系，而非一般观点的“新兴科技催生的经济业态与原有经济业态存在竞争关系”。所以，数据产业培育围绕传统经济升级转型，依附传统行业企业共生发展，是最好的发展策略。例如，近年来发展火热的团购，就是数据产业帮助传统餐饮业、旅游业和交通行业的升级转型。提供团购业务的企业在获得收益的同时，也提高了其他传统行业的效益。但是，传统企业与团购企业也存在着一定的竞争关系。传统企业在与团购企业合作的过程中，也尽力防止自己的线下业务全部转为自己不能掌控的团购企业。

团购网站为了能获得更广的用户群、更大的流量来提升自己的市场地位，除了自身扩展商户和培养网民习惯之外，还纷纷采取了合纵连横的发展战略。聚划算、京东团购、当当团购、58团购等纷纷开放平台，吸引了千品网、高朋、满座、窝窝等团购网站的入驻，投奔平台正在成为行业共识。对于独立团购网站来说，入驻电商平台不仅能带来流量，电商平台在实物销售上的积累对其实物团购也有一定的促进作用。

1.4.9 对数据复杂性的新认识：从不接受到接受数据的复杂性

在传统科学看来，数据需要彻底“净化”和“集成”，计算目的是需要找出“精确答案”，而其背后的哲学是“不接受数据的复杂性”。然而，大数据中更加强调的是数据的动态性、异构性和跨域等复杂性，开始把“复杂性”当作数据的一个固有特征来对待，组织数据生态系统的管理目标开始转向将组织处于混沌边缘状态。

在小数据时代，对于数据的存储与检索一直依赖于分类法和索引法的机制，这种机制是以预设场域为前提的。这种结构化数据库的预设场域能够卓越地展示数据的整齐排列与准确存储，与追求数据的精确性目标是完全一致的。在数据稀缺与问题清晰的年代，这种基于预设的结构化数据库能够有效地回答人们的问题，并且这种数据库在不同的时间能够提供一致的结果。

面对大数据，数据的海量、混杂等特征会使预设的数据库系统崩溃。其实，数据的纷繁杂乱才真正呈现出世界的复杂性和不确定性特征，想要获得大数据的价值，承认混乱而不是避免混乱才是一种可行的路径。为此，伴随着大数据的涌现，出现了非关系型数据库，它不需要预先设定记录结构，而且允许处理各种各样形形色色参差不齐的数据。因为包容了结构的多样性，这些无须预设的非关系型数据库设计能够处理和存储更多的数据，成为大数据时代的重要应对手段。

在大数据时代，海量数据的涌现一定会增加数据的混乱性且会造成结果的不准确性，如果仍然依循准确性，那么将无法应对这个新的时代。大数据通常都用概率说话，与数据的混杂性可能带来的结果错误性相比，数据量的扩张带给我们的新洞察、新趋势和新价值更有意义。因此，与致力于避免错误相比，对错误的包容将会带给我们更多信息。其实，允许数据的混杂性和容许结果的不精确性才是我们拥抱大数据的正确态度，未来我们应当习惯这种思维。

1.4.10 对数据处理模式的新认识：从小众参与到大众协同

在传统科学中，数据的分析和挖掘都是具有很高专业素养的“企业核心员工”的事情，企业管理的重要目的是如何激励和考核这些“核心员工”。但是，在大数据时代，基于“核心员工”的创新工作成本和风险越来越大，而基于“专家余（Pro-Am）”的大规模协作日益受到重视，正成为解决数据规模与形式化之间矛盾的重要手段。

大规模生产让数以百计的人买得起商品，但商品本身却是一模一样的。企业面临这样一个矛盾：定制化的产品更能满足用户的需求，但却非常昂贵；与此同时，量产化的商品价格低廉，但无法完全满足用户的需求。如果能够做到大规模定制，为大量用户定制产品和服务，则能使产品成本低，又兼具个性化，从而使企业有能力满足要求，但价格又不至于像手工制作那般让人无法承担。因此，在企业可以负担得起大规模定制带来的高成本的前提下，要真正做到个性化产品和服务，就必须对用户需求有很好的了解，这就需要用户提前参与到产品设计中。在大数据时代，用户不再仅仅热衷于消费，他们更乐于参与到产品的创造过程中，大数据技术让用户参与创造与分享成果的需求得到实现。市场上传统的著名品牌越来越重视从用户的反馈中改进产品的后续设计和提高用户体验，例如，“小米”这样的新兴品牌建立了互联网用户粉丝论坛，让用户直接参与到新产品的设计过程之中，充分发挥用户丰富的想象力，企业也能直接了解他们的需求。

大众协同的另一个方面就是企业可以利用用户完成数据的采集，如实时车辆交通数据采集商 Inrix。该公司目前有一亿个手机端用户，Inrix 的软件可以帮助用户避开堵车，为用户呈现路的热量图。提供数据并不是这个产品的特色，但值得一提的是，Inrix 并没有用交警的数据，这个软件的每位用户在使用过程中会给服务器发送实时数据，如速度和位置，这样每个用户都是探测器。使用该服务的用户越多，Inrix 获得的数据就越多，从而可以提供更好的服务。

1.5 总结

本章对大数据的来源和思维做了一个基本介绍，特别是对大数据时代给人们的生活方式、思维模式和研究范式带来的改变做了详细的讲解，以便使学生在学习大数据技术之前，了解大数据的作用，并具有一定的大数据思维基础。

习 题

1. 什么是大数据？大数据的 4 大特征是什么？
2. 什么是业务数据化？什么是数据业务化？它们之间的关系是什么？
3. 什么是数据资产化？数据资产化对企业的意义是什么？
4. 大数据给数据分析带来的 3 个颠覆性观念改变是什么？

第 2 章 大数据技术概述

大数据时代的超大数据体量和占相当比例的半结构化和非结构化数据的存在，已经超越了传统数据库的管理能力。大数据技术将是 IT 领域新一代的技术与架构，它将帮助人们存储管理好大数据，并从大体量、高复杂的数据中提取价值。大数据技术是指从各种各样类型的巨量数据中，快速获得有价值信息的技术。

大数据关键技术涵盖数据存储、处理、应用等多方面的技术。大数据的处理过程可分为大数据采集、大数据预处理、大数据存储及管理、大数据分析及挖掘、大数据展示等环节。本章首先描述了大数据处理的基本流程，然后简单介绍了各类大数据关键技术。大数据的相关技术如图 2-1 所示。

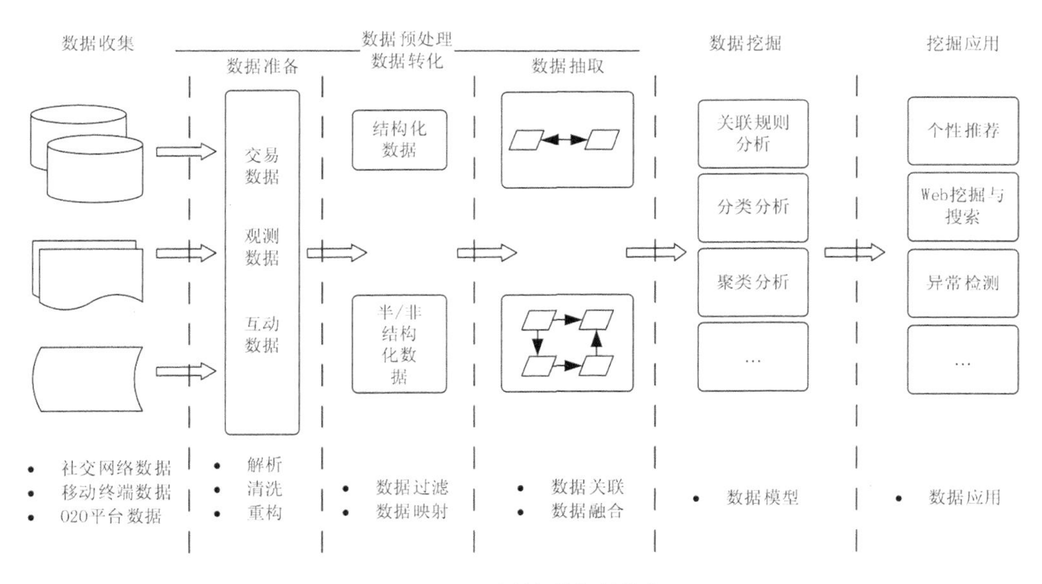

图 2-1 大数据的相关技术

2.1 大数据处理的基本流程

大数据的数据来源广泛，应用需求和数据类型都不尽相同，但是最基本的处理流程是一致的。整个大数据的处理流程可以定义为，在合适工具的辅助下，对广泛异构的数据源进行抽取和集成，将结果按照一定的标准进行统一存储，然后利用合适的数据分析技术对存储的数据进行分析，从中提取有益的知识，并利用恰当的方式将结果展现给终端用户。

具体来讲，大数据处理的基本流程可以分为数据抽取与集成、数据分析和数据解释等步骤。

2.1.1 数据抽取与集成

大数据的一个重要特点就是多样性，这就意味着数据来源极其广泛，数据类型极为繁杂。这种复杂的数据环境给大数据的处理带来极大的挑战。要想处理大数据，首先必须对所需数据源的数据进行抽取和集成，从中提取出数据的实体和关系，经过关联和聚合之后采用统一定义的结构来存储这些数据。在数据集成和提取时，需要对数据进行清洗，保证数据质量及可信性。同时还要特别注意大数据时代数据模式和数据的关系，大数据时代的数据往往是先有数据再有模式，并且模式是在不断的动态演化之中的。

数据抽取和集成技术并不是一项全新的技术，在传统数据库领域此问题就已经得到了比较成熟的研究。随着新的数据源的涌现，数据集成方法也在不断的发展之中。从数据集成模型来看，现有的数据抽取与集成方式可以大致分为 4 种类型：基于物化或 ETL 方法的引擎、基于联邦数据库或中间件方法的引擎、基于数据流方法的引擎，以及基于搜索引擎的方法。

2.1.2 数据分析

数据分析是整个大数据处理流程的核心，大数据的价值产生于分析过程。从异构数据源抽取和集成的数据构成了数据分析的原始数据。根据不同应用的需求可以从这些数据中选择全部或部分进行分析。小数据时代的分析技术，如统计分析、数据挖掘和机器学习等，并不能适应大数据时代数据分析的需求，必须做出调整。大数据时代的数据分析技术面临着一些新的挑战，主要有以下几点。

（1）数据量大并不一定意味着数据价值的增加，相反这往往意味着数据噪音的增多。因此，在数据分析之前必须进行数据清洗等预处理工作，但是预处理如此大量的数据，对于计算资源和处理算法来讲都是非常严峻的考验。

（2）大数据时代的算法需要进行调整。首先，大数据的应用常常具有实时性的特点，算法的准确率不再是大数据应用的最主要指标。在很多场景中，算法需要在处理的实时性和准确率之间取得一个平衡。其次，分布式并发计算系统是进行大数据处理的有力工具，这就要求很多算法必须做出调整以适应分布式并发的计算框架，算法需要变得具有可扩展性。许多传统的数据挖掘算法都是线性执行的，面对海量的数据很难在合理的时间内获取所需的结果。因此需要重新把这些算法实现成可以并发执行的算法，以便完成对大数据的处理。最后，在选择算法处理大数据时必须谨慎，当数据量增长到一定规模以后，可以从小量数据中挖掘出有效信息的算法并一定适用于大数据。

（3）数据结果的衡量标准。对大数据进行分析比较困难，但是对大数据分析结果好坏的衡量却是大数据时代数据分析面临的更大挑战。大数据时代的数据量大，类型混杂，产生速度快，进行分析的时候往往对整个数据的分布特点掌握得不太清楚，从而会导致在设计衡量的方法和指标的时候遇到许多困难。

2.1.3 数据解释

数据分析是大数据处理的核心，但是用户往往更关心对结果的解释。如果分析的结果正确，但是没有采用适当的方法进行解释，则所得到的结果很可能让用户难以理解，极端情况下甚至会引起用户的误解。数据解释的方法很多，比较传统的解释方式就是以文本形式输出结果或者直接在电脑终端上显示结果。这些方法在面对小数据量时是一种可行的选择。但是大数据时代的数据分析结果往往也是海量的，同时结果之间的关联关系极其复杂，采用传统的简单解释方法几乎是不可行的。

解释大数据分析结果时，可以考虑从以下两个方面提升数据解释能力。

（1）引入可视化技术。可视化作为解释大量数据最有效的手段之一率先被科学与工程计算领域采用。该方法通过将分析结果以可视化的方式向用户展示，可以使用户更易理解和接受。常见的可视化技术有标签云、历史流、空间信息流等。

（2）让用户能够在一定程度上了解和参与具体的分析过程。这方面既可以采用人机交互技术，利用交互式的数据分析过程来引导用户逐步地进行分析，使得用户在得到结果的同时更好地理解分析结果的过程，也可以采用数据溯源技术追溯整个数据分析的过程，帮助用户理解结果。

2.2 大数据关键技术

大数据本身是一种现象而不是一种技术。大数据技术是一系列使用非传统的工具来对大量的结构化、半结构化和非结构化数据进行处理，从而获得分析和预测结果的数据处理技术。大数据价值的完整体现需要多种技术的协同。大数据关键技术涵盖数据存储、处理、应用等多方面的技术，根据大数据的处理过程，可将其分为大数据采集、大数据预处理、大数据存储及管理、大数据处理、大数据分析及挖掘、大数据展示等。

2.2.1 大数据采集技术

大数据采集技术是指通过 RFID 数据、传感器数据、社交网络交互数据及移动互联网数据等方式获得各种类型的结构化、半结构化及非结构化的海量数据。因为数据源多种多样，数据量大，产生速度快，所以大数据采集技术也面临着许多技术挑战，必须保证数据采集的可靠性和高效性，还要避免重复数据。

大数据的数据源主要有运营数据库、社交网络和感知设备 3 大类。针对不同的数据源，所采用的数据采集方法也不相同。本书第 3 章将对大数据采集技术做详细介绍。

2.2.2 大数据预处理技术

大数据预处理技术主要是指完成对已接收数据的辨析、抽取、清洗、填补、平滑、合并、规格化及检查一致性等操作。因获取的数据可能具有多种结构和类型，数据抽取的主要目的是将这些复杂的数据转化为单一的或者便于处理的结构，以达到快速分析处理的目的。通常数据预处理包含 3 个部分：数据清理、数据集成和变换及数据规约。

数据清理主要包含遗漏值处理（缺少感兴趣的属性）、噪音数据处理（数据中存在错误或偏离期望值的数据）和不一致数据处理。遗漏数据可用全局常量、属性均值、可能值填充或者直接忽略该数据等方法处理；噪音数据可用分箱（对原始数据进行分组，然后对每一组内的数据进行平滑处理）、聚类、计算机人工检查和回归等方法去除噪音；对于不一致数据则可进行手动更正。

数据集成是指把多个数据源中的数据整合并存储到一个一致的数据库中。这一过程中需要着重解决 3 个问题：模式匹配、数据冗余、数据值冲突检测与处理。由于来自多个数据集合的数据在命名上存在差异，因此等价的实体常具有不同的名称。对来自多个实体的不同数据进行匹配是处理数据集成的首要问题。数据冗余可能来源于数据属性命名的不一致，可以利用皮尔逊积矩来衡量数值属性，对于离散数据可以利用卡方检验来检测两个属性之间的关联。数据值冲突问题主要表现为，来源不同的统一实体具有不同的数据值。数据变换的主要过程有平滑、聚集、数据泛化、规范化及属性构造等。

数据规约主要包括数据方聚集、维规约、数据压缩、数值规约和概念分层等。使用数据规约技术可以实现数据集的规约表示，使得数据集变小的同时仍然近于保持原数据的完整性。在规约后的数据集上进行挖掘，依然能够得到与使用原数据集时近乎相同的分析结果。

本书将在第 4 章对大数据预处理技术进行详细介绍。

2.2.3 大数据存储及管理技术

大数据存储及管理的主要目的是用存储器把采集到的数据存储起来，建立相应的数据库，并进行管理和调用。在大数据时代，从多渠道获得的原始数据常常缺乏一致性，数据结构混杂，并且数据不断增长，这造成了单机系统的性能不断下降，即使不断提升硬件配置也难以跟上数据增长的速度。这导致传统的处理和存储技术失去可行性。

大数据存储及管理技术重点研究复杂结构化、半结构化和非结构化大数据管理与处理技术，解决大数据的可存储、可表示、可处理、可靠性及有效传输等几个关键问题。具体来讲需要解决以下几个问题：海量文件的存储与管理，海量小文件的存储、索引和管理，海量大文件的分块与存储，系统可扩展性与可靠性。

面对海量的 Web 数据，为了满足大数据的存储和管理， Google 自行研发了一系列大数据技术和工具用于内部各种大数据应用，并将这些技术以论文的形式逐步公开，从而使得以 GFS、MapReduce、BigTable 为代表的一系列大数据处理技术被广泛了解并得到应用，同时还催生出以 Hadoop 为代表的一系列大数据开源工具。从功能上划分，这些工具可以分为分布式文件系统、NoSQL 数据库系统和数据仓库系统。这 3 类系统分别用来存储和管理非结构化、半结构化和结构化数据，如图 2-2 所示。

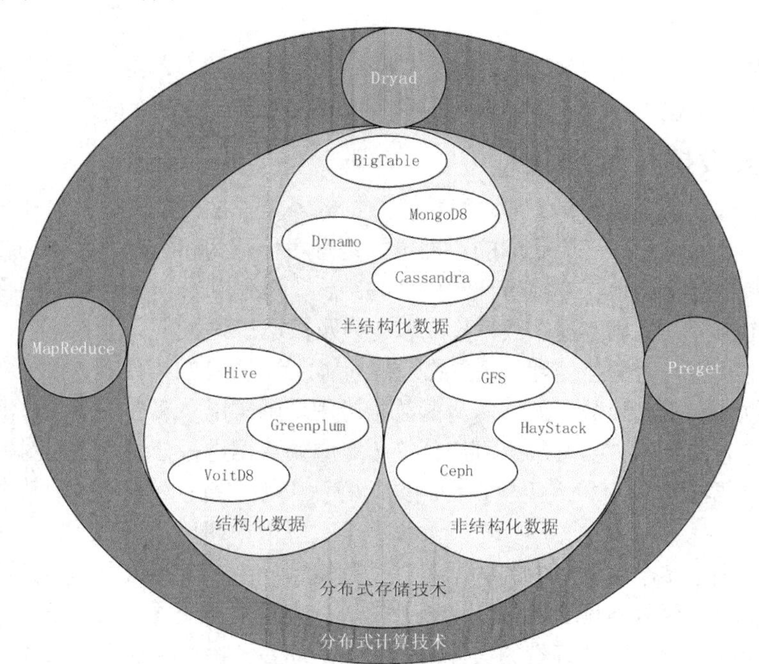

图 2-2　典型大数据存储与管理系统及其分类

本书将在第 5 章和第 6 章分别对分布式文件系统和 NoSQL 数据库系统进行详细介绍。

2.2.4 大数据处理

大数据的应用类型很多，主要的处理模式可以分为流处理模式和批处理模式两种。批处理是先存储后处理，而流处理则是直接处理。

1．批处理模式

Google 公司在 2004 年提出的 MapReduce 编程模型是最具代表性的批处理模式。MapReduce 模型首先将用户的原始数据源进行分块，然后分别交给不同的 Map 任务去处理。Map 任务从输入中解析出 key/value 对集合，然后对这些集合执行用户自行定义的 Map 函数以得到中间结果，并将该结果写入本地硬盘。Reduce 任务从硬盘上读取数据之后，会根据 key 值进行排序，将具有相同 key 值的数据组织在一起。最后，用户自定义的 Reduce 函数会作用于这些排好序的结果并输出最终结果。

MapReduce 的核心设计思想有两点。第一点是将问题分而治之，把待处理的数据分成多个模块分别交给多个 Map 任务去并发处理。第二点是把计算推到数据而不是把数据推到计算，从而有效地避免数据传输过程中产生的大量通信开销。

2．流处理模式

流处理模式的基本理念是，数据的价值会随着时间的流逝而不断减少。因此，尽可能快地对最新的数据做出分析并给出结果是所有流处理模式的主要目标。需要采用流处理模式的大数据应用场景主要有网页点击数的实时统计，传感器网络，金融中的高频交易等。

流处理模式将数据视为流，将源源不断的数据组成数据流。当新的数据到来时就立刻处理并返回所需的结果。

数据的实时处理是一个很有挑战性的工作，数据流本身具有持续到达、速度快、规模巨大等特点，因此，通常不会对所有的数据进行永久化存储，同时，由于数据环境处在不断的变化之中，系统很难准确掌握整个数据的全貌。由于响应时间的要求，流处理的过程基本在内存中完成，其处理方式更多地依赖于在内存中设计巧妙的概要数据结构。内存容量是限制流处理模式的一个主要瓶颈。

本书将在第 9 章和第 11 章分别对批处理模式和流处理模式进行详细介绍。

2.2.5 大数据分析及挖掘技术

大数据处理的核心就是对大数据进行分析，只有通过分析才能获取很多智能的、深入的、有价值的信息。越来越多的应用涉及大数据，这些大数据的属性，包括数量、速度、多样性等都引发了大数据不断增长的复杂性，所以，大数据的分析方法在大数据领域就显得尤为重要，可以说是决定最终信息是否有价值的决定性因素。

利用数据挖掘进行数据分析的常用方法主要有分类、回归分析、聚类、关联规则等，它们分别从不同的角度对数据进行挖掘。

（1）分类。分类是找出数据库中一组数据对象的共同特点并按照分类模式将其划分为不同的类，其目的是通过分类模型，将数据库中的数据项映射到某个给定的类别。它可以应用到客户的分类、客户的属性和特征分析、客户满意度分析、客户的购买趋势预测等。

（2）回归分析。回归分析方法反映的是事务数据库中属性值在时间上的特征，该方法可产生一个将数据项映射到一个实值预测变量的函数，发现变量或属性间的依赖关系，其主要研究问题包括数据序列的趋势特征、数据序列的预测及数据间的相关关系等。它可以应用到市场营销的各个方面，如客户寻求、保持和预防客户流失活动、产品生命周期分析、销售趋势预测及有针对性的促销活动等。

（3）聚类。聚类是把一组数据按照相似性和差异性分为几个类别，其目的是使得属于同一类别的数据间的相似性尽可能大，不同类别中的数据间的相似性尽可能小。它可以应用于客户群体的分类、客户背景分析、客户购买趋势预测、市场的细分等。

（4）关联规则。关联规则是描述数据库中数据项之间所存在的关系的规则，即根据一个事务中某些项的出现可推导出另一些项在同一事务中也会出现，即隐藏在数据间的关联或相互关系。在客户关系管理中，通过对企业的客户数据库里的大量数据进行挖掘，可以从大量的记录中发现有趣的关联关系，找出影响市场营销效果的关键因素，为产品定位、定价，客户寻求、细分与保持，市场营销与推销，营销风险评估和诈骗预测等决策支持提供参考依据。

本书将在第 12 章对数据分析技术进行详细介绍。

2.2.6 大数据展示技术

在大数据时代下，数据井喷似地增长，分析人员将这些庞大的数据汇总并进行分析，而分析出的成果如果是密密麻麻的文字，那么就没有几个人能理解，所以我们就需要将数据可视化。图表甚至动态图的形式可将数据更加直观地展现给用户，从而减少用户的阅读和思考时间，以便很好地做出决策。图 2-3 可以清晰地展示人物之间的关系。

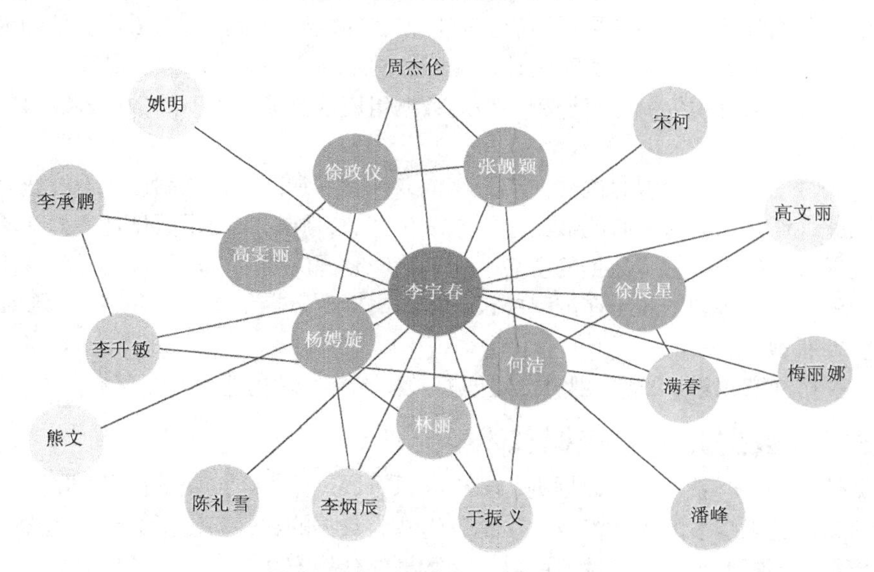

图 2-3 “人立方”展示人物关系图

可视化技术是最佳的结果展示方式之一，其通过清晰的图形图像展示直观地反映出最终结果。数据可视化是将数据以不同的视觉表现形式展现在不同系统中，包括相应信息单位的各种属性和变量。数据可视化技术主要指的是技术上较为高级的技术方法，这些技术方法通过表达、建模，以及对立体、表面、属性、动画的显示，对数据加以可视化解释。

传统的数据可视化工具仅仅将数据加以组合，通过不同的展现方式提供给用户，用于发现数据之间的关联信息。随着大数据时代的来临，数据可视化产品已经不再满足于使用传统的数据可视化工具来对数据仓库中的数据进行抽取、归纳及简单的展现。新型的数据可视化产品必须满足互联网上爆发的大数据需求，必须快速收集、筛选、分析、归纳、展现决策者所需要的信息，并根据新增的数据进行实时更新。因此，在大数据时代，数据可视化工具必须具有以下特性。

（1）实时性。数据可视化工具必须适应大数据时代数据量的爆炸式增长需求，必须快速收集分析数据，并对数据信息进行实时更新。

（2）操作简单。数据可视化工具满足快速开发、易于操作的特性，能满足互联网时代信息多变的特点。

（3）更丰富的展现。数据可视化工具需要具有更丰富的展现方式，能充分满足数据展现的多维度要求。

（4）多种数据集成支持方式。数据的来源不仅仅局限于数据库，数据可视化工具将支持团队协作数据、数据仓库、文本等多种方式，并能够通过互联网进行展现。

数据可视化技术是一个新兴领域，有许多新的发展。企业获取数据可视化功能主要通过编程和非编程两类工具实现。主流编程工具包括 3 种类型：从艺术的角度创作的数据可视化工具，比较典型的工具是 Processing.js，它是为艺术家提供的编程语言；从统计和数据处理的角度创作的数据可视化工具，R 语言是一款典型的工具，它本身既可以做数据分析，又可以做图形处理；介于两者之间的工具，既要兼顾数据处理，又要兼顾展现效果，D3.js 是一个不错的选择，像 D3.js 这种基于 JavaScript 的数据可视化工具更适合在互联网上互动式展示数据。

2.3 总结

本章的目的是对大数据的技术做一个简单介绍，以便学生在深入学习具体大数据技术前，对大数据技术体系有一个系统的了解。本章主要从大数据的基本流程和关键技术几个方面，对大数据技术进行了介绍。

习 题

1. 大数据处理的基本流程由哪几个步骤组成？
2. 大数据技术主要包括哪几个方面？各自的作用是什么？
3. 大数据处理的两大模式是什么？

Chapter 3 第3章 大数据采集

大数据采集是大数据处理流程的第一步。数据是大数据处理的基础，数据的完整性和质量直接影响着大数据处理的结果。如果没有足够完整和高质量的数据，也就不可能得到好的大数据处理的结果。目前，大数据发展的瓶颈之一就是无法采集到高价值的信息，所以，大数据采集是大数据处理很关键的一步。本章首先介绍大数据的分类和数据源的分类，然后介绍针对每类数据源的采集方法和采集工具。

3.1 大数据采集概述

大数据采集是指从传感器和智能设备、企业在线系统、企业离线系统、社交网络和互联网平台等获取数据的过程。数据包括 RFID 数据、传感器数据、用户行为数据、社交网络交互数据及移动互联网数据等各种类型的结构化、半结构化及非结构化的海量数据。不但数据源的种类多，数据的类型繁杂，数据量大，并且产生的速度快，传统的数据采集方法完全无法胜任。所以，大数据采集技术面临着许多技术挑战，一方面需要保证数据采集的可靠性和高效性，同时还要避免重复数据。

3.1.1 大数据分类

传统的数据采集来源单一，且存储、管理和分析数据量也相对较小，大多采用关系型数据库和并行数据仓库即可处理。在依靠并行计算提升数据处理速度方面，传统的并行数据库技术追求的是高度一致性和容错性，从而难以保证其可用性和扩展性。

在大数据体系中，传统数据分为业务数据和行业数据，传统数据体系中没有考虑过的新数据源包括内容数据、线上行为数据和线下行为数据 3 大类。在传统数据体系和新数据体系中，数据共分为以下 5 种。

- 业务数据：消费者数据、客户关系数据、库存数据、账目数据等。
- 行业数据：车流量数据、能耗数据、PM2.5 数据等。
- 内容数据：应用日志、电子文档、机器数据、语音数据、社交媒体数据等。
- 线上行为数据：页面数据、交互数据、表单数据、会话数据、反馈数据等。
- 线下行为数据：车辆位置和轨迹、用户位置和轨迹、动物位置和轨迹等。

大数据的主要来源如下。

- 企业系统：客户关系管理系统、企业资源计划系统、库存系统、销售系统等。
- 机器系统：智能仪表、工业设备传感器、智能设备、视频监控系统等。
- 互联网系统：电商系统、服务行业业务系统、政府监管系统等。

- 社交系统：微信、QQ、微博、博客、新闻网站、朋友圈等。

在大数据体系中，数据源与数据类型的关系如图 3-1 所示。大数据系统从传统企业系统中获取相关的业务数据。机器系统产生的数据分为两大类：一类是通过智能仪表和传感器获取行业数据，例如，公路卡口设备获取车流量数据，智能电表获取用电量等；另一类是通过各类监控设备获取人、动物和物体的位置和轨迹信息。互联网系统会产生相关的业务数据和线上行为数据，例如，用户的反馈和评价信息，用户购买的产品和品牌信息等。社交系统会产生大量的内容数据，如博客与照片等，以及线上行为数据。

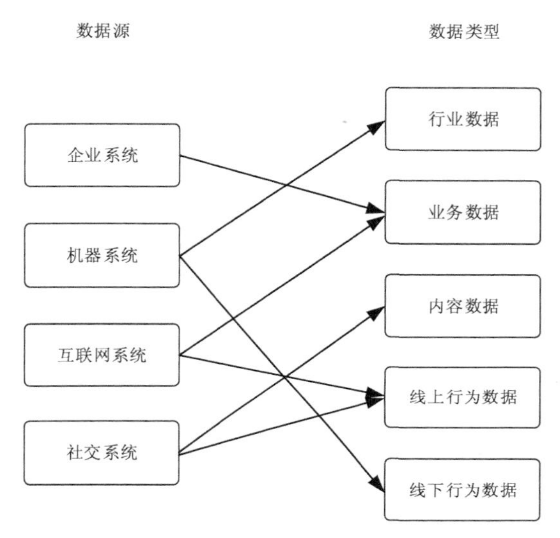

图 3-1　数据源与数据类型的关系

所以，大数据采集与传统数据采集有很大的区别。从数据源方面来看，传统数据采集的数据源单一，就是从传统企业的客户关系管理系统、企业资源计划系统及相关业务系统中获取数据，而大数据采集系统还需要从社交系统、互联网系统及各种类型的机器设备上获取数据。从数据量方面来看，互联网系统和机器系统产生的数据量要远远大于企业系统的数据量。从数据结构方面来看，传统数据采集的数据都是结构化的数据，而大数据采集系统需要采集大量的视频、音频、照片等非结构化数据，以及网页、博客、日志等半结构化数据；从数据产生速度来看，传统数据采集的数据几乎都是由人操作生成的，远远慢于机器生成数据的效率。因此，传统数据采集的方法和大数据采集的方法也有根本区别。

3.1.2　大数据采集方法分类

大数据的采集是指利用多个数据库或存储系统来接收发自客户端（Web、App 或者传感器形式等）的数据。例如，电商会使用传统的关系型数据库 MySQL 和 Oracle 等来存储每一笔事务数据，在大数据时代，Redis、MongoDB 和 HBase 等 NoSQL 数据库也常用于数据的采集。

大数据的采集过程的主要特点和挑战是并发数高，因为同时可能会有成千上万的用户在进行访问和操作，例如，火车票售票网站和淘宝的并发访问量在峰值时可达到上百万，所以在采集端需要部署大量数据库才能对其支撑，并且，在这些数据库之间进行负载均衡和分片是需要深入的思考和设计的。根据数据源的不同，大数据采集方法也不相同。但是为了能够满足大数据采集的需要，大数据采集时都使用了大数据的处理模式，即 MapReduce 分布式并行处理模式或基于内存的流式处理模式。

针对 4 种不同的数据源，大数据采集方法有以下几大类。

1．数据库采集

传统企业会使用传统的关系型数据库 MySQL 和 Oracle 等来存储数据。随着大数据时代的到来，Redis、MongoDB 和 HBase 等 NoSQL 数据库也常用于数据的采集。企业通过在采集端部署大量数据库，并在这些数据库之间进行负载均衡和分片，来完成大数据采集工作。

2．系统日志采集

系统日志采集主要是收集公司业务平台日常产生的大量日志数据，供离线和在线的大数据分析系统使用。高可用性、高可靠性、可扩展性是日志收集系统所具有的基本特征。系统日志采集工具均采用分布式架构，能够满足每秒数百 MB 的日志数据采集和传输需求。

3．网络数据采集

网络数据采集是指通过网络爬虫或网站公开 API 等方式从网站上获取数据信息的过程。网络爬虫会从一个或若干初始网页的 URL 开始，获得各个网页上的内容，并且在抓取网页的过程中，不断从当前页面上抽取新的 URL 放入队列，直到满足设置的停止条件为止。这样可将非结构化数据、半结构化数据从网页中提取出来，存储在本地的存储系统中。

4．感知设备数据采集

感知设备数据采集是指通过传感器、摄像头和其他智能终端自动采集信号、图片或录像来获取数据。大数据智能感知系统需要实现对结构化、半结构化、非结构化的海量数据的智能化识别、定位、跟踪、接入、传输、信号转换、监控、初步处理和管理等。其关键技术包括针对大数据源的智能识别、感知、适配、传输、接入等。

3.2 系统日志采集方法

许多公司的平台每天都会产生大量的日志，并且一般为流式数据，如搜索引擎的 pv 和查询等。处理这些日志需要特定的日志系统，这些系统需要具有以下特征。

（1）构建应用系统和分析系统的桥梁，并将它们之间的关联解耦。

（2）支持近实时的在线分析系统和分布式并发的离线分析系统。

（3）具有高可扩展性，也就是说，当数据量增加时，可以通过增加结点进行水平扩展。

目前使用最广泛的、用于系统日志采集的海量数据采集工具有 Hadoop 的 Chukwa、Apache Flume、Facebook 的 Scribe 和 LinkedIn 的 Kafka 等。这些工具均采用分布式架构，能满足每秒数百 MB 的日志数据采集和传输需求。本节我们以 Flume 系统为例对系统日志采集方法进行介绍。

3.2.1 Flume 的基本概念

Flume 是一个高可用的、高可靠的、分布式的海量日志采集、聚合和传输系统。Flume 支持在日志系统中定制各类数据发送方，用于收集数据，同时，Flume 提供对数据进行简单处理，并写到各种数据接收方（如文本、HDFS、HBase 等）的能力。

Flume 的核心是把数据从数据源（Source）收集过来，再将收集到的数据送到指定的目的地（Sink）。为了保证输送的过程一定成功，在送到目的地之前，会先缓存数据到管道（Channel），待数据真正到达目的地后，Flume 再删除缓存的数据，如图 3-2 所示。

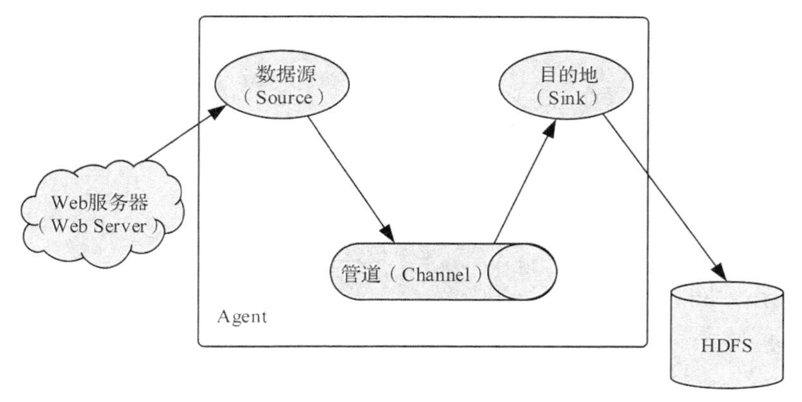

图 3-2　Flume 的基本概念

Flume 的数据流由事件(Event)贯穿始终，事件是将传输的数据进行封装而得到的，是 Flume 传输数据的基本单位。如果是文本文件，事件通常是一行记录。事件携带日志数据并且携带头信息，这些事件由 Agent 外部的数据源生成，当 Source 捕获事件后会进行特定的格式化，然后 Source 会把事件推入（单个或多个）Channel 中。Channel 可以看作是一个缓冲区，它将保存事件直到 Sink 处理完该事件。Sink 负责持久化日志或者把事件推向另一个 Source。

3.2.2 Flume 使用方法

Flume 的用法很简单，主要是编写一个用户配置文件。在配置文件当中描述 Source、Channel 与 Sink 的具体实现，而后运行一个 Agent 实例。在运行 Agent 实例的过程中会读取配置文件的内容，这样 Flume 就会采集到数据。Flume 提供了大量内置的 Source、Channel 和 Sink 类型，而且不同类型的 Source、Channel 和 Sink 可以进行灵活组合。

配置文件的编写原则如下。

（1）从整体上描述 Agent 中 Sources、Sinks、Channels 所涉及的组件。

```
#Name the components on this agent
a1.sources = r1
a1.sinks = k1
a1.channels = c1
```

（2）详细描述 Agent 中每一个 Source、Sink 与 Channel 的具体实现，即需要指定 Source 到底是什么类型的，是接收文件的、接收 HTTP 的，还是接收 Thrift 的；对于 Sink，需要指定结果是输出到 HDFS 中，还是 HBase 中等；对于 Channel，需要指定格式是内存、数据库，还是文件等。

```
#Describe/configure the source
a1.sources.r1.type = netcat
a1.sources.r1.bind = localhost
a1.sources.r1.port = 44444

# Describe the sink
a1.sinks.k1.type = logger

#Use a channel which buffers events in memory
a1.channels.c1.type = memory
a1.channels.c1.capacity = 1000
a1.channels.c1.transactionCapacity = 100
```

（3）通过 Channel 将 Source 与 Sink 连接起来。

```
# Bind the source and sink to the channel
```

```
a1.sources.r1.channels = c1
a1.sinks.k1.channel = c1
```

（4）启动 Agent 的 shell 操作。

```
flume-ng agent -n a1 -c ../conf -f ../conf/example.file  \
-Dflume.root.logger=DEBUG,console
```

参数说明如下。

- “-n”指定 Agent 的名称（与配置文件中代理的名字相同）。
- “-c”指定 Flume 中配置文件的目录。
- “-f”指定配置文件。
- “-Dflume.root.logger=DEBUG,console”设置日志等级。

3.2.3 Flume 应用案例

NetCat Source 应用可监听一个指定的网络端口，即只要应用程序向这个端口写数据，这个 Source 组件就可以获取到信息。其中，Sink 使用 logger 类型，Channel 使用内存（Memory）格式。

（1）编写配置文件。

```
# Name the components on this agent
a1.sources = r1
a1.sinks = k1
a1.channels = c1

# Describe/configure the source
a1.sources.r1.type = netcat
a1.sources.r1.bind = 192.168.80.80
a1.sources.r1.port = 44444

# Describe the sink
a1.sinks.k1.type = logger

# Use a channel which buffers events in memory
a1.channels.c1.type = memory
a1.channels.c1.capacity = 1000
a1.channels.c1.transactionCapacity = 100

# Bind the source and sink to the channel
a1.sources.r1.channels = c1
a1.sinks.k1.channel = c1
```

该配置文件定义了一个名字为 a1 的 Agent，一个 Source 在 port 44444 监听数据，一个 Channel 使用内存缓存事件，一个 Sink 把事件记录在控制台。

（2）启动 Flume Agent a1 服务端。

```
$ flume-ng  agent  -n  a1  -c  ../conf  -f  ../conf/netcat.conf  \
-Dflume.root.logger=DEBUG, console
```

（3）使用 Telnet 发送数据。

以下代码为从另一个终端，使用 Telnet 通过 port 44444 给 Flume 发送数据。

```
$ telnet localhost 44444
Trying 127.0.0.1...
Connected to localhost.localdomain (127.0.0.1).
Escape character is '^]'.
Hello world! <ENTER>
OK
```

（4）在控制台上查看 Flume 收集到的日志数据。

```
17/06/19 15:32:19 INFO source.NetcatSource: Source starting
17/06/19  15:32:19  INFO  source.NetcatSource:  Created  serverSocket:sun.nio.ch.
```

```
ServerSocketChannelImpl[/127.0.0.1:44444]
   17/06/19 15:32:34 INFO sink.LoggerSink: Event: { headers:{} body: 48 65 6C 6C 6F 20
77 6F 72 6C 64 21 0D          Hello world!. }
```


3.3　网络数据采集方法

网络数据采集是指通过网络爬虫或网站公开 API 等方式从网站上获取数据信息。该方法可以将非结构化数据从网页中抽取出来，将其存储为统一的本地数据文件，并以结构化的方式存储。它支持图片、音频、视频等文件或附件的采集，附件与正文可以自动关联。

在互联网时代，网络爬虫主要是为搜索引擎提供最全面和最新的数据。在大数据时代，网络爬虫更是从互联网上采集数据的有利工具。目前已经知道的各种网络爬虫工具已经有上百个，网络爬虫工具基本可以分为 3 类。

（1）分布式网络爬虫工具，如 Nutch。

（2）Java 网络爬虫工具，如 Crawler4j、WebMagic、WebCollector。

（3）非 Java 网络爬虫工具，如 Scrapy（基于 Python 语言开发）。

本节首先对网络爬虫的原理和工作流程进行简单介绍，然后对网络爬虫抓取策略进行讨论，最后对典型的网络工具进行描述。

3.3.1　网络爬虫原理

网络爬虫是一种按照一定的规则，自动地抓取 Web 信息的程序或者脚本。Web 网络爬虫可以自动采集所有其能够访问到的页面内容，为搜索引擎和大数据分析提供数据来源。从功能上来讲，爬虫一般有数据采集、处理和存储 3 部分功能，如图 3-3 所示。

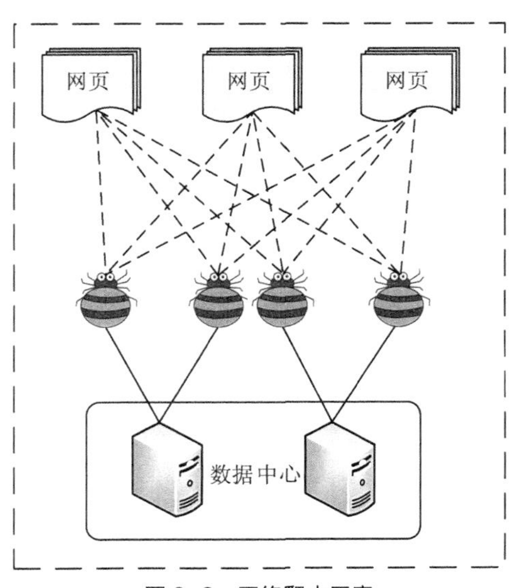

图 3-3　网络爬虫示意

网页中除了包含供用户阅读的文字信息外，还包含一些超链接信息。网络爬虫系统正是通过网页中的超链接信息不断获得网络上的其他网页的。网络爬虫从一个或若干初始网页的 URL 开始，获得初始网页上的 URL，在抓取网页的过程中，不断从当前页面上抽取新的 URL 放入队列，直到满足系统的一定停止条件。

网络爬虫系统一般会选择一些比较重要的、出度（网页中链出的超链接数）较大的网站的

URL 作为种子 URL 集合。网络爬虫系统以这些种子集合作为初始 URL，开始数据的抓取。因为网页中含有链接信息，通过已有网页的 URL 会得到一些新的 URL。可以把网页之间的指向结构视为一个森林，每个种子 URL 对应的网页是森林中的一棵树的根结点，这样网络爬虫系统就可以根据广度优先搜索算法或者深度优先搜索算法遍历所有的网页。由于深度优先搜索算法可能会使爬虫系统陷入一个网站内部，不利于搜索比较靠近网站首页的网页信息，因此一般采用广度优先搜索算法采集网页。

网络爬虫系统首先将种子 URL 放入下载队列，并简单地从队首取出一个 URL 下载其对应的网页，得到网页的内容并将其存储后，经过解析网页中的链接信息可以得到一些新的 URL。其次，根据一定的网页分析算法过滤掉与主题无关的链接，保留有用的链接并将其放入等待抓取的 URL 队列。最后，取出一个 URL，对其对应的网页进行下载，然后再解析，如此反复进行，直到遍历了整个网络或者满足某种条件后才会停止下来。

3.3.2 网络爬虫工作流程

如图 3-4 所示，网络爬虫的基本工作流程如下。

（1）首先选取一部分种子 URL。

（2）将这些 URL 放入待抓取 URL 队列。

（3）从待抓取 URL 队列中取出待抓取 URL，解析 DNS，得到主机的 IP 地址，并将 URL 对应的网页下载下来，存储到已下载网页库中。此外，将这些 URL 放进已抓取 URL 队列。

（4）分析已抓取 URL 队列中的 URL，分析其中的其他 URL，并且将这些 URL 放入待抓取 URL 队列，从而进入下一个循环。

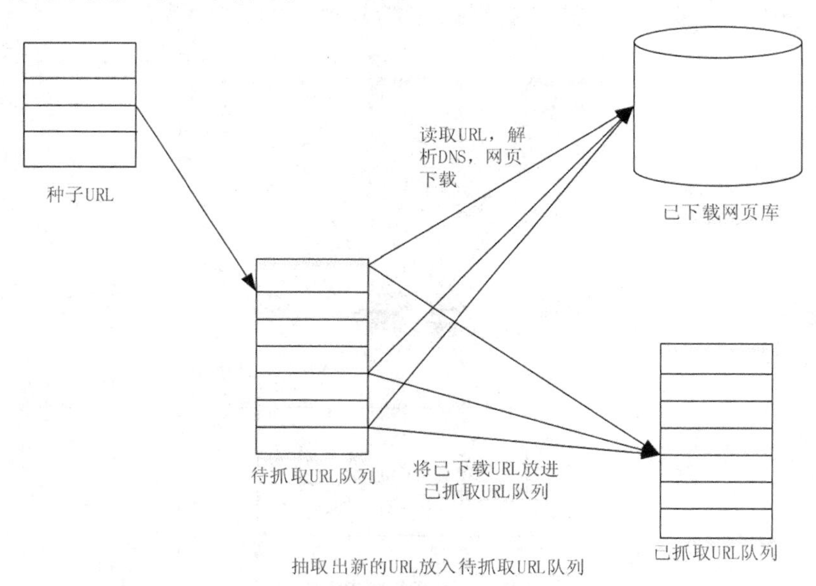

图 3-4　网络爬虫的基本工作流程

3.3.3 网络爬虫抓取策略

Google 和百度等通用搜索引擎抓取的网页数量通常都是以亿为单位计算的。那么，面对如此众多的网页，通过何种方式才能使网络爬虫尽可能地遍历所有网页，从而尽可能地扩大网页信息的抓取覆盖面，这是网络爬虫系统面对的一个很关键的问题。在网络爬虫系统中，抓取策略决定了抓取网页的顺序。

本节首先对网络爬虫抓取策略用到的基本概念做简单介绍。

（1）网页间关系模型

从互联网的结构来看，网页之间通过数量不等的超链接相互连接，形成一个彼此关联、庞大复杂的有向图。如图 3-5 所示，如果将网页看成是图中的某一个结点，而将网页中指向其他网页的链接看成是这个结点指向其他结点的边，那么我们很容易将整个互联网上的网页建模成一个有向图。理论上讲，通过遍历算法遍历该图，可以访问到互联网上几乎所有的网页。

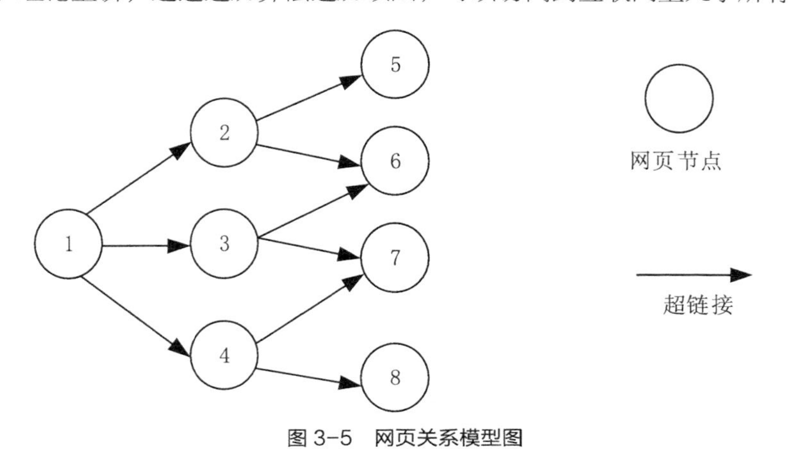

图 3-5　网页关系模型图

（2）网页分类

从爬虫的角度对互联网进行划分，可以将互联网的所有页面分为 5 个部分：已下载未过期网页、已下载已过期网页、待下载网页、可知网页和不可知网页，如图 3-6 所示。

抓取到本地的网页实际上是互联网内容的一个镜像与备份。互联网是动态变化的，当一部分互联网上的内容发生变化后，抓取到本地的网页就过期了。所以，已下载的网页分为已下载未过期网页和已下载已过期网页两类。

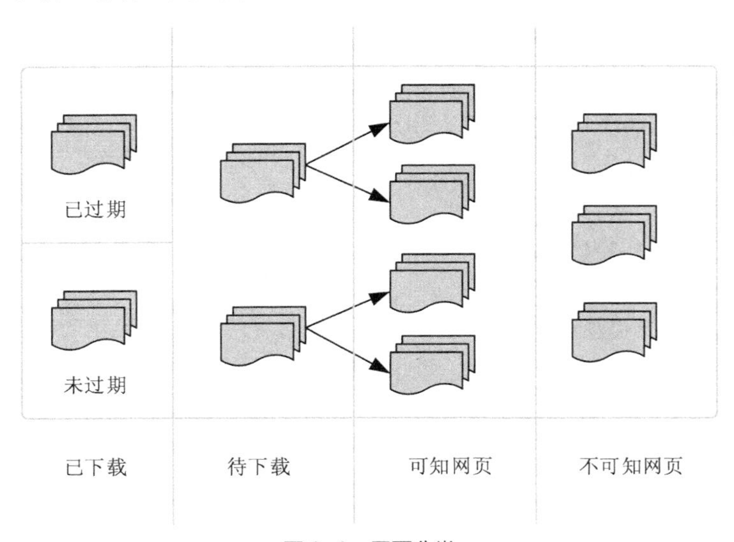

图 3-6　网页分类

待下载网页是指待抓取 URL 队列中的那些页面。可知网页是指还没有抓取下来，也没有在待抓取 URL 队列中，但是可以通过对已抓取页面或者待抓取 URL 对应页面进行分析，从而获取到的网页。还有一部分网页，网络爬虫是无法直接抓取下载的，称为不可知网页。

本节重点介绍几种常见的抓取策略。

1．通用网络爬虫

通用网络爬虫又称全网爬虫，爬行对象从一些种子 URL 扩展到整个 Web，主要为门户站点搜索引擎和大型 Web 服务提供商采集数据。为提高工作效率，通用网络爬虫会采取一定的爬行策略。常用的爬行策略有深度优先策略和广度优先策略。

（1）深度优先策略

深度优先策略是指网络爬虫会从起始页开始，一个链接一个链接地跟踪下去，直到不能再深入为止。网络爬虫在完成一个爬行分支后返回到上一链接结点进一步搜索其他链接。当所有链接遍历完后，爬行任务结束。这种策略比较适合垂直搜索或站内搜索，但爬行页面内容层次较深的站点时会造成资源的巨大浪费。

以图 3-5 为例，遍历的路径为 1→2→5→6→3→7→4→8。

在深度优先策略中，当搜索到某一个结点的时候，这个结点的子结点及该子结点的后继结点全部优先于该结点的兄弟结点，深度优先策略在搜索空间的时候会尽量地往深处去，只有找不到某结点的后继结点时才考虑它的兄弟结点。这样的策略就决定了深度优先策略不一定能找到最优解，并且由于深度的限制甚至找不到解。如果不加限制，就会沿着一条路径无限制地扩展下去，这样就会“陷入”到巨大的数据量中。一般情况下，使用深度优先策略都会选择一个合适的深度，然后反复地搜索，直到找到解，这样搜索的效率就降低了。所以深度优先策略一般在搜索数据量比较小的时候才使用。

（2）广度优先策略

广度优先策略按照网页内容目录层次深浅来爬行页面，处于较浅目录层次的页面首先被爬行。当同一层次中的页面爬行完毕后，爬虫再深入下一层继续爬行。

仍然以图 3-5 为例，遍历的路径为 1→2→3→4→5→6→7→8。

由于广度优先策略是对第 N 层的结点扩展完成后才进入第 N+1 层的，所以可以保证以最短路径找到解。这种策略能够有效控制页面的爬行深度，避免遇到一个无穷深层分支时无法结束爬行的问题，实现方便，无须存储大量中间结点，不足之处在于需较长时间才能爬行到目录层次较深的页面。如果搜索时分支过多，也就是结点的后继结点太多，就会使算法耗尽资源，在可以利用的空间内找不到解。

2．聚焦网络爬虫

聚焦网络爬虫又称主题网络爬虫，是指选择性地爬行那些与预先定义好的主题相关的页面的网络爬虫。

（1）基于内容评价的爬行策略

De Bra 将文本相似度的计算方法引入到网络爬虫中，提出了 Fish Search 算法。该算法将用户输入的查询词作为主题，包含查询词的页面被视为与主题相关的页面，其局限性在于无法评价页面与主题相关度的大小。

Herseovic 对 Fish Search 算法进行了改进，提出了 Shark Search 算法，即利用空间向量模型计算页面与主题的相关度大小。采用基于连续值计算链接价值的方法，不但可以计算出哪些抓取的链接和主题相关，还可以得到相关度的量化大小。

（2）基于链接结构评价的爬行策略

网页不同于一般文本，它是一种半结构化的文档，包含了许多结构化的信息。网页不是单独存在的，页面中的链接指示了页面之间的相互关系，基于链接结构的搜索策略模式利用这些结构特征来评价页面和链接的重要性，以此决定搜索的顺序。其中，PageRank 算法是这类搜索策略模式的代表。

PageRank 算法的基本原理是，如果一个网页多次被引用，则可能是很重要的网页，如果一个网页没有被多次引用，但是被重要的网页引用，也有可能是重要的网页。一个网页的重要性被平均地传递到它所引用的网页上。

将某个页面的 PageRank 除以存在于这个页面的正向链接，并将得到的值分别和正向链接所指的页面的 PageRank 相加，即得到了被链接的页面的 PageRank。如图 3-7 所示，PageRank 值为 100 的网页把它的重要性平均传递给了它所引用的两个页面，每个页面获得了 50，同样 PageRank 值为 9 的网页给它所引用的 3 个页面的每个页面传递的值为 3。PageRank 值为 53 的页面的值来源于两个引用了它的页面传递过来的值。

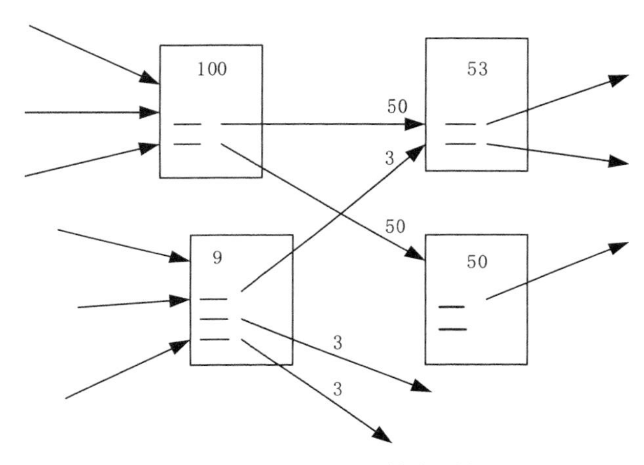

图 3-7　PageRank 算法示例

（3）基于增强学习的爬行策略

Rennie 和 McCallum 将增强学习引入聚焦爬虫，利用贝叶斯分类器，根据整个网页文本和链接文本对超链接进行分类，为每个链接计算出重要性，从而决定链接的访问顺序。

（4）基于语境图的爬行策略

Diligenti 等人提出了一种通过建立语境图学习网页之间的相关度的爬行策略，该策略可训练一个机器学习系统，通过该系统可计算当前页面到相关 Web 页面的距离，距离近的页面中的链接优先访问。

3．增量式网络爬虫

增量式网络爬虫是指对已下载网页采取增量式更新并且只爬行新产生的或者已经发生变化网页的爬虫，它能够在一定程度上保证所爬行的页面是尽可能新的页面。

增量式网络爬虫有两个目标：保持本地页面集中存储的页面为最新页面和提高本地页面集中页面的质量。为实现第一个目标，增量式网络爬虫需要通过重新访问网页来更新本地页面集中页面的内容，常用的方法有统一更新法、个体更新法和基于分类的更新法。在统一更新法中，网络爬虫以相同的频率访问所有网页，而不考虑网页的改变频率。在个体更新法中，网络爬虫根据个体网页的改变频率来重新访问各页面。在基于分类的更新法中，网络爬虫根据网页改变频率将其分为更新较快网页子集和更新较慢网页子集两类，然后以不同的频率访问这两类网页。

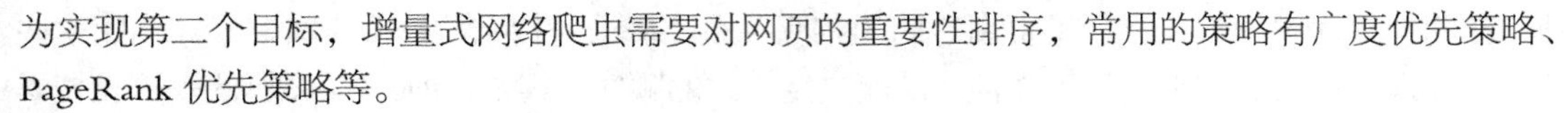
为实现第二个目标，增量式网络爬虫需要对网页的重要性排序，常用的策略有广度优先策略、PageRank 优先策略等。

4．深层网络爬虫

网页按存在方式可以分为表层网页和深层网页。表层网页是指传统搜索引擎可以索引的页面，以超链接可以到达的静态网页为主。深层网页是那些大部分内容不能通过静态链接获取的，隐藏在搜索表单后的，只有用户提交一些关键词才能获得的网页。

深层网络爬虫体系结构包含 6 个基本功能模块（爬行控制器、解析器、表单分析器、表单处理器、响应分析器、LVS 控制器）和两个爬虫内部数据结构（URL 列表和 LVS 表）。其中，LVS（Label Value Set）表示标签和数值集合，用来表示填充表单的数据源。在爬取过程中，最重要的部分就是表单填写，包含基于领域知识的表单填写和基于网页结构分析的表单填写两种。

3.3.4 Scrapy 网络爬虫系统

Scrapy 是一个为了爬取网站数据、提取结构性数据而编写的应用框架，可以应用在包括数据挖掘、信息处理或存储历史数据等一系列的程序中。

1．Scrapy 架构

Scrapy 的整体架构由 Scrapy 引擎（Scrapy Engine）、调度器（Scheduler）、下载器（Downloader）、爬虫（Spiders）和数据项管道（Item Pipeline）5 个组件组成。图 3-8 展示了各个组件的交互关系和系统中的数据流。

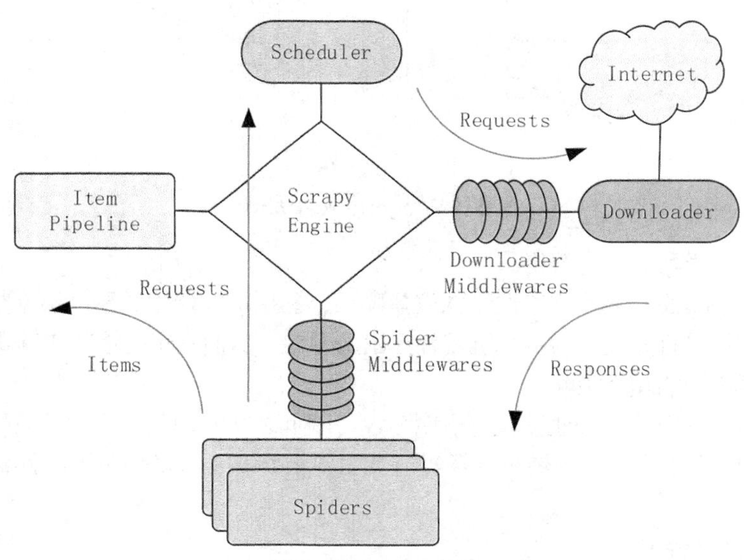

图 3-8　Scrapy 架构

Scrapy 的架构由以下 5 个组件和两个中间件构成。

（1）Scrapy 引擎（Scrapy Engine）：是整个系统的核心，负责控制数据在整个组件中的流动，并在相应动作发生时触发事件。

（2）调度器（Scheduler）：管理 Request 请求的出入栈，去除重复的请求。调度器从 Scrapy 引擎接收请求，并将请求加入请求队列，以便在后期需要的时候提交给 Scrapy 引擎。

（3）下载器（Downloader）：负责获取页面数据，并通过 Scrapy 引擎提供给网络爬虫。

（4）网络爬虫（Spiders）：是 Scrapy 用户编写的用于分析结果并提取数据项或跟进的 URL

的类。每个爬虫负责处理一个（或者一组）特定网站。

（5）数据项管道（Item Pipeline）：负责处理被爬虫提取出来的数据项。典型的处理有清理、验证及持久化。

（6）下载器中间件：是引擎和下载器之间的特定接口，处理下载器传递给引擎的结果。其通过插入自定义代码来扩展下载器的功能。

（7）爬虫中间件：是引擎和爬虫之间的特定接口，用来处理爬虫的输入，并输出数据项。其通过插入自定义代码来扩展爬虫的功能。

Scrapy 中的数据流由 Scrapy 引擎控制，整体的流程如下。

（1）Scrapy 引擎打开一个网站，找到处理该网站的爬虫，并询问爬虫第一次要爬取的 URL。

（2）Scrapy 引擎从爬虫中获取第一次要爬取的 URL，并以 Request 方式发送给调度器。

（3）Scrapy 引擎向调度器请求下一个要爬取的 URL。

（4）调度器返回下一个要爬取的 URL 给 Scrapy 引擎，Scrapy 引擎将 URL 通过下载器中间件转发给下载器。

（5）下载器下载给定的网页，下载完毕后，生成一个该页面的结果，并将其通过下载器中间件发送给 Scrapy 引擎。

（6）Scrapy 引擎从下载器中接收到下载结果，并通过爬虫中间件发送给爬虫进行处理。

（7）爬虫对结果进行处理，并返回爬取到的数据项及需要跟进的新的 URL 给 Scrapy 引擎。

（8）Scrapy 引擎将爬取到的数据项发送给数据项管道，将爬虫生成的新的请求发送给调度器。

（9）从步骤（2）开始重复，直到调度器中没有更多的请求，Scrapy 引擎关闭该网站。

2．Scrapy 应用案例

如果需要从某个网站中获取信息，但该网站未提供 API 或能通过程序获取信息的机制，Scrapy 就可以用来完成这个任务。

本节通过一个具体应用来讲解使用 Scrapy 抓取数据的方法。本应用要获取在当当网站销售的有关“Python 核心编程”和“Python 基础教程”的所有书籍的 URL、名字、描述及价格等信息。

（1）创建项目

在开始爬取之前，必须创建一个新的 Scrapy 项目。进入打算存储代码的目录中，运行下列命令。

```
scrapy startproject tutorial
```

该命令将会创建包含下列内容的 tutorial 目录。

```
tutorial/
    scrapy.cfg
    tutorial/
        __init__.py
        items.py
        pipelines.py
        settings.py
        spiders/
            __init__.py
            ...
```

这些文件分别如下。

- scrapy.cfg：项目的配置文件。

- tutorial/：项目的 Python 模块，之后将在此加入代码。
- tutorial/items.py：项目中的 item 文件。
- tutorial/pipelines.py：项目中的 pipelines 文件。
- tutorial/settings.py：项目的设置文件。
- tutorial/spiders/：放置 Spider 代码的目录。

（2）定义 Item

在 Scrapy 中，Item 是保存爬取到的数据的容器，其使用方法和 Python 字典类似，并且提供了额外保护机制来避免拼写错误导致的未定义字段错误。一般来说，Item 可以用 scrapy.item.Item 类来创建，并且用 scrapy.item.Field 对象来定义属性。

如果想要从网页抓取的每一本书的内容为书名（Title）、链接（Link）、简介（Description）和价格（Price），则根据要抓取的内容，可构建 Item 的模型。

修改 tutorial 目录下的 items.py 文件，在原来的类后面添加新的类。因为要抓当当网站的内容，所以我们可以将其命名为 DangItem，并定义相应的字段。编辑 tutorial 目录中的 items.py 文件。

```
import scrapy
class DangItem(scrapy.Item):
        title = scrapy.Field()
        link = scrapy.Field()
        desc = scrapy.Field()
        price = scrapy.Filed()
```

（3）编写 Spider

Spider 是用户编写的用于从单个（或一组）网站爬取数据的类。它包含了一个用于下载的初始 URL，负责跟进网页中的链接的方法，负责分析页面中的内容的方法，以及负责提取生成的 Item 的方法。

创建的 Spider 必须继承 scrapy.Spider 类，并且需要定义以下 3 个属性。

- name: Spider 的名字，必须是唯一的，不可以为不同的 Spider 设定相同的名字。
- start_urls: 包含了 Spider 在启动时进行爬取的 URL 列表。第一个被获取到的页面是其中之一，后续的 URL 则从初始的 URL 获取到的数据中提取。
- parse()：是一个用来解析下载返回数据的方法。被调用时，每个初始 URL 完成下载后生成的 Response 对象将会作为唯一的参数传递给该方法。该方法将负责解析返回的数据（Response），提取数据生成 Item，以及生成需要进一步处理的 URL 的 Request 对象。

以下是我们编写的 Spider 代码，保存在 tutorial/spiders 目录下的 dang_spider.py 文件中。

```
import scrapy

class DangSpider(scrapy.Spider):
     name = "dangdang"
     allowed_domains = ["dangdang.com"]
     start_urls = [
     http://search.dangdang.com/?key=python 核心编程&act=click,
     http://search.dangdang.com/?key=python 基础教程&act=click
     ]

     def parse(self, response):
          filename = response.url.split("/")[-2]
          with open(filename, 'wb') as f:
               f.write(response.body)
```

（4）爬取

进入项目的根目录，执行下列命令启动 Spider。

```
scrapy crawl dmoz
```

该命令将会启动用于爬取 dangdang.com 的 Spider，系统将会产生类似的输出。

```
2017-01-23 18:13:07-0400 [scrapy] INFO: Scrapy started (bot: tutorial)
2017-01-23 18:13:07-0400 [scrapy] INFO: Optional features available: ...
2017-01-23 18:13:07-0400 [scrapy] INFO: Overridden settings: {}
2017-01-23 18:13:07-0400 [scrapy] INFO: Enabled extensions: ...
2017-01-23 18:13:07-0400 [scrapy] INFO: Enabled downloader middlewares: ...
2017-01-23 18:13:07-0400 [scrapy] INFO: Enabled spider middlewares: ...
2017-01-23 18:13:07-0400 [scrapy] INFO: Enabled item pipelines: ...
2017-01-23 18:13:07-0400 [dangdang] INFO: Spider opened
2017-01-23 18:13:08-0400 [dangdang] DEBUG: Crawled (200) <GET http://search.dangdang.com/?key=python核心编程&act=click> (referer: None)
2017-01-23 18:13:08-0400 [dangdang] DEBUG: Crawled (200) <GET http://search.dangdang.com/?key=python基础教程&act=click> (referer: None)
2017-01-23 18:13:09-0400 [dangdang] INFO: Closing spider (finished)
```

查看包含“dangdang”的输出，可以看到，输出的 log 中包含定义在 start_urls 中的初始 URL，并且与 Spider 中是一一对应的。在 log 中可以看到其没有指向其他页面（referer:None）。

除此之外，根据 parse 方法，有两个包含 URL 所对应的内容的文件被创建了，即 Python 核心编程和 Python 基础教程。

在执行上面的 shell 命令时，scrapy 会创建一个 scrapy.http.Request 对象，将 start_url 传递给它，抓取完毕后，回调 parse 函数。

（5）提取 Item

在抓取任务中，一般不会只抓取网页，而是要将抓取的结果直接变成结构化数据。根据前面定义的 Item 数据模型，我们就可以修改 Parser，并用 Scrapy 内置的 XPath 解析 HTML 文档。

通过观察当当网页源码，我们发现有关书籍的信息都是包含在第二个<ul>元素中的，并且相关的书籍被用列表方式展现出来。所以，我们可以用下述代码选择该网页中书籍列表里所有的<li>元素，每一个元素对应一本书。选择<li>元素的函数是 response.xpath('//ul/li')。

```
from scrapy.spider import Spider
from scrapy.selector import Selector
from tutorial.items import DangItem
class DangSpider(Spider):
    name = "dangdang"
    allowed_domains = ["dangdang.com"]
    start_urls = [
        http://search.dangdang.com/?key=python核心编程&act=click,
http://search.dangdang.com/?key=python基础教程&act=click   ]

    def parse(self, response):
        sel = Selector(response)
        sites = sel.xpath('//ul/li')
        items = []
        for site in sites:
item = DangItem()
item['title'] = site.xpath('a/text()').extract()
item['link'] = site.xpath('a/@href').extract()
item['desc'] = site.xpath('text()').extract()
            item['price'] = site.xpath('text()').extract()
            items.append(item)
        return items
```

增加 json 选项把结果保存为 JSON 格式，执行下列命令启动 Scrapy。

```
scrapy crawl dangdang -o items.json
```

该命名将采用 JSON 格式对爬取的数据进行序列化，并生成 items.json 文件。

3.3.5 小结

本节对网络爬虫技术做了比较详细的介绍，并以 Scrapy 为例讲解了如何从网络上获取数据。Scrapy 是一个基于 Python 的轻量级的爬虫，由于使用 Python 脚本非常方便，所以学习成本很低。Scrapy 还提供了可定制的能力，如爬取的机制，过滤 URL 和继续爬取的策略等。

3.4 总结

数据采集是大数据处理的第一步也是很关键的一步，因为数据是大数据分析处理的基础，数据的全面性和质量对数据分析的结果有着决定性的影响。本章首先介绍了新数据源的种类，以及数据源与数据类型的关系；然后讲解了针对数据类型的 4 类大数据采集的方法，包括数据库采集、系统日志采集、网络数据采集和感知设备数据采集；最后分别对系统日志采集方法和网络数据采集方法进行了进一步的详细介绍，并讲解了典型的大数据采集系统，还通过实例描述了如何使用这些系统完成大数据采集任务。

习 题

1. 大数据采集方法有哪几大类？分别用来采集哪类数据？
2. 系统日志采集方法需要具有哪些特征？
3. 常用的系统日志采集系统有哪些？各自有什么特点？
4. 网络数据采集的主要功能是什么？
5. 常用的网络采集系统有哪些？各自有什么特点？
6. 请简述网络爬虫的工作原理和工作流程。
7. 网络爬虫的抓取策略有哪几大类？各自的主要策略是什么？

Chapter 4

第 4 章 大数据预处理

数据预处理负责将分散的、异构数据源中的数据如关系数据、网络数据、日志数据、文件数据等抽取到临时中间层，然后进行清洗、转换、集成，最后加载到数据仓库或数据库中，成为通过数据分析、数据挖掘等方式提供决策支持的数据。数据预处理能够帮助改善数据的质量，进而帮助提高数据挖掘进程的有效性和准确性，因此数据预处理是整个数据挖掘与知识发现过程中的一个重要步骤。

本章首先对数据预处理的概念进行基本介绍，并讨论在大数据时代，数据预处理面临的挑战，然后对 4 种数据预处理方法进行讲解，最后描述如何使用 ETL 工具 Kettle 进行数据预处理。

4.1 大数据预处理概述

数据预处理主要包括数据清洗（Data Cleaning）、数据集成（Data Integration）、数据转换（Data Transformation）和数据消减（Data Reduction）。本节在介绍大数据预处理基本概念的基础上，对数据预处理的方法进行讲解。

4.1.1 大数据预处理整体架构

大数据预处理将数据划分为结构化数据和半结构化/非结构化数据，分别采用传统 ETL 工具和分布式并行处理框架来实现。总体架构如图 4-1 所示。

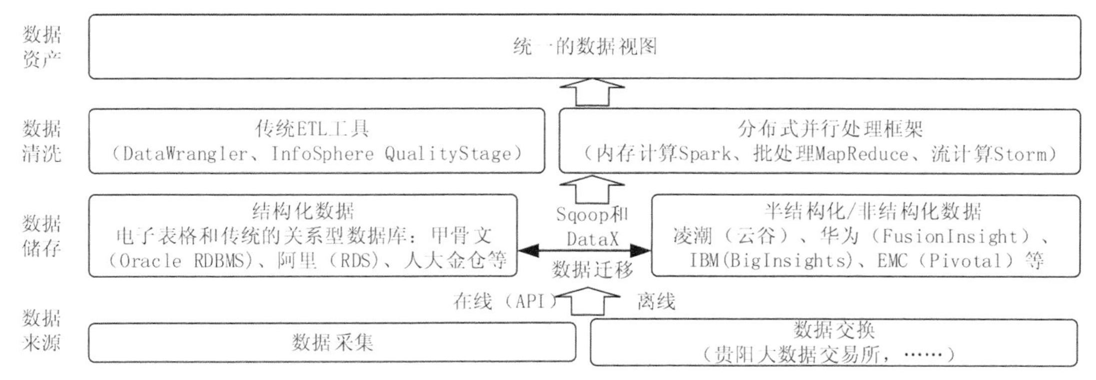

图 4-1 大数据预处理总体架构

结构化数据可以存储在传统的关系型数据库中。关系型数据库在处理事务、及时响应、保证数据的一致性方面有天然的优势。非结构化数据可以存储在新型的分布式存储中，如 Hadoop 的 HDFS。半结构化数据可以存储在新型的分布式 NoSQL 数据库中，如 HBase。分布式存储在系统的横向扩展性、存储成本、文件读取速度方面有着显著的优势。

结构化数据和非结构化数据之间的数据可以按照数据处理的需求进行迁移。例如，为了进行快速并行处理，需要将传统关系型数据库中的结构化数据导入到分布式存储中。可以利用 Sqoop 等工具，先将关系型数据库的表结构导入分布式数据库，然后再向分布式数据库的表中导入结构化数据。

4.1.2 数据质量问题分类

数据清洗在汇聚多个维度、多个来源、多种结构的数据之后，对数据进行抽取、转换和集成加载。在这个过程中，除了更正、修复系统中的一些错误数据之外，更多的是对数据进行归并整理，并储存到新的存储介质中。其中，数据的质量至关重要。

如图 4-2 所示，常见的数据质量问题可以根据数据源的多少和所属层次（定义层和实例层）分为 4 类。

（1）单数据源定义层：违背字段约束条件（例如，日期出现 9 月 31 日），字段属性依赖冲突（例如，两条记录描述同一个人的某一个属性，但数值不一致），违反唯一性（同一个主键 ID 出现了多次）等。

（2）单数据源实例层：单个属性值含有过多信息，拼写错误，存在空白值，存在噪音数据，数据重复，数据过时等；

（3）多数据源定义层：同一个实体的不同称呼（如 custom_id、custom_num），同一种属性的不同定义（例如，字段长度定义不一致，字段类型不一致等）；

（4）多数据源实例层：数据的维度、粒度不一致（例如，有的按 GB 记录存储量，有的按 TB 记录存储量；有的按照年度统计，有的按照月份统计），数据重复，拼写错误等。

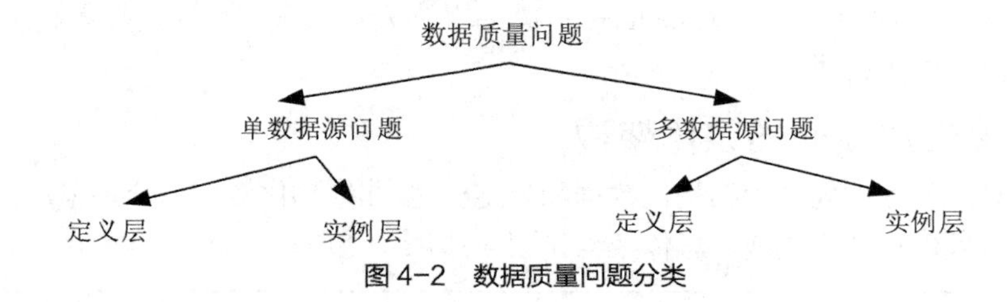

图 4-2 数据质量问题分类

除此之外，在数据处理过程中产生的“二次数据”，也会有噪声、重复或错误的情况。数据的调整和清洗，也会涉及格式、测量单位和数据标准化与归一化的相关事情，以致对实验结果产生比较大的影响。通常这类问题可以归结为不确定性。不确定性有两方面内涵，包括各数据点自身存在的不确定性，以及数据点属性值的不确定性。前者可用概率描述，后者有多重描述方式，如描述属性值的概率密度函数，以方差为代表的统计值等。

4.1.3 大数据预处理方法

噪声数据是指数据中存在着错误或异常（偏离期望值）的数据，不完整数据是指感兴趣的属性没有值，而不一致数据则是指数据内涵出现不一致情况（例如，作为关键字的同一部门编码出现不同值）。数据清洗是指消除数据中存在的噪声及纠正其不一致的错误，数据集成是指将来自多个数据源的数据合并到一起构成一个完整的数据集，数据转换是指将一种格式的数据转换为另一种格式的数据，数据消减是指通过删除冗余特征或聚类消除多余数据。

不完整、有噪声和不一致对大数据来讲是非常普遍的情况。不完整数据的产生有多种原因。

（1）有些属性的内容有时没有，例如，参与销售事务数据中的顾客信息不完整。
（2）有些数据产生交易的时候被认为是不必要的而没有被记录下来。
（3）由于误解或检测设备失灵导致相关数据没有被记录下来。
（4）与其他记录内容不一致而被删除。
（5）历史记录或对数据的修改被忽略了。遗失数据，尤其是一些关键属性的遗失数据或许需要被推导出来。

噪声数据的产生原因如下。
（1）数据采集设备有问题。
（2）在数据录入过程发生了人为或计算机错误。
（3）数据传输过程中发生错误。
（4）由于命名规则或数据代码不同而引起的不一致。

数据清洗的处理过程通常包括填补遗漏的数据值，平滑有噪声数据，识别或除去异常值，以及解决不一致问题。有问题的数据将会误导数据挖掘的搜索过程。尽管大多数数据挖掘过程均包含对不完全或噪声数据的处理，但它们并不完全可靠且常常将处理的重点放在如何避免所挖掘出的模式对数据过分准确的描述上。因此进行一定的数据清洗对数据处理是十分必要的。

数据集成就是将来自多个数据源的数据合并到一起。由于描述同一个概念的属性在不同数据库中有时会取不同的名字，所以在进行数据集成时就常常会引起数据的不一致或冗余。例如，在一个数据库中，一个顾客的身份编码为“custom_number”，而在另一个数据库中则为“custom_id”。命名的不一致常常也会导致同一属性值的内容不同，例如，在一个数据库中一个人的姓取“John”，而在另一个数据库中则取“J”。大量的数据冗余不仅会降低挖掘速度，而且也会误导挖掘进程。因此，除了进行数据清洗之外，在数据集成中还需要注意消除数据的冗余。

数据转换主要是对数据进行规格化操作。在正式进行数据挖掘之前，尤其是使用基于对象距离的挖掘算法时，如神经网络、最近邻分类等，必须进行数据规格化，也就是将其缩至特定的范围之内，如[0，1]。例如，对于一个顾客信息数据库中的年龄属性或工资属性，由于工资属性的取值比年龄属性的取值要大许多，如果不进行规格化处理，基于工资属性的距离计算值显然将远远超过基于年龄属性的距离计算值，这就意味着工资属性的作用在整个数据对象的距离计算中被错误地放大了。

数据消减的目的就是缩小所挖掘数据的规模，但却不会影响（或基本不影响）最终的挖掘结果。现有的数据消减方法如下。
（1）数据聚合（Data Aggregation），如构造数据立方。
（2）消减维数（Dimension Reduction），如通过相关分析消除多余属性。
（3）数据压缩（Data Compression），如利用编码方法（如最小编码长度或小波）。
（4）数据块消减（Numerosity Reduction），如利用聚类或参数模型替代原有数据。此外，利用基于概念树的泛化（Generalization）也可以实现对数据规模的消减。

这些数据预处理方法并不是相互独立的，而是相互关联的。例如，消除数据冗余既可以看成是一种形式的数据清洗，也可以认为是一种数据消减。

4.2 数据清洗

现实世界的数据常常是不完全的、有噪声的、不一致的。数据清洗过程包括遗漏数据处理，噪声数据处理，以及不一致数据处理。本节介绍数据清洗的主要处理方法。

4.2.1 遗漏数据处理

假设在分析一个商场销售数据时，发现有多个记录中的属性值为空，如顾客的收入属性，则对于为空的属性值，可以采用以下方法进行遗漏数据处理。

（1）忽略该条记录。若一条记录中有属性值被遗漏了，则将此条记录排除，尤其是没有类别属性值而又要进行分类数据挖掘时。当然，这种方法并不很有效，尤其是在每个属性的遗漏值的记录比例相差较大时。

（2）手工填补遗漏值。一般这种方法比较耗时，而且对于存在许多遗漏情况的大规模数据集而言，显然可行性较差。

（3）利用默认值填补遗漏值。对一个属性的所有遗漏的值均利用一个事先确定好的值来填补，如都用“OK”来填补。但当一个属性的遗漏值较多时，若采用这种方法，就可能误导挖掘进程。因此这种方法虽然简单，但并不推荐使用，或使用时需要仔细分析填补后的情况，以尽量避免对最终挖掘结果产生较大误差。

（4）利用均值填补遗漏值。计算一个属性值的平均值，并用此值填补该属性所有遗漏的值。例如，若顾客的平均收入为 10 000 元，则用此值填补“顾客收入”属性中所有被遗漏的值。

（5）利用同类别均值填补遗漏值。这种方法尤其适合在进行分类挖掘时使用。例如，若要对商场顾客按信用风险进行分类挖掘时，就可以用在同一信用风险类别（如良好）下的“顾客收入”属性的平均值，来填补所有在同一信用风险类别下“顾客收入”属性的遗漏值。

（6）利用最可能的值填补遗漏值。可以利用回归分析、贝叶斯计算公式或决策树推断出该条记录特定属性的最大可能的取值。例如，利用数据集中其他顾客的属性值，可以构造一个决策树来预测“顾客收入”属性的遗漏值。

最后一种方法是一种较常用的方法，与其他方法相比，它最大程度地利用了当前数据所包含的信息来帮助预测所遗漏的数据。

4.2.2 噪声数据处理

噪声是指被测变量的一个随机错误和变化。下面通过给定一个数值型属性（如价格）来说明平滑去噪的具体方法。

1．Bin 方法

Bin 方法通过利用应被平滑数据点的周围点（近邻），对一组排序数据进行平滑。排序后的数据被分配到若干桶（称为 Bins）中。如图 4-3 所示，对 Bin 的划分方法一般有两种，一种是等高方法，即每个 Bin 中的元素的个数相等，另一种是等宽方法，即每个 Bin 的取值间距（左右边界之差）相同。

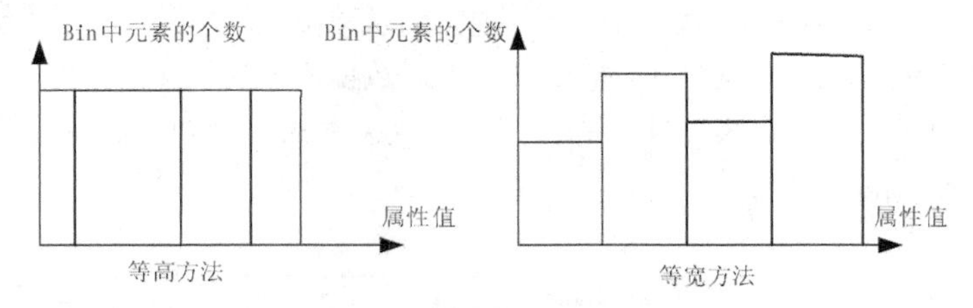

图 4-3　两种典型 Bin 划分方法

图 4-4 描述了一些 Bin 方法技术。首先，对价格数据进行排序，然后，将其划分为若干等

高度的 Bin，即每个 Bin 包含 3 个数值，最后，既可以利用每个 Bin 的均值进行平滑，也可以利用每个 Bin 的边界进行平滑。利用均值进行平滑时，第一个 Bin 中 4、8、15 均用该 Bin 的均值替换，利用边界进行平滑时，对于给定的 Bin，其最大值与最小值就构成了该 Bin 的边界，利用每个 Bin 的边界值（最大值或最小值）可替换该 Bin 中的所有值。一般来说，每个 Bin 的宽度越宽，其平滑效果越明显。

- 排序后价格：4, 8, 15, 21, 21, 24, 25, 28, 34
- 划分为等高度Bin：
  —Bin1：4, 8, 15
  —Bin2：21, 21, 24
  —Bin3：25, 28, 34
- 根据Bin均值进行平滑：
  —Bin1：9, 9, 9
  —Bin2：22, 22, 22
  —Bin3：29, 29, 29
- 根据Bin边界进行平滑：
  —Bin1：4, 4, 15
  —Bin2：21, 21, 24
  —Bin3：25, 25, 34

图 4-4　利用 Bin 方法平滑去噪

2．聚类分析方法

通过聚类分析方法可帮助发现异常数据。相似或相邻近的数据聚合在一起形成了各个聚类集合，而那些位于这些聚类集合之外的数据对象，自然而然就被认为是异常数据，如图 4-5 所示。聚类分析方法的具体内容将在第 11 章大数据挖掘中详细介绍。

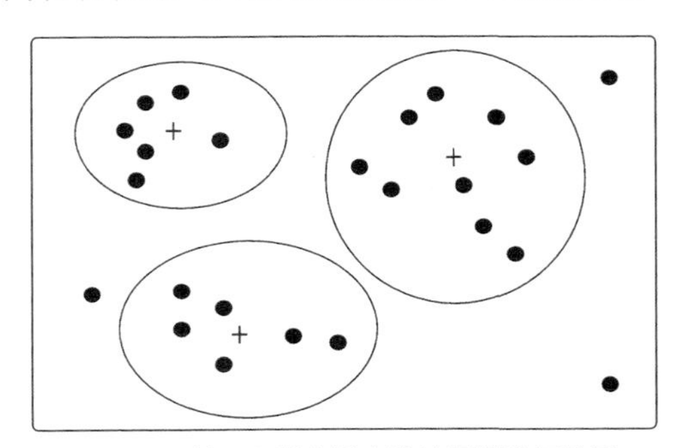

图 4-5　基于聚类分析方法的异常数据监测

3．人机结合检查方法

通过人机结合检查方法，可以帮助发现异常数据。例如，利用基于信息论的方法可帮助识别手写符号库中的异常模式，所识别出的异常模式可输出到一个列表中，然后由人对这一列表中的各异常模式进行检查，并最终确认无用的模式（真正异常的模式）。这种人机结合检查方法比手工方法的手写符号库检查效率要高许多。

4．回归方法

可以利用拟合函数对数据进行平滑。例如，借助线性回归方法，包括多变量回归方法，就可以获得多个变量之间的拟合关系，从而达到利用一个（或一组）变量值来预测另一个变量取值的目的。利用回归分析方法所获得的拟合函数，能够帮助平滑数据及除去其中的噪声。

许多数据平滑方法，同时也是数据消减方法，例如，以上描述的 Bin 方法可以帮助消减一个属性中的不同取值，这也就意味着 Bin 方法可以作为基于逻辑挖掘方法的数据消减处理方法。

4.2.3 不一致数据处理

现实世界的数据库常出现数据记录内容不一致的问题，其中的一些数据可以利用它们与外部的关联，手工解决这种问题，例如，数据录入错误一般可以通过与原稿进行对比来加以纠正。此外还有一些方法可以帮助纠正使用编码时所发生的不一致问题。知识工程工具也可以帮助发现违反数据约束条件的情况。

由于同一属性在不同数据库中的取名不规范，常常使得在进行数据集成时，导致不一致情况的发生。

4.3 数据集成

数据处理常常涉及数据集成操作，即将来自多个数据源的数据，如数据库、数据立方、普通文件等，结合在一起并形成一个统一数据集合，以便为数据处理工作的顺利完成提供完整的数据基础。在数据集成过程中，需要考虑解决以下几个问题。

1. 模式集成问题

模式集成问题就是如何使来自多个数据源的现实世界的实体相互匹配，这其中就涉及实体识别问题。例如，如何确定一个数据库中的“custom_id”与另一个数据库中的“custome_number”是否表示同一实体。数据库与数据仓库通常包含元数据，这些元数据可以帮助避免在模式集成时发生错误。

2. 冗余问题

冗余问题是数据集成中经常发生的另一个问题。若一个属性可以从其他属性中推演出来，那这个属性就是冗余属性，例如，一个顾客数据表中的平均月收入属性就是冗余属性，显然它可以根据月收入属性计算出来。此外，属性命名的不一致也会导致集成后的数据集出现数据冗余问题。

利用相关分析可以帮助发现一些数据冗余情况。例如，给定两个属性 A 和 B，则根据这两个属性的数值可分析出这两个属性间的相互关系。如果两个属性之间的关联值 $r>0$，则说明两个属性之间是正关联，也就是说，若 A 增加，B 也增加。r 值越大，说明属性 A、B 的正关联关系越紧密。如果关联值 $r=0$，则说明属性 A、B 相互独立，两者之间没有关系。如果 $r<0$，则说明属性 A、B 之间是负关联，也就是说，若 A 增加，B 就减少。r 的绝对值越大，说明属性 A、B 的负关联关系越紧密。

3. 数据值冲突检测与消除问题

在现实世界实体中，来自不同数据源的属性值或许不同。产生这种问题的原因可能是表示、比例尺度，或编码的差异等。例如，重量属性在一个系统中采用公制，而在另一个系统中却采用英制；价格属性在不同地点采用不同的货币单位。这些语义的差异为数据集成带来许多问题。

4.4 数据转换

数据转换就是将数据进行转换或归并，从而构成一个适合数据处理的描述形式。数据转换包含以下处理内容。

（1）平滑处理：帮助除去数据中的噪声，主要技术方法有 Bin 方法、聚类方法和回归方法。

（2）合计处理：对数据进行总结或合计操作。例如，每天的数据经过合计操作可以获得每月或每年的总额。这一操作常用于构造数据立方或对数据进行多粒度的分析。

（3）数据泛化处理：用更抽象（更高层次）的概念来取代低层次或数据层的数据对象。例如，街道属性可以泛化到更高层次的概念，如城市、国家，数值型的属性，如年龄属性，可以映射到更高层次的概念，如年轻、中年和老年。

（4）规格化处理：将有关属性数据按比例投射到特定的小范围之中。例如，将工资收入属性值映射到 0 到 1 范围内。

（5）属性构造处理：根据已有属性集构造新的属性，以帮助数据处理过程。

下面将着重介绍规格化处理和属性构造处理。

规格化处理就是将一个属性取值范围投射到一个特定范围之内，以消除数值型属性因大小不一而造成挖掘结果的偏差。规格化处理常常用于神经网络、基于距离计算的最近邻分类和聚类挖掘的数据预处理。对于神经网络，采用规格化后的数据不仅有助于确保学习结果的正确性，而且也会帮助提高学习的效率。对于基于距离计算的挖掘，规格化方法可以帮助消除因属性取值范围不同而影响挖掘结果的公正性。下面介绍常用的 3 种规格化方法。

1．最大最小规格化方法

该方法对被初始数据进行一种线性转换。例如，假设属性的最大值和最小值分别是 98 000 元和 12 000 元，利用最大最小规格化方法将“顾客收入”属性的值映射到 0～1 的范围内，则“顾客收入”属性的值为 73 600 元时，对应的转换结果如下。

$$(73\,600 - 12\,000) / (98\,000 - 12\,000) * (1.0 - 0.0) + 0 = 0.716$$

计算公式的含义为“(待转换属性值-属性最小值)/(属性最大值-属性最小值)*(映射区间最大值-映射区间最小值)+ 映射区间最小值”。

2．零均值规格化方法

该方法是指根据一个属性的均值和方差来对该属性的值进行规格化。假定属性“顾客收入”的均值和方差分别为 54 000 元和 16 000 元，则“顾客收入”属性的值为 73 600 元时，对应的转换结果如下。

$$(73\,600 - 54\,000) / 16\,000 = 1.225$$

计算公式的含义为“(待转换属性值-属性平均值)/属性方差”。

3．十基数变换规格化方法

该方法通过移动属性值的小数位置来达到规格化的目的。所移动的小数位数取决于属性绝对值的最大值。假设属性的取值范围是-986～917，则该属性绝对值的最大值为 986。属性的值为 435 时，对应的转换结果如下。

$$435/10^3 = 0.435$$

计算公式的含义为“待转换属性值/10^j”，其中，j 为能够使该属性绝对值的最大值（986）小于 1 的最小值。

属性构造方法可以利用已有属性集构造出新的属性，并将其加入到现有属性集合中以挖掘更深层次的模式知识，提高挖掘结果准确性。例如，根据宽、高属性，可以构造一个新属性（面积）。构造合适的属性能够减少学习构造决策树时出现的碎块情况。此外，属性结合可以帮助发现所遗漏的属性间的相互联系，而这在数据挖掘过程中是十分重要的。

4.5 数据消减

对大规模数据进行复杂的数据分析通常需要耗费大量的时间。数据消减技术的主要目的就是从原有巨大数据集中获得一个精简的数据集,并使这一精简数据集保持原有数据集的完整性。这样在精简数据集上进行数据挖掘就会提高效率，并且能够保证挖掘出来的结果与使用原有数据集所获得的结果基本相同。

数据消减的主要策略有以下几种。

（1）数据立方合计：这类合计操作主要用于构造数据立方（数据仓库操作）。

（2）维数消减：主要用于检测和消除无关、弱相关，或冗余的属性或维（数据仓库中属性）。

（3）数据压缩：利用编码技术压缩数据集的大小。

（4）数据块消减：利用更简单的数据表达形式，如参数模型、非参数模型（聚类、采样、直方图等），来取代原有的数据。

（5）离散化与概念层次生成：所谓离散化就是利用取值范围或更高层次概念来替换初始数据。利用概念层次可以帮助挖掘不同抽象层次的模式知识。

4.5.1 数据立方合计

图 4-6 展示了在 3 个维度上对某公司原始销售数据进行合计所获得的数据立方。它从时间（年代）、公司分支，以及商品类型 3 个角度（维）描述了相应（时空）的销售额（对应一个小立方块）。

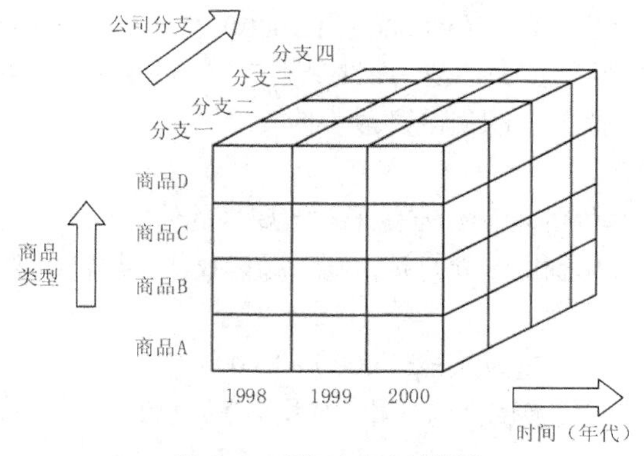

图 4-6 数据立方合计描述

每个属性都可对应一个概念层次树，以帮助进行多抽象层次的数据分析。例如，一个分支属性的（概念）层次树，可以提升到更高一层的区域概念，这样就可以将多个同一区域的分支合并到一起。

在最低层次所建立的数据立方称为基立方，而最高抽象层次对应的数据立方称为顶立方。顶立方代表整个公司三年中，所有分支、所有类型商品的销售总额。显然每一层次的数据立方都是对低一层数据的进一步抽象，因此它也是一种有效的数据消减。

4.5.2 维数消减

数据集可能包含成百上千的属性,而这些属性中的许多属性是与挖掘任务无关的或冗余的。例如，挖掘顾客是否会在商场购买电视机的分类规则时，顾客的电话号码很可能与挖掘任务无关。但如果利用人类专家来帮助挑选有用的属性，则困难又费时费力，特别是当数据内涵并不十分清楚的时候。无论是漏掉相关属性，还是选择了无关属性参加数据挖掘工作，都将严重影响数据挖掘最终结果的正确性和有效性。此外，多余或无关的属性也将影响数据挖掘的挖掘效率。

维数消减就是通过消除多余和无关的属性而有效消减数据集的规模的。这里通常采用属性子集选择方法。属性子集选择方法的目标就是寻找出最小的属性子集并确保新数据子集的概率分布尽可能接近原来数据集的概率分布。利用筛选后的属性集进行数据挖掘，由于使用了较少的属性，从而使得用户更加容易理解挖掘结果。

如果数据有 d 个属性，那么就会有 2^d 个不同子集。从初始属性集中发现较好的属性子集的过程就是一个最优穷尽搜索的过程，显然，随着属性个数的不断增加，搜索的难度也会大大增加。所以，一般需要利用启发知识来帮助有效缩小搜索空间。这类启发式搜索方法通常都是基于可能获得全局最优的局部最优来指导并帮助获得相应的属性子集的。

一般利用统计重要性的测试来帮助选择“最优”或“最差”属性。这里假设各属性之间都是相互独立的。构造属性子集的基本启发式搜索方法有以下几种。

1．逐步添加方法

该方法从一个空属性集（作为属性子集初始值）开始，每次从原有属性集合中选择一个当前最优的属性添加到当前属性子集中。直到无法选择出最优属性或满足一定阈值约束为止。

2．逐步消减方法

该方法从一个全属性集（作为属性子集初始值）开始，每次从当前属性子集中选择一个当前最差的属性并将其从当前属性子集中消去。直到无法选择出最差属性或满足一定阈值约束为止。

3．消减与添加结合方法

该方法将逐步添加方法与逐步消减方法结合在一起，每次从当前属性子集中选择一个当前最差的属性并将其从当前属性子集中消去，以及从原有属性集合中选择一个当前最优的属性添加到当前属性子集中。直到无法选择出最优属性且无法选择出最差属性，或满足一定阈值约束为止。

4．决策树归纳方法

通常用于分类的决策树算法也可以用于构造属性子集。具体方法就是，利用决策树的归纳方法对初始数据进行分类归纳学习，获得一个初始决策树，没有出现在这个决策树上的属性均认为是无关属性，将这些属性从初始属性集合中删除掉，就可以获得一个较优的属性子集。

4.5.3 数据压缩

数据压缩就是利用数据编码或数据转换将原来的数据集合压缩为一个较小规模的数据集合。若仅根据压缩后的数据集就可以恢复原来的数据集，那么就认为这一压缩是无损的，否则就称为有损的。在数据挖掘领域通常使用的两种数据压缩方法均是有损的，它们是离散小波转换（Discrete Wavelet Transforms）和主要素分析（Principal Components Analysis）。

1．离散小波变换

离散小波变换是一种线性信号处理技术，该方法可以将一个数据向量转换为另一个数据向量（为小波相关系数），且两个向量具有相同长度。可以舍弃后者中的一些小波相关系数，例如，保留所有大于用户指定阈值的小波系数，而将其他小波系数置为 0，以帮助提高数据处理的运算效率。这一方法可以在保留数据主要特征的情况下除去数据中的噪声，因此该方法可以有效地进行数据清洗。此外，在给定一组小波相关系数的情况下，利用离散小波变换的逆运算还可以近似恢复原来的数据。

2．主要素分析

主要素分析是一种进行数据压缩常用的方法。假设需要压缩的数据由 N 个数据行（向量）组成，共有 k 个维度（属性或特征）。该方法是从 k 个维度中寻找出 c 个共轭向量（$c<<N$），从而实现对初始数据的有效数据压缩的。

主要素分析方法的主要处理步骤如下。

（1）对输入数据进行规格化，以确保各属性的数据取值均落入相同的数值范围。

（2）根据已规格化的数据计算 c 个共轭向量，这 c 个共轭向量就是主要素，而所输入的数据均可以表示为这 c 个共轭向量的线性组合。

（3）对 c 个共轭向量按其重要性（计算所得变化量）进行递减排序。

（4）根据所给定的用户阈值，消去重要性较低的共轭向量，以便最终获得消减后的数据集合，此外，利用最主要的主要素也可以更好地近似恢复原来的数据。

主要素分析方法的计算量不大且可以用于取值有序或无序的属性，同时也能处理稀疏或异常数据。该方法还可以将多于两维的数据通过处理降为两维数据。与离散小波变换方法相比，主要素分析方法能较好地处理稀疏数据，而离散小波变换则更适合对高维数据进行处理变换。

4.5.4　数据块消减

数据块消减方法主要包括参数与非参数两种基本方法。所谓参数方法就是利用一个模型来帮助获得原来的数据，因此只需要存储模型的参数即可（当然异常数据也需要存储），例如，线性回归模型就可以根据一组变量预测计算另一个变量。而非参数方法则是存储利用直方图、聚类或取样而获得的消减后数据集。下面介绍几种主要的数据块消减方法。

1．回归与线性对数模型

回归与线性对数模型可用于拟合所给定的数据集。线性回归方法是利用一条直线模型对数据进行拟合的，可以是基于一个自变量的，也可以是基于多个自变量的。

线性对数模型则是拟合多维离散概率分布的。如果给定 n 维（例如，用 n 个属性描述）元组的集合，则可以把每个元组看作 n 维空间的点。对于离散属性集，可以使用线性对数模型，基于维组合的一个较小子集，来估计多维空间中每个点的概率。这使得高维数据空间可以由较低维空间构造。因此，线性对数模型也可以用于维归约和数据光滑。

回归与线性对数模型均可用于稀疏数据及异常数据的处理。但是回归模型对异常数据的处理结果要好许多。应用回归方法处理高维数据时计算复杂度较大，而线性对数模型则具有较好的可扩展性。

2．直方图

直方图是利用 Bin 方法对数据分布情况进行近似的，它是一种常用的数据消减方法。属性 A 的直方图就是根据属性 A 的数据分布将其划分为若干不相交的子集（桶）的。这些子集沿水平轴显示，其高度（或面积）与该桶所代表的数值平均（出现）频率成正比。若每个桶仅代表一对属性值/频率，则这个桶就称为单桶。通常一个桶代表某个属性的一段连续值。

以下是一个商场所销售商品的价格清单（按递增顺序排列，括号中的数表示前面数字出现的次数）。

1（2）、5（5）、8（2）、10（4）、12、14（3）、15（5）、18（8）、20（7）、21（4）、25（5）、

28、30（3）

上述数据所形成的属性值/频率对的直方图如图 4-7 所示。构造直方图所涉及的数据集划分方法有以下几种。

（1）等宽方法：在一个等宽的直方图中，每个桶的宽度（范围）是相同的（如图 4-7 所示）。

（2）等高方法：在一个等高的直方图中，每个桶中的数据个数是相同的。

（3）V-Optimal 方法：若对指定桶个数的所有可能直方图进行考虑，该方法所获得的直方图是这些直方图中变化最小的，即具有最小方差的直方图。直方图方差是指每个桶所代表数值的加权之和，其权值为相应桶中数值的个数。

（4）MaxDiff 方法：该方法以相邻数值（对）之差为基础，一个桶的边界则是由包含有 β-1 个最大差距的数值对所确定的，其中，β 为用户指定的阈值。

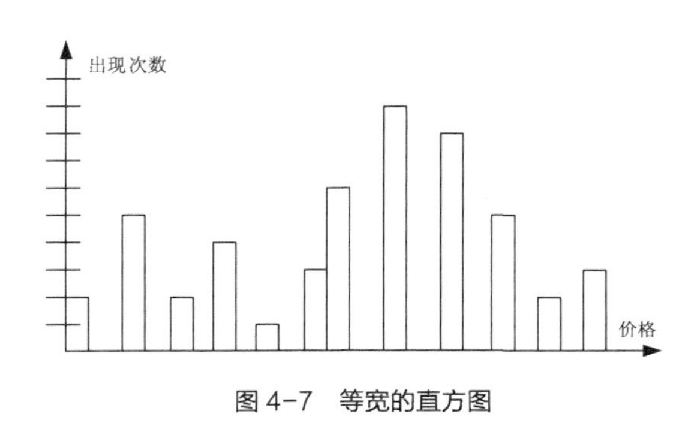

图 4-7　等宽的直方图

V-Optimal 方法和 MaxDiff 方法比其他方法更加准确和实用。直方图在拟合稀疏和异常数据时具有较高的效能，此外，直方图方法也可以用于处理多维（属性）数据，多维直方图能够描述出属性间的相互关系。

3．聚类

聚类技术将数据行视为对象。聚类分析所获得的组或类具有以下性质。同一组或类中的对象彼此相似，而不同组或类中的对象彼此不相似。相似性通常利用多维空间中的距离来表示。一个组或类的“质量”可以用其所含对象间的最大距离（称为半径）来衡量，也可以用中心距离，即组或类中各对象与中心点距离的平均值，来作为组或类的“质量”。

在数据消减中，数据的聚类表示可用于替换原来的数据。当然这一技术的有效性依赖于实际数据的内在规律。在处理带有较强噪声数据时采用数据聚类方法常常是非常有效的。

4．采样

采样方法由于可以利用一小部分数据（子集）来代表一个大数据集，因此可以作为数据消减的技术方法之一。假设一个大数据集为 D，其中包括 N 个数据行。几种主要的采样方法如下。

（1）无替换简单随机采样方法（简称 SRSWOR 方法）。该方法从 N 个数据行中随机（每一数据行被选中的概率为 $1/N$）抽取出 n 个数据行，以构成由 n 个数据行组成的采样数据子集，如图 4-8 所示。

（2）有替换简单随机采样方法（简称 SRSWR 方法）。该方法也是从 N 个数据行中每次随机抽取一个数据行，但该数据行被选中后仍将留在大数据集 D 中，最后获得的由 n 个数据行组成的采样数据子集中可能会出现相同的数据行，如图 4-8 所示。

（3）聚类采样方法。该方法首先将大数据集 D 划分为 M 个不相交的类，然后再分别从这

M个类的数据对象中进行随机抽取，这样就可以最终获得聚类采样数据子集。

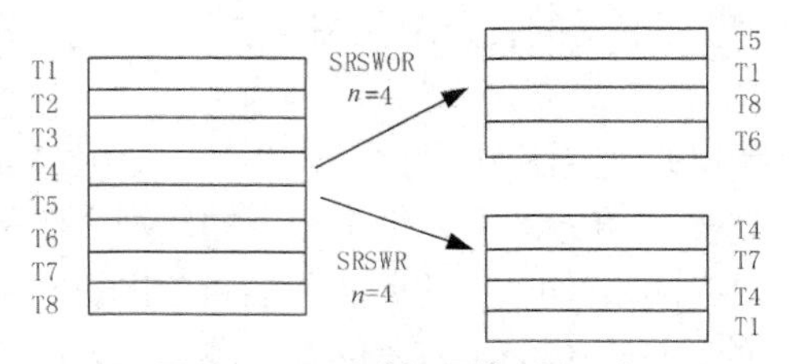

图 4-8　两种随机采样方法示意

（4）分层采样方法。该方法首先将大数据集划分为若干不相交的层，然后再分别从这些层中随机抽取数据对象，从而获得具有代表性的采样数据子集。例如，可以对一个顾客数据集按照年龄进行分层，然后再在每个年龄组中进行随机选择，从而确保最终获得的分层采样数据子集中的年龄分布具有代表性，如图 4-9 所示。

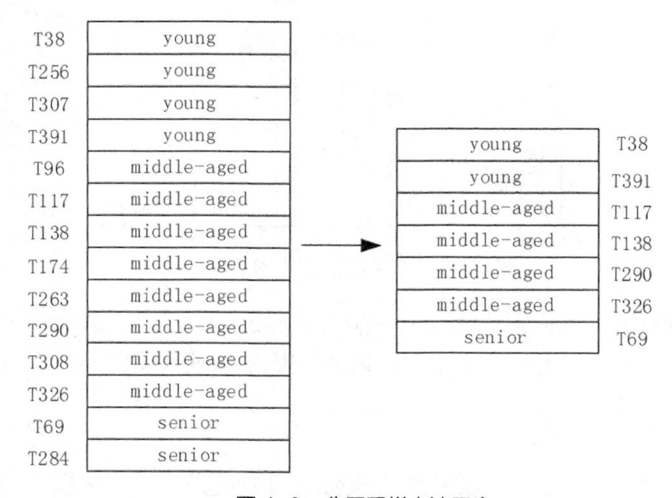

图 4-9　分层采样方法示意

4.6　离散化和概念层次树

离散化技术方法可以通过将属性（连续取值）域值范围分为若干区间，来帮助消减一个连续（取值）属性的取值个数。可以用一个标签来表示一个区间内的实际数据值。在基于决策树的分类挖掘中，消减属性取值个数的离散化处理是一个极为有效的数据预处理步骤。

图 4-10 所示是一个年龄属性的概念层次树。概念层次树可以通过利用较高层次概念替换低层次概念（如年龄的数值）来减少原有数据集的数据量。虽然一些细节在数据泛化过程中消失了，但这样所获得的泛化数据或许会更易于理解、更有意义。在消减后的数据集上进行数据挖掘显然效率更高。

4.6.1　数值概念层次树

由于数据的范围变化较大，所以构造数值属性的概念层次树是一件较为困难的事情。利用数据分布分析，可以自动构造数值属性的概念层次树。其中，主要的几种构造方法如下。

1. Bin 方法

Bin 方法是一种离散化方法。例如，属性的值可以通过将其分配到各 Bin 中而将其离散化。

利用每个 Bin 的均值和中位数替换每个 Bin 中的值（利用均值或中位数进行平滑），并循环应用这些操作处理每次的操作结果，就可以获得一个概念层次树。

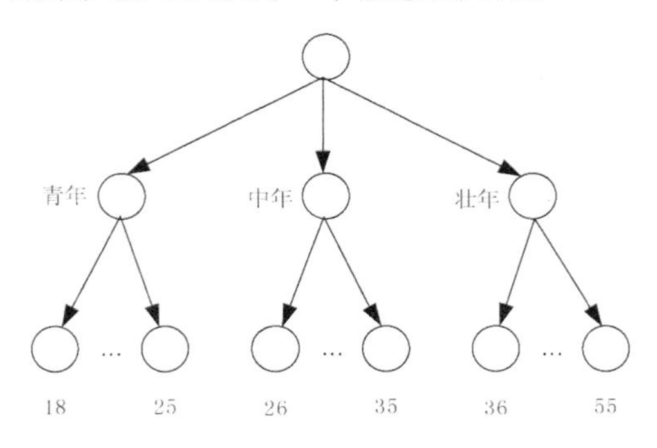

图 4-10　年龄属性的概念层次树

2．直方图方法

直方图方法也可以用于离散化处理。例如，在等宽直方图中，数值被划分为等大小的区间，如（0，100]，（100，200]，…，（900，1000]。循环应用直方图方法处理每次的划分结果，当达到用户指定层次水平后结束划分，最终可自动获得多层次概念树。最小间隔大小也可以帮助控制循环过程，包括指定一个划分的最小宽度或指定每一个层次的每一划分中数值的个数等。

3．聚类分析方法

聚类分析方法可以将数据集划分为若干类或组。每个类构成了概念层次树的一个结点，每个类还可以进一步分解为若干子类，从而构成更低水平的层次。当然类也可以合并起来构成更高水平的层次。

4．基于熵的方法

利用基于熵的方法构造数值概念层次树可以消减数据集规模。与其他方法不同的是，基于熵的方法利用了类别信息，这就使得边界的划分更加有利于改善分类挖掘结果的准确性。

5．自然划分分段方法

尽管 Bin 方法、直方图方法、聚类方法和基于熵的方法均可以帮助构造数值概念层次树，但许多时候用户仍然将数值区间划分为归一的、易读懂的间隔，以使这些间隔看起来更加自然直观。例如，将年收入数值属性取值区域分解为[50000，60000]区间要比利用复杂聚类分析所获得的[51265，60324]区间直观得多。

4.6.2　类别概念层次树

类别数据是一种离散数据。类别属性可取有限个不同的值且这些值之间无大小和顺序，如国家、工作、商品类别等。

构造类别属性的概念层次树的主要方法有以下几种。

（1）属性值的顺序关系已在用户或专家指定的模式定义中说明。构造属性（或维）的概念层次树会涉及一组属性，在（数据库）模式定义时指定各属性的有序关系，可以有助于构造出相应的概念层次树。例如，一个关系数据库中的地点属性将会涉及以下属性：街道、城市、省和国家。根据（数据库）模式定义时的描述，可以很容易地构造出（含有顺序语义）层次树，即街道<城市<省<国家。

（2）通过数据聚合来描述层次树。这是概念层次树的一个主要（手工）构造方法。在大规模数据库中，通过穷举所有值而构造一个完整的概念层次树是不切实际的，但可以通过对其中的一部分数据进行聚合来描述层次数。例如，在模式定义基础上构造了省和国家的层次树，这时可以手工加入{安徽、江苏、山东}⊂华东地区和{广东、福建}⊂华南地区等“地区”中间层次。

（3）定义一组属性但不说明其顺序。用户可以简单将一组属性组织在一起以便构成一个层次树，但不说明这些属性的相互关系。这就需要自动产生属性顺序以便构造一个有意义的概念层次树。没有数据语义的知识，想要获得任意一组属性的顺序关系是很困难的。一个重要线索就是，高层次概念通常包含了若干低层次概念。定义属性的高层次概念通常比低层次概念包含少一些的不同值。根据这一线索，就可以通过给定属性集中每个属性的一些不同值自动构造一个概念层次树。拥有最多不同值的属性被放到层次树的最低层，拥有的不同值数目越少的属性在概念层次树上所放的层次越高。这条启发知识在许多情况下的工作效果都很好。用户或专家在必要时，可以对所获得的概念层次树进行局部调整。

假设用户针对商场地点属性选择了一组属性，即街道、城市、省和国家。但没有说明这些属性的层次顺序关系。地点的概念层次树可以通过以下步骤自动产生。

① 根据每个属性不同值的数目从小到大进行排序，从而获得以下顺序，其中，括号内容为相应属性不同值的数目。

国家（15）、省（65）、城市（3 567）和街道（674 339）。

② 根据所排顺序自顶而下构造层次树，即第一个属性在最高层，最后一个属性在最低层。所获得的概念层次树如图 4-11 所示。

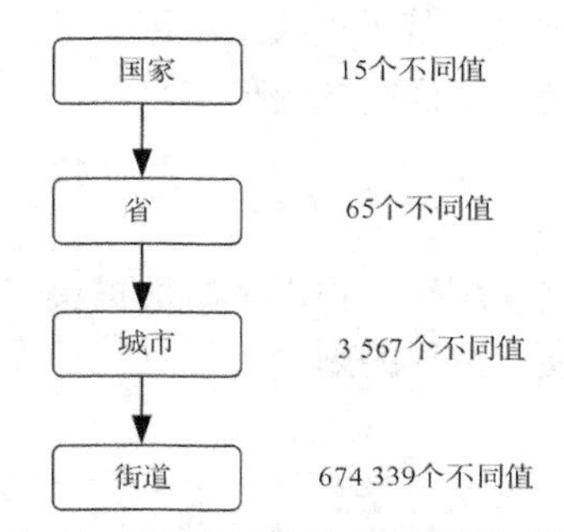

图 4-11 自动生成的地点属性概念层次树

③ 用户对自动生成的概念层次树进行检查，必要时进行修改以使其能够反映所期望的属性间相互关系。本例中没有必要进行修改。

需要注意的是，上述启发知识并非始终正确。例如，在一个带有时间描述的数据库中，时间属性涉及 20 个不同年、12 个不同月和 1 个星期的值，则根据上述自动产生概念层次树的启发知识，可以获得，年<月<星期。星期在概念层次树的最顶层，这显然是不符合实际的。

4.7 ETL 工具 Kettle

Kettle 是一款国外开源的 ETL 工具，可以在 Windows、Linux、UNIX 系统上运行，数据抽取高效稳定。Kettle 允许用户管理来自不同数据库的数据，它通过提供一个图形化的用户环境来描述想做什么，而不是怎么做。

本节将对开源 ETL 工具 Kettle 进行介绍，使读者通过使用 Kettle 进一步理解 ETL 的原理和方法。

4.7.1 ETL工具简介

ETL分别是Extract、Transform和Load 3个单词的首字母缩写，也即数据抽取、转换、装载的过程，但经常简称其为数据抽取。

（1）Extract（抽取）：将数据从各种原始的业务系统中读取出来，这是所有工作的前提。抽取过程一般需要连接到不同的数据源，以便为随后的步骤提供数据。这一步简单而琐碎，但实际上是ETL解决方案的成功实施的主要障碍。

（2）Transform（转换）：按照预先设计好的规则将抽取到的数据进行转换，使本来异构的数据格式能统一起来。任何对数据的处理过程都是转换，这些处理过程通常包括（但不限于）以下一些操作。

- 移动数据
- 根据规则验证数据
- 数据内容和数据结构的修改
- 将多个数据源的数据集成
- 根据处理后的数据计算派生值和聚集值

（3）Load（装载）：将转换完的数据按计划增量或全部导入到数据仓库中。也就是说将数据加载到目标系统的所有操作。

使用ETL工具实现数据清洗的大致步骤如下。

（1）在理解源数据的基础上实现数据表属性一致化。为解决源数据的同义异名和同名异义的问题，可采用以下操作。通过元数据管理子系统，在理解源数据的同时，对不同表的属性名根据其含义重新定义其在数据挖掘库中的名字，并以转换规则的形式存放在元数据库中，在数据集成的时候，系统会自动根据这些转换规则将源数据中的字段名转换成新定义的字段名，从而实现数据挖掘库中的同名同义。

（2）通过数据缩减，大幅度缩小数据量。由于源数据量很大，处理起来非常耗时，所以可以优先进行数据缩减，以提高后续数据处理分析的效率。

（3）通过预先设定数据处理的可视化功能结点，达到可视化地进行数据清洗和数据转换的目的。针对缩减并集成后的数据，通过组合预处理子系统提供的各种数据处理功能结点，以可视化的方式快速有效地完成数据清洗和数据转换过程。

ETL工具必须能够对抽取到的数据进行灵活计算、合并、拆分等转换操作。目前，ETL工具的典型代表如下。

商业软件：Informatica、IBM Datastage、Oracle ODI、Microsoft SSIS等。

开源软件：Kettle、Talend、CloverETL、Ketl、Octopus等。

4.7.2 安装Kettle

1．JDK环境准备

确认当前系统为JDK 1.7或以上版本，如果当前系统没有安装JDK或者版本较低，则需要手动下载安装，并配置Java环境变量。

2．Kettle安装

下载pdi-ce-5.4.0.1-130版本的Kettle安装包。该版本的Kettle安装包为绿色软件，解压缩到任意本地路径即可。

3．MySQL JDBC 安装

Kettle 支持当前主流的数据库 MySQL、DB2、Oracle 等，在连接数据库之前需要下载对应数据库的 JDBC 并上传至 Kettle 解压缩目录的 lib 路径下。

本环境中下载 mysql jdbc:mysql-connector-java-5.1.18-bin.jar，并复制到 lib 路径下。

4．Kettle 环境验证

至此，Kettle 配置完成，找到解压缩目录下的 Spoon.bat 并运行，即可打开 GUI 界面。

4.7.3　Kettle 的数据流处理

此实例定义了一个名为 source table 的表，用于记录云平台中的 HostName、Cluster 和 DataCenter 的对应关系，以及获取记录的 datetime 和 HostName 的网卡数。首先要确认一下源数据库的表结构，如图 4-12 所示。

名	类型	长度	小数点	不是 null	
id	int	11	0	☑	1
datetime	timestamp	0	0	☑	
HostName	varchar	200	0	☐	
Cluster	varchar	200	0	☐	
DataCenter	varchar	200	0	☐	
Nic_Number	int	11	0	☐	
cpu_total_ghz	int	11	0	☑	

图 4-12　源数据库的表结构

1．源数据的抽取

选择“文件”→“新建”→“转换”，在左侧 Design 栏选择“输入”→“表输入”，创建一个名为“源数据输出”的表输入步骤，双击进入“源数据输出”，在“数据库连接”处选择“新建”→“源数据库”，配置源 MySQL 数据库的参数信息并测试连接情况，如图 4-13 所示。

图 4-13　测试源数据的连接情况

双击选择“源数据输出”步骤，编辑 SQL，即可获取所需要抽取的数据模型。而在这些步骤的操作流程中，需要注意的是 SQL 语句的编辑，如图 4-14 所示。

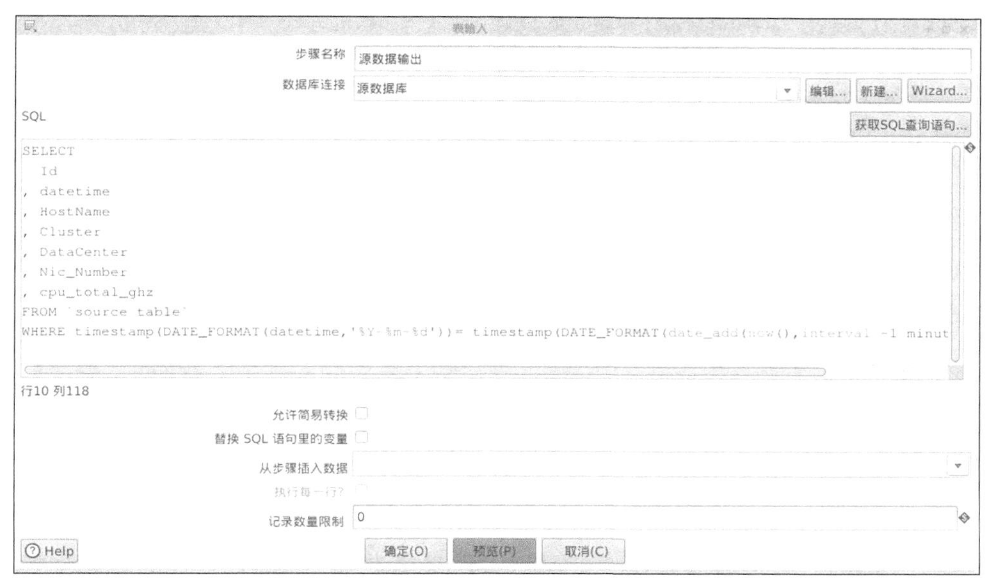

图 4-14　数据抽取 SQL 语句

编辑完毕 SQL 语句后，通过“预览”按钮就可以预览执行 SQL 的结果，如图 4-15 所示。

图 4-15　数据抽取结果

2．数据清洗和转换

上一步得到的数据还需要进行数据清洗和转换，如对数据的升降排序、和其他数据表链接、对空值的处理、对重复值的处理等，主要包括以下方法。

（1）数据补缺：对空数据、缺失数据进行数据补缺操作，对无法处理的作标记。

（2）数据替换：对输入的行记录数据的字段进行更改，如更改数据类型，更改或删除字段名。数据类型变更时，数据的转换有固定规则，可简单定制参数。

（3）过滤行：对输入的行记录进行指定复杂条件的过滤，比 SQL 语句的过滤功能更强。

（4）行排序：对指定的列以升序或降序排序。

（5）行链接：对所有输入流做笛卡儿乘积。

（6）行去重：去掉输入流中的重复行。

（7）行合并：用于比较两组输入数据，一般用于将更新后的数据重新导入到数据仓库中。

该实例利用 Kettle 自带的 Transform 进行排序和数据替换的处理，如图 4-16 所示。其中，在“排序”中选择将 datetime 和 HostName 做升序排序，配置如图 4-17 所示。

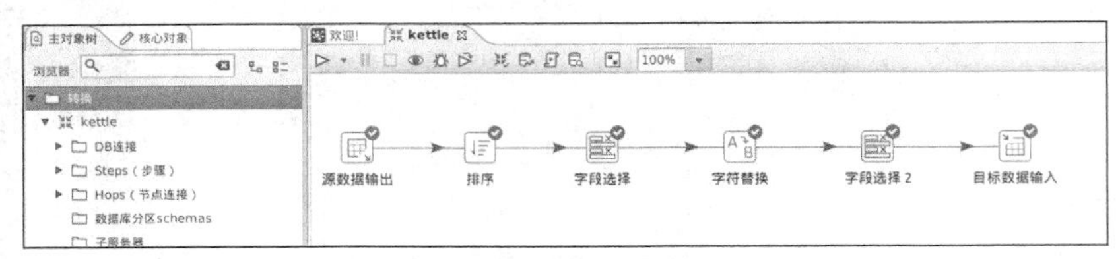

图 4-16　数据预处理设置

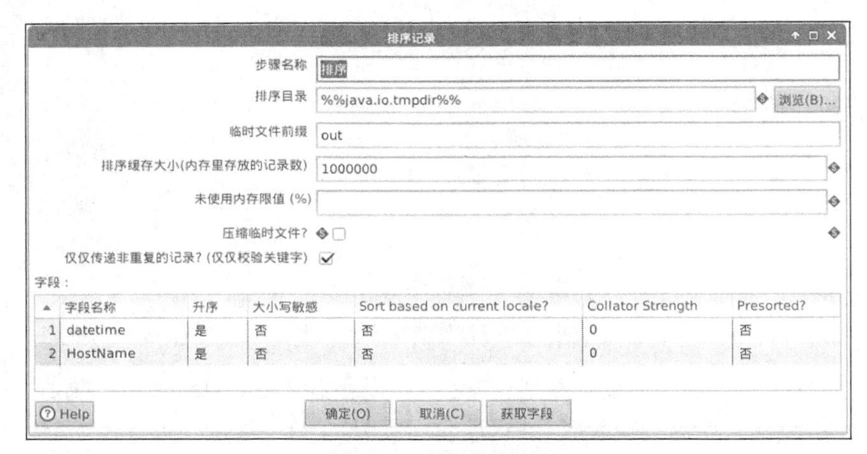

图 4-17　数据排序设置

当 nic_number 值为空的时候可以使用数据替换操作，如果 nic_number 值为空，就用数字 0 代替，如图 4-18 所示。

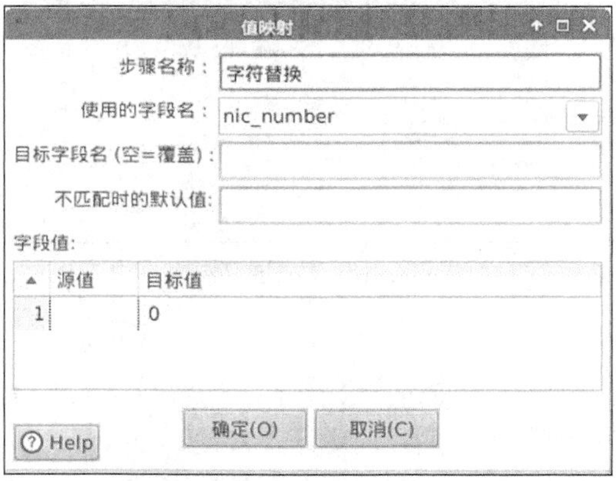

图 4-18　数据空值处理

3. 目标数据的上载

创建一个名为“目标数据输入”的表输出步骤，配置目标数据库的参数信息。在左侧 Design 栏选择“输出”→“表输出”，创建一个“目标数据输入”的表输出步骤，在“数据库连接”处新建一个“目标数据库”，输入对应的目标数据库参数信息并测试 Kettle 和 MySQL 数据库是否成功连接，然后选择目标数据库表，如图 4-19 所示。

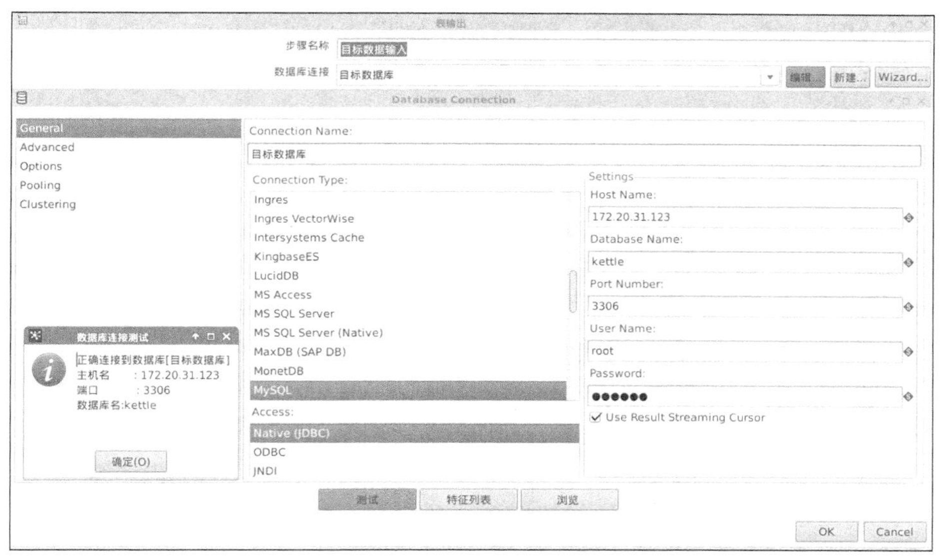

图 4-19 数据上载

目标数据库配置完成并能正常连接后，还需要配置数据流字段和目标数据库表字段的对应关系，如图 4-20 所示。其中，“表字段”为目标数据表字段，“流字段”为经过 Kettle 处理的数据流字段，二者名称可以一致也可以不一致，在配置的时候做好对应即可。

图 4-20 数据流字段配置

至此，源数据的抽取，数据的清洗转换和目标数据的上载已经配置完成，整个 Kettle 的转换脚本也就完成了。

4.8 总结

数据预处理是大数据处理过程中的一个重要步骤，它涉及数据清洗、数据集成、数据转换和数据消减等主要处理方法。本章主要对数据预处理做了比较详细的介绍。

数据清洗主要用于填补数据记录中（各属性）的遗漏数据，识别异常数据，以及纠正数据中的不一致问题。数据集成主要用于将来自多个数据源的数据合并到一起并形成完整的数据集合。数据转换主要用于将数据转换成适合数据挖掘的形式，如规格化数据处理。数据消减的主要方法包括数据立方合计、维度消减、数据压缩、数据块消减和离散化，这些方法主要用于在保证原有数据信息内涵减少最小化的同时，对原有数据规模进行消减，并提出一个简洁的数据表示。

最后，本章对数据预处理工具 Kettle 进行了简要介绍，它可以用来图形化地进行各种数据预处理工作。

习 题

1. 数据预处理主要包括哪几种基本处理方法？
2. 大数据预处理的主要目的是什么？
3. 请描述大数据预处理的整体架构，对于结构化数据和半结构化/非结构化数据各自的处理方式是什么？
4. 数据的质量问题主要有哪几大类？
5. 数据清洗方法主要包括哪几种？各自的主要功能是什么？
6. 数据集成处理主要解决哪些问题？
7. 数据转换的作用是什么？主要有哪些处理内容？
8. 数据消减的主要目的是什么？主要策略有哪几种？
9. 离散化的主要作用是什么？
10. 数值概念层次树的主要构造方法有哪些？类别概念层次树的主要构造方法有哪些？
11. ETL 工具主要包括哪些工作？使用 ETL 工具实现数据清洗的大致步骤是什么？
12. ETL 工具 Kettle 的主要功能有哪些？

Chapter 5

第5章 大数据处理系统

大数据指的是数据规模庞大和复杂到难以通过现有的数据库管理工具或者传统的数据处理应用程序进行处理的数据集合。针对大数据对技术产生的巨大挑战，Google 提出了一整套基于分布式并行集群方式的基础架构技术，并且诞生了基于 Google 技术的开源大数据处理系统 Hadoop。本章主要对 Google 大数据处理系统和开源大数据处理系统 Hadoop 进行简单介绍。

5.1 大数据技术概述

本节将对大数据技术的基本概念进行简单介绍，包括分布式计算、服务器集群和 Google 的 3 个大数据技术。

5.1.1 分布式计算

对于如何处理大数据，计算机科学界有两大方向。第一个方向是集中式计算，就是通过不断增加处理器的数量来增强单个计算机的计算能力，从而提高处理数据的速度。第二个方向是分布式计算，就是把一组计算机通过网络相互连接组成分散系统，然后将需要处理的大量数据分散成多个部分，交由分散系统内的计算机组同时计算，最后将这些计算结果合并，得到最终的结果。尽管分散系统内的单个计算机的计算能力不强，但是由于每个计算机只计算一部分数据，而且是多台计算机同时计算，所以就分散系统而言，处理数据的速度会远高于单个计算机。

过去，分布式计算理论比较复杂，技术实现比较困难，因此在处理大数据方面，集中式计算一直是主流解决方案。IBM 的大型机就是集中式计算的典型硬件，很多银行和政府机构都用它处理大数据。不过，对于当时的互联网公司来说，IBM 的大型机的价格过于昂贵。因此，互联网公司把研究方向放在了可以使用在廉价计算机上的分布式计算上。

5.1.2 服务器集群

服务器集群是一种提升服务器整体计算能力的解决方案。它是由互相连接在一起的服务器群组成的一个并行式或分布式系统。由于服务器集群中的服务器运行同一个计算任务，因此，从外部看，这群服务器表现为一台虚拟的服务器，对外提供统一的服务。

尽管单台服务器的运算能力有限，但是将成百上千的服务器组成服务器集群后，整个系统就具备了强大的运算能力，可以支持大数据分析的运算负荷。Google、Amazon、阿里巴巴的计算中心里的服务器集群都达到了 5 000 台服务器的规模。

5.1.3 大数据的技术基础

2003—2004 年间，Google 发表了 MapReduce、GFS（Google File System）和 BigTable 3 篇

技术论文，提出了一套全新的分布式计算理论。MapReduce 是分布式计算框架，GFS 是分布式文件系统，BigTable 是基于 GFS 的数据存储系统，这 3 大组件组成了 Google 的分布式计算模型。

Google 的分布式计算模型相比于传统的分布式计算模型有 3 大优势：首先，它简化了传统的分布式计算理论，降低了技术实现的难度，可以进行实际的应用；其次，它可以应用在廉价的计算设备上，只需增加计算设备的数量就可以提升整体的计算能力，应用成本十分低廉；最后，它被应用在 Google 的计算中心，取得了很好的效果，有了实际应用的证明。

后来，各家互联网公司开始利用 Google 的分布式计算模型搭建自己的分布式计算系统，Google 的这 3 篇论文也就成为大数据时代的技术核心。当时 Google 采用分布式计算理论也是为了利用廉价的资源，使其发挥出更大的效用。Google 的成功使人们开始效仿，从而产生了开源系统 Hadoop。

从 Hadoop 体系和 Google 体系各方面的对应关系来讲，Hadoop MapReduce 相当于 MapReduce，HDFS 相当于 GFS，HBase 相当于 BigTable，如表 5-1 所示。

表 5-1　大数据处理系统核心技术

大数据系统体系	计算框架	文件系统	数据存储系统
Hadoop 体系	Hadoop MapReduce	HDFS	HBase
Google 体系	MapReduce	GFS	BigTable

5.2　Google 大数据处理系统

Google 在搜索引擎上所获得的巨大成功，很大程度上是由于采用了先进的大数据管理和处理技术。Google 的搜索引擎是针对搜索引擎所面临的日益膨胀的海量数据存储问题，以及在此之上的海量数据处理问题而设计的。

众所周知，Google 存储着世界上最庞大的信息量（数千亿个网页、数百亿张图片）。但是，Google 并未拥有任何超级计算机来处理各种数据和搜索，也未使用 EMC 磁盘阵列等高端存储设备来保存大量的数据。2006 年，Google 大约有 45 万台服务器，到 2010 年增加到了 100 万台，截至 2018 年，据说已经达到上千万台，并且还在不断增长中。不过这些数量巨大的服务器都不是什么昂贵的高端专业服务器，而是非常普通的 PC 级服务器，并且采用的是 PC 级主板而非昂贵的服务器专用主板。

Google 提出了一整套基于分布式并行集群方式的基础架构技术，该技术利用软件的能力来处理集群中经常发生的结点失效问题。Google 使用的大数据平台主要包括 3 个相互独立又紧密结合在一起的系统：Google 文件系统（Google File System，GFS），针对 Google 应用程序的特点提出的 MapReduce 编程模式，以及大规模分布式数据库 BigTable。

5.2.1　GFS

一般的数据检索都是用数据库系统，但是 Google 拥有全球上百亿个 Web 文档，如果用常规数据库系统检索，数据量达到 TB 量级后速度就非常慢了。正是为了解决这个问题，Google 构建出了 GFS。

GFS 是一个大型的分布式文件系统，为 Google 大数据处理系统提供海量存储，并且与

MapReduce 和 BigTable 等技术结合得十分紧密，处于系统的底层。它的设计受到 Google 特殊的应用负载和技术环境的影响。相对于传统的分布式文件系统，为了达到成本、可靠性和性能的最佳平衡，GFS 从多个方面进行了简化。

GFS 使用廉价的商用机器构建分布式文件系统，将容错的任务交由文件系统来完成，利用软件的方法解决系统可靠性问题，这样可以使得存储的成本成倍下降。由于 GFS 中服务器数目众多，在 GFS 中，服务器死机现象经常发生，甚至都不应当将其视为异常现象。所以，如何在频繁的故障中确保数据存储的安全，保证提供不间断的数据存储服务是 GFS 最核心的问题。GFS 的独特之处在于它采用了多种方法，从多个角度，使用不同的容错措施来确保整个系统的可靠性。

GFS 的系统架构如图 5-1 所示，主要由一个 Master Server（主服务器）和多个 Chunk Server（数据块服务器）组成。Master Server 主要负责维护系统中的名字空间，访问控制信息，从文件到块的映射及块的当前位置等元数据，并与 Chunk Server 通信。Chunk Server 负责具体的存储工作。数据以文件的形式存储在 Chunk Server 上。Client 是应用程序访问 GFS 的接口。

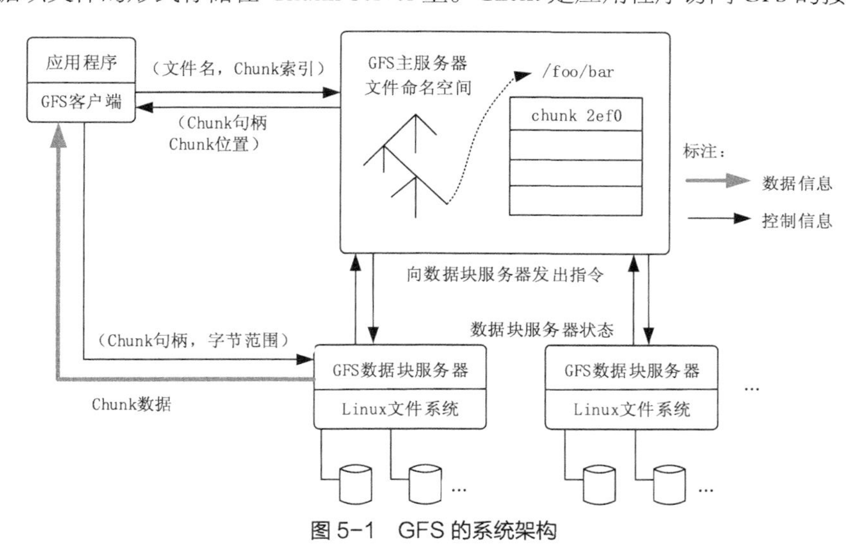

图 5-1　GFS 的系统架构

Master Server 的所有信息都存储在内存里，启动时信息从 Chunk Server 中获取。这样不但提高了 Master Server 的性能和吞吐量，也有利于 Master Server 宕机后把后备服务器切换成 Master Server。

GFS 的系统架构设计有两大优势。首先，Client 和 Master Server 之间只有控制流，没有数据流，因此降低了 Master Server 的负载。其次，由于 Client 与 Chunk Server 之间直接传输数据流，并且文件被分成多个 Chunk 进行分布式存储，因此 Client 可以同时并行访问多个 Chunk Server，从而让系统的 I/O 并行度提高。

Google 通过减少 Client 与 Master Server 的交互来解决 Master Server 的性能瓶颈问题。Client 直接与 Chunk Server 进行通信，Master Server 仅提供查询数据块所在的 Chunk Server 的详细位置的功能。数据块设计成 64MB，也是为了让客户端和 Master Server 的交互减少，让主要数据流量在客户端程序和 Chunk Server 之间直接交互。总之，GFS 具有以下特点。

（1）采用中心服务器模式，带来以下优势。

- 可以方便地增加 Chunk Server。

- Master Server 可以掌握系统内所有 Chunk Server 的情况，方便进行负载均衡。
- 不存在元数据的一致性问题。

（2）不缓存数据，具有以下优势。

- 文件操作大部分是流式读/写，不存在大量重复的读/写，因此即使使用缓存对系统性能的提高也不大。
- Chunk Server 上的数据存储在本地文件系统上，即使真的出现频繁存取的情况，本地文件系统的缓存也可以支持。
- 若建立系统缓存，那么缓存中的数据与 Chunk Server 中的数据的一致性很难保证。

Chunk Server 在硬盘上存储实际数据。Google 把每个 chunk 数据块的大小设计成 64MB，每个 chunk 被复制成 3 个副本放到不同的 Chunk Server 中，以创建冗余来避免服务器崩溃。如果某个 Chunk Server 发生故障，Master Server 便把数据备份到一个新的地方。

5.2.2 MapReduce

GFS 解决了 Google 海量数据的存储问题，MapReduce 则是为了解决如何从这些海量数据中快速计算并获取期望结果的问题。

MapReduce 是由 Google 开发的一个针对大规模群组中的海量数据处理的分布式编程模型。MapReduce 实现了 Map 和 Reduce 两个功能。Map 把一个函数应用于集合中的所有成员，然后返回一个基于这个处理的结果集，而 Reduce 是把两个或更多个 Map 通过多个线程、进程或者独立系统进行并行执行处理得到的结果集进行分类和归纳。用户只需要提供自己的 Map 函数及 Reduce 函数就可以在集群上进行大规模的分布式数据处理。这一编程环境能够使程序设计人员编写大规模的并行应用程序时不用考虑集群的并发性、分布性、可靠性和可扩展性等问题。应用程序编写人员只需要将精力放在应用程序本身，关于集群的处理问题则交由平台来完成。

与传统的分布式程序设计相比，MapReduce 封装了并行处理、容错处理、本地化计算、负载均衡等细节，具有简单而强大的接口。正是由于 MapReduce 具有函数式编程语言和矢量编程语言的共性，使得这种编程模式特别适合于非结构化和结构化的海量数据的搜索、挖掘、分析等应用。

5.2.3 BigTable

BigTable 是 Google 设计的分布式数据存储系统，是用来处理海量数据的一种非关系型数据库。BigTable 是一个稀疏的、分布式的、持久化存储的多维度排序的映射表。BigTable 的设计目的是能够可靠地处理 PB 级别的数据，并且能够部署到上千台机器上。Google 设计 BigTable 的动机主要有以下 3 个方面。

（1）需要存储的数据种类繁多。Google 目前向公众开放的服务很多，需要处理的数据类型也非常多，包括 URL、网页内容和用户的个性化设置等数据。

（2）海量的服务请求。Google 运行着目前世界上最繁忙的系统，它每时每刻处理的客户服务请求数量是普通的系统根本无法承受的。

（3）商用数据库无法满足 Google 的需求。一方面，传统的商用数据库的设计着眼点在于通用性，面对 Google 的苛刻服务要求根本无法满足，而且在数量庞大的服务器上根本无法成功部署传统的商用数据库。另一方面，对于底层系统的完全掌控会给后期的系统维护和升级带来极大的便利。

在仔细考察了 Google 的日常需求后，BigTable 开发团队确定了 BigTable 设计所需达到的几个基本目标。

（1）广泛的适用性：需要满足一系列 Google 产品而并非特定产品的存储要求。

（2）很强的可扩展性：根据需要随时可以加入或撤销服务器。

（3）高可用性：确保几乎所有的情况下系统都可用。对于客户来说，有时候即使短暂的服务中断也是不能忍受的。

（4）简单性：底层系统的简单性既可以减少系统出错的概率，也为上层应用的开发带来了便利。

BigTable 完全实现了上述目标，已经在超过 60 个 Google 的产品和项目上得到了应用，包括 Google Analytics、GoogleFinance、Orkut、Personalized Search、Writely 和 GoogleEarth 等。这些产品对 Bigtable 提出了迥异的需求，有的需要高吞吐量的批处理，有的则需要及时响应，快速返回数据给最终用户。它们使用的 BigTable 集群的配置也有很大的差异，有的集群只需要几台服务器，而有的则需要上千台服务器。

5.3 Hadoop 大数据处理系统

Hadoop 是一个处理、存储和分析海量的分布式、非结构化数据的开源框架。最初由 Yahoo 的工程师 Doug Cutting 和 Mike Cafarella 在 2005 年合作开发。后来，Hadoop 被贡献给了 Apache 基金会，成为 Apache 基金会的开源项目。

5.3.1 Hadoop 系统简介

Hadoop 是一种分析和处理大数据的软件平台，是一个用 Java 语言实现的 Apache 的开源软件框架，在大量计算机组成的集群中实现了对海量数据的分布式计算。Hadoop 采用 MapReduce 分布式计算框架，根据 GFS 原理开发了 HDFS（分布式文件系统），并根据 BigTable 原理开发了 HBase 数据存储系统。

Hadoop 和 Google 内部使用的分布式计算系统原理相同，其开源特性使其成为分布式计算系统的事实上的国际标准。Yahoo、Facebook、Amazon，以及国内的百度、阿里巴巴等众多互联网公司都以 Hadoop 为基础搭建了自己的分布式计算系统。

Hadoop 是一个基础框架，允许用简单的编程模型在计算机集群上对大型数据集进行分布式处理。它的设计规模从单一服务器到数千台机器，每个服务器都能提供本地计算和存储功能，框架本身提供的是计算机集群高可用的服务，不依靠硬件来提供高可用性。用户可以在不了解分布式底层细节的情况下，轻松地在 Hadoop 上开发和运行处理海量数据的应用程序。低成本、高可靠、高扩展、高有效、高容错等特性让 Hadoop 成为最流行的大数据分析系统。

5.3.2 Hadoop 生态圈

Hadoop 是一个由 Apache 基金会开发的大数据分布式系统基础架构。用户可以在不了解分布式底层细节的情况下，轻松地在 Hadoop 上开发和运行处理大规模数据的分布式程序，充分利用集群的威力高速运算和存储。Hadoop 是一个数据管理系统，作为数据分析的核心，汇集了结构化和非结构化的数据，这些数据分布在传统的企业数据栈的每一层。Hadoop 也是一个大规模并行处理框架，拥有超级计算能力，定位于推动企业级应用的执行。Hadoop 又是一个开源社区，主要为解决大数据的问题提供工具和软件。虽然 Hadoop 提供了很多功能，但仍然应该把它归类为由多个组件组成的 Hadoop 生态圈，这些组件包括数据存储、数据集成、数据处理和其他进行数据分析的专门工具。

图 5-2 展示了 Hadoop 的生态系统，主要由 HDFS、MapReduce、HBase、Zookeeper、Pig、Hive 等核心组件构成，另外还包括 Sqoop、Flume 等框架，用来与其他企业系统融合。同时，Hadoop 生态系统也在不断增长，它新增了 Mahout、Ambari 等内容，以提供更新功能。

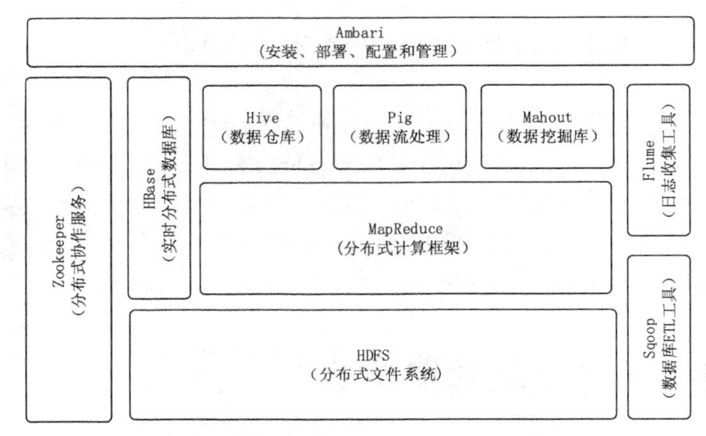

图 5-2　Hadoop 的生态系统

Hadoop 生态圈包括以下主要组件。

（1）HDFS：一个提供高可用的获取应用数据的分布式文件系统。

（2）MapReduce：一个并行处理大数据集的编程模型。

（3）HBase：一个可扩展的分布式数据库，支持大表的结构化数据存储。HBase 是一个建立在 HDFS 之上的，面向列的 NoSQL 数据库，用于快速读/写大量数据。

（4）Hive：一个建立在 Hadoop 上的数据仓库基础构架。它提供了一系列的工具，可以用来进行数据提取转化加载（ETL），这是一种可以存储、查询和分析存储在 Hadoop 中的大规模数据的机制。Hive 定义了简单的类 SQL 查询语言，称为 HQL，它允许不熟悉 MapReduce 的开发人员也能编写数据查询语句，然后这些语句被翻译为 Hadoop 上面的 MapReduce 任务。

（5）Mahout：可扩展的机器学习和数据挖掘库。它提供的 MapReduce 包含很多实现方法，包括聚类算法、回归测试、统计建模。

（6）Pig：一个支持并行计算的高级的数据流语言和执行框架。它是 MapReduce 编程的复杂性的抽象。Pig 平台包括运行环境和用于分析 Hadoop 数据集的脚本语言（Pig Latin）。其编译器将 Pig Latin 翻译成 MapReduce 程序序列。

（7）Zookeeper：一个应用于分布式应用的高性能的协调服务。它是一个为分布式应用提供一致性服务的软件，提供的功能包括配置维护、域名服务、分布式同步、组服务等。

（8）Ambari：一个基于 Web 的工具，用来供应、管理和监测 Hadoop 集群，包括支持 HDFS、MapReduce、Hive、HCatalog、HBase、ZooKeeper、Oozie、Pig 和 Sqoop。Ambari 也提供了一个可视的仪表盘来查看集群的健康状态，并且能够使用户可视化地查看 MapReduce、Pig 和 Hive 应用来诊断其性能特征。

Hadoop 的生态圈还包括以下几个框架，用来与其他企业融合。

（1）Sqoop：一个连接工具，用于在关系数据库、数据仓库和 Hadoop 之间转移数据。Sqoop 利用数据库技术描述架构，进行数据的导入/导出；利用 MapReduce 实现并行化运行和容错技术。

（2）Flume：提供了分布式、可靠、高效的服务，用于收集、汇总大数据，并将单台计算机的大量数据转移到 HDFS。它基于一个简单而灵活的架构，并提供了数据流的流。它利用简单的可扩展的数据模型，将企业中多台计算机上的数据转移到 Hadoop。

5.3.3 Hadoop 版本演进

当前 Hadoop 有两大版本：Hadoop 1.0 和 Hadoop 2.0，如图 5-3 所示。Hadoop 1.0 被称为第一代 Hadoop，由 HDFS 和 MapReduce 组成。HDFS 由一个 NameNode 和多个 DataNode 组成，MapReduce 由一个 JobTracker 和多个 TaskTracker 组成。Hadoop 1.0 对应的 Hadoop 版本为 0.20.x、0.21.x，0.22.x 和 Hadoop 1.x。其中，0.20.x 是比较稳定的版本，它最后演化为 1.x，变成稳定版本。0.21.x 和 0.22.x 则增加了 NameNode HA 等新特性。

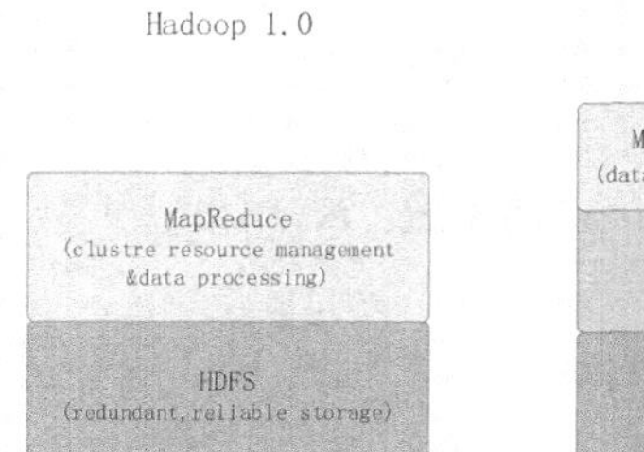

图 5-3 Hadoop 版本演进图

Hadoop 2.0 被称为第二代 Hadoop，是为克服 Hadoop 1.0 中 HDFS 和 MapReduce 存在的各种问题而提出的，对应的 Hadoop 版本为 0.23.x 和 2.x。

针对 Hadoop 1.0 中 NameNode HA 不支持自动切换且切换时间过长的风险，Hadoop 2.0 提出了基于共享存储的 HA 方式，该方式支持失败自动切换切回。针对 Hadoop 1.0 中的单 NameNode 制约 HDFS 扩展性的问题，Hadoop 2.0 提出了 HDFS Federation 机制，它允许多个 NameNode 各自分管不同的命名空间，进而实现数据访问隔离和集群横向扩展。

针对 Hadoop 1.0 中的 MapReduce 在扩展性和多框架支持方面的不足，Hadoop 2.0 提出了全新的资源管理框架 YARN，它将 JobTracker 中的资源管理和作业控制功能分开，分别由组件 ResourceManager 和 ApplicationMaster 实现。其中，ResourceManager 负责所有应用程序的资源分配，而 ApplicationMaster 仅负责管理一个应用程序。相比于 Hadoop 1.0，Hadoop 2.0 框架具有更好的扩展性、可用性、可靠性、向后兼容性和更高的资源利用率，Hadoop 2.0 还能支持除 MapReduce 计算框架以外的更多的计算框架，Hadoop 2.0 是目前业界主流使用的 Hadoop 版本。

5.3.4 Hadoop 发行版本

虽然 Hadoop 是开源的 Apache 项目，但是在 Hadoop 行业，仍然出现了大量的新兴公司，它们以帮助人们更方便地使用 Hadoop 为目标。这些企业大多将 Hadoop 发行版进行打包、改进，以确保所有的软件一起工作。Hadoop 的发行版除了社区的 Apache Hadoop 外，Cloudera、Hortonworks、MapR、EMC、IBM、INTEL、华为等都提供了自己的商业版本。商业版本主要是提供专业的技术支持，这对一些大型企业尤其重要。每个发行版都有自己的一些特点，本节就 3 个主要的发行版本做简单介绍。

2008 年成立的 Cloudera 是最早将 Hadoop 商用的公司，它为合作伙伴提供 Hadoop 的商用解决方案，主要包括支持、咨询服务和培训。Cloudera 的产品主要为 CDH、Cloudera Manager 和 Cloudera Support。CDH 是 Cloudera 的 Hadoop 发行版本，完全开源，比 Hadoop 在兼容性、安全性、稳定性上有所增强。Cloudera Manager 是集群的软件分发及管理监控平台，可以在几个小时内部署好一个 Hadoop 集群，并对集群的结点及服务进行实时监控。Cloudera Support 即是对 Hadoop 的技术支持。

2011 年成立的 Hortonworks 是 Yahoo 与硅谷风投公司 Benchmark Capital 合资组建的公司。公司成立之初吸纳了大约 25 名至 30 名专门研究 Hadoop 的 Yahoo 工程师，上述工程师均在 2005 年开始协助 Yahoo 开发 Hadoop，这些工程师贡献了 Hadoop 80%的代码。Hortonworks 的主打产品是 Hortonworks Data Platform（HDP），也同样是 100%开源的产品。HDP 除了常见的项目外，还包含了一款开源的安装和管理系统（Ambari）。

Cloudera 和 Hortonworks 均是通过不断提交代码来完善 Hadoop 的，而 2009 年成立的 MapR 公司在 Hadoop 领域显得有些特立独行，它提供了一款独特的发行版本。MapR 认为 Hadoop 的代码只是参考，可以基于 Hadoop 提供的 API 来实现自己的需求。这种方法使得 MapR 做出了很大的创新，特别是在 HDFS 和 HBase 方面，MapR 让这两个基本的 Hadoop 的存储机制更加可靠、更加高性能。MapR 还推出了高速网络文件系统（NFS）来访问 HDFS，从而大大简化了一些企业级应用的集成。

MapR 用新架构重写 HDFS，同时在 API 级别，和目前的 Hadoop 发行版本保持兼容。MapR 构建了一个 HDFS 的私有替代品，比开源版本快 3 倍，自带快照功能，而且支持无 NameNode 单点故障。MapR 版本不再需要单独的 NameNode 机器，元数据分散在集群中，类似数据默认存储 3 份，不再需要用 NAS 来协助 NameNode 做元数据备份，提高了机器使用率。MapR 还有一个重要的特点是可以使用 NFS 直接访问 HDFS，提供了与原有应用的兼容性。MapR 的镜像功能很适合做数据备份，而且支持跨数据中心的镜像。

5.4 总结

本章在简要描述了大数据的技术基础之后，主要对著名的 Google 大数据处理系统和 Hadoop 大数据处理系统进行了简单介绍。

大数据处理系统的基础是分布式计算和服务器集群技术。但是，与传统的分布式系统不同，Google 提出了一套全新的分布式计算理论，开启了大数据处理的篇章。

Hadoop 是一个处理、存储和分析海量的分布式、非结构化数据的开源框架。Hadoop 采用 MapReduce 分布式计算框架，根据 GFS 开发了 HDFS（分布式文件系统），并根据 BigTable 开发了 HBase 数据存储系统。

习 题

1. 什么是分布式计算?
2. Google 大数据处理架构的 3 大组件是什么?
3. 请描述 GFS 的系统架构。Master Server 和 Chunk Server 各自的主要任务是什么?
4. GFS 的主要特点有哪些?
5. 请描述 MapReduce 分布式计算模型。Map 和 Reduce 各自的主要作用是什么?
6. 什么是 BigTable? 设计它的主要动机是解决哪些问题?
7. Hadoop 大数据处理架构的核心技术是什么?

第二部分

大数据存储篇

Chapter 6 第6章 大数据文件系统 HDFS

本章主要介绍 Hadoop 分布式文件系统（Hadoop Distributed File System，HDFS），包括 HDFS 的基本原理，HDFS 的特点，HDFS 的基本操作，HDFS 的读取数据流程，HDFS 的整体架构，以及如何使用 Java 语言操作 HDFS。在全面深入地介绍 HDFS 的基本工作流程的基础上，本章将讲解开发 HDFS 程序的方法。

6.1 HDFS 简介

在大数据时代，需要处理分析的数据集的大小已经远远超过了单台计算机的存储能力，因此需要将数据集进行分区并存储到若干台独立的计算机中。但是，分区存储的数据不方便管理和维护，迫切需要一种文件系统来管理多台机器上的文件，这就是分布式文件系统。分布式文件系统是一种允许文件通过网络在多台主机上进行分享的文件系统，可让多台机器上的多用户分享文件和存储空间。

HDFS 是 Hadoop 的一个分布式文件系统，是 Hadoop 应用程序使用的主要分布式存储。HDFS 被设计成适合运行在通用硬件上的分布式文件系统。在 HDFS 体系结构中有两类结点：一类是 NameNode，又叫"名称结点"；另一类是 DataNode，又叫"数据结点"。这两类结点分别承担 Master 和 Worker 具体任务的执行。HDFS 总的设计思想是分而治之，即将大文件和大批量文件分布式存放在大量独立的服务器上，以便采取分而治之的方式对海量数据进行运算分析。

HDFS 是一个主/从体系结构，从最终用户的角度来看，它就像传统的文件系统一样，可以通过目录路径对文件执行 CRUD（Create、Read、Update 和 Delete）操作。但由于分布式存储的性质，HDFS 集群拥有一个 NameNode 和一些 DataNode。NameNode 管理文件系统的元数据，DataNode 存储实际的数据。客户端通过同 NameNode 和 DataNode 的交互来访问文件系统。客户端通过联系 NameNode 来获取文件的元数据，而真正的文件 I/O 操作是直接和 DataNode 交互进行的。

HDFS 主要针对"一次写入，多次读取"的应用场景，不适合实时交互性很强的应用场景，也不适合存储大量小文件。

6.2 HDFS 基本原理

本节将对 HDFS 的基本原理进行讲解。

6.2.1 文件系统的问题

文件系统是操作系统提供的磁盘空间管理服务，该服务只需要用户指定文件的存储位置及文件读取路径，而不需要用户了解文件在磁盘上是如何存放的。但是当文件所需空间大于本机磁盘空间时，应该如何处理呢？一是加磁盘，但是加到一定程度就有限制了；二是加机器，即用远程共享目录的方式提供网络化的存储，这种方式可以理解为分布式文件系统的雏形，它可以把不同文件放入不同的机器中，而且空间不足时可继续加机器，突破了存储空间的限制。

但是这种传动的分布式文件系统存在多个问题。

（1）各个存储结点的负载不均衡，单机负载可能极高。例如，如果某个文件是热门文件，则会有很多用户经常读取这个文件，这就会造成该文件所在机器的访问压力极高。

（2）数据可靠性低。如果某个文件所在的机器出现故障，那么这个文件就不能访问了，甚至会造成数据的丢失。

（3）文件管理困难。如果想把一些文件的存储位置进行调整，就需要查看目标机器的空间是否够用，并且需要管理员维护文件位置，在机器非常多的情况下，这种操作就极为复杂。

6.2.2 HDFS 的基本思想

HDFS 是个抽象层，底层依赖很多独立的服务器，对外提供统一的文件管理功能。HDFS 的基本架构如图 6-1 所示。

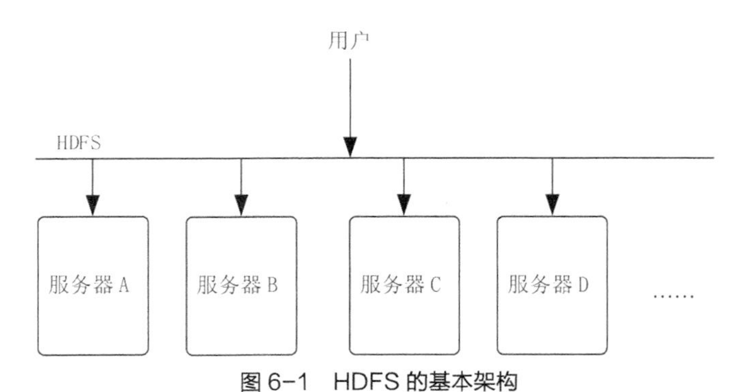

图 6-1 HDFS 的基本架构

例如，用户访问 HDFS 中的/a/b/c.mpg 这个文件时，HDFS 负责从底层的相应服务器中读取该文件，然后返回给用户，这样用户就只需和 HDFS 打交道，而不用关心这个文件是如何存储的。

为了解决存储结点负载不均衡的问题，HDFS 首先把一个文件分割成多个块，然后再把这些文件块存储在不同服务器上。这种方式的优势就是不怕文件太大，并且读文件的压力不会全部集中在一台服务器上，从而可以避免某个热点文件会带来的单机负载过高的问题。

例如，用户需要保存文件/a/b/xxx.avi 时，HDFS 首先会把这个文件进行分割，如分为 4 块，然后分别存放到不同的服务器上，如图 6-2 所示。

但是如果某台服务器坏了，那么文件就会读不全。如果磁盘不能恢复，那么存储在上面的数据就会丢失。为了保证文件的可靠性，HDFS 会把每个文件块进行多个备份，一般情况下是 3 个备份。

假如要在由服务器 A、B、C 和 D 的存储结点组成的 HDFS 上存储文件/a/b/xxx.avi，则 HDFS 会把文件分成 4 块，分别为块 1、块 2、块 3 和块 4。为了保证文件的可靠性，HDFS 会把数据块按以下方式存储到 4 台服务器上，如图 6-3 所示。

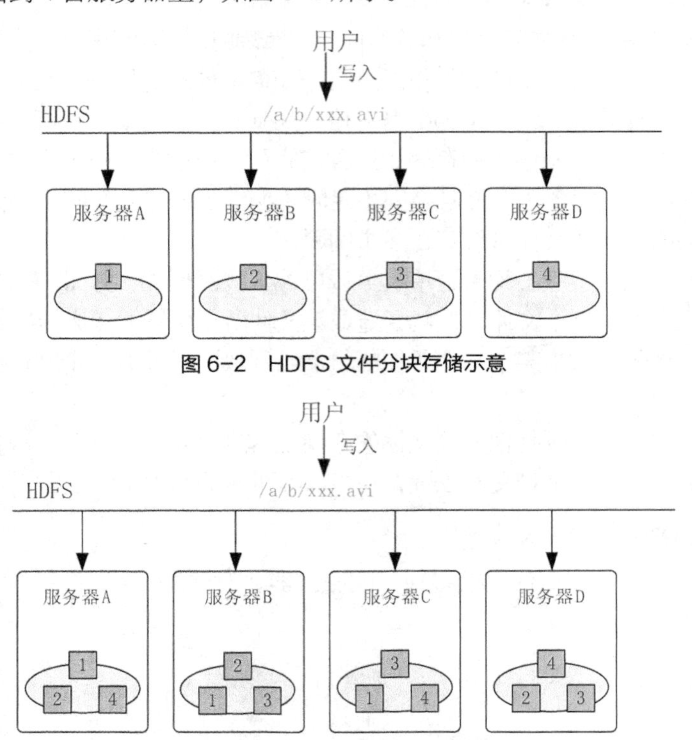

图 6-2　HDFS 文件分块存储示意

图 6-3　HDFS 文件多副本存储示意

采用分块多副本存储方式后，HDFS 文件的可靠性就大大增强了，即使某个服务器出现故障，也仍然可以完整读取文件，该方式同时还带来一个很大的好处，就是增加了文件的并发访问能力。例如，多个用户读取这个文件时，都要读取块 1，HDFS 可以根据服务器的繁忙程度，选择从哪台服务器读取块 1。

为了管理文件，HDFS 需要记录维护一些元数据，也就是关于文件数据信息的数据，如 HDFS 中存了哪些文件，文件被分成了哪些块，每个块被放在哪台服务器上等。HDFS 把这些元数据抽象为一个目录树，来记录这些复杂的对应关系。这些元数据由一个单独的模块进行管理，这个模块叫作名称结点（NameNode）。存放文件块的真实服务器叫作数据结点（DataNode）。

6.2.3　HDFS 的设计理念

简单来讲，HDFS 的设计理念是，可以运行在普通机器上，以流式数据方式存储文件，一次写入、多次查询，具体有以下几点。

1．可构建在廉价机器上

HDFS 的设计理念之一就是让它能运行在普通的硬件之上，即便硬件出现故障，也可以通过容错策略来保证数据的高可用性。

2．高容错性

由于 HDFS 需要建立在普通计算机上，所以结点故障是正常的事情。HDFS 将数据自动保存多个副本，副本丢失后，自动恢复，从而实现数据的高容错性。

3．适合批处理

HDFS 适合一次写入、多次查询（读取）的情况。在数据集生成后，需要长时间在此数据集上进行各种分析。每次分析都将涉及该数据集的大部分数据甚至全部数据，因此读取整个数据集的时间延迟比读取第一条记录的时间延迟更重要。

4．适合存储大文件

这里说的大文件包含两种意思：一是值文件大小超过 100MB 及达到 GB 甚至 TB、PB 级的文件；二是百万规模以上的文件数量。

6.2.4 HDFS 的局限

HDFS 的设计理念是为了满足特定的大数据应用场景，所以 HDFS 具有一定的局限性，不能适用于所有的应用场景，HDFS 的局限主要有以下几点。

1．实时性差

要求低时间延迟的应用不适合在 HDFS 上运行，HDFS 是为高数据吞吐量应用而优化的，这可能会以高时间延迟为代价。

2．小文件问题

由于 NameNode 将文件系统的元数据存储在内存中，因此该文件系统所能存储的文件总量受限于 NameNode 的内存总容量。根据经验，每个文件、目录和数据块的存储信息大约占 150 字节。过多的小文件存储会大量消耗 NameNode 的存储量。

3．文件修改问题

HDFS 中的文件只有一个写入者，而且写操作总是将数据添加在文件的末尾。HDFS 不支持具有多个写入者的操作，也不支持在文件的任意位置进行修改。

6.3 HDFS 系统实现

本节将对 HDFS 的整体架构和基本实现机制进行简单介绍。

6.3.1 HDFS 整体架构

HDFS 是一个主从 Master/Slave 架构。一个 HDFS 集群包含一个 NameNode，这是一个 Master Server，用来管理文件系统的命名空间，以及调节客户端对文件的访问。一个 HDFS 集群还包括多个 DataNode，用来存储数据。HDFS 的整体结构如图 6-4 所示。

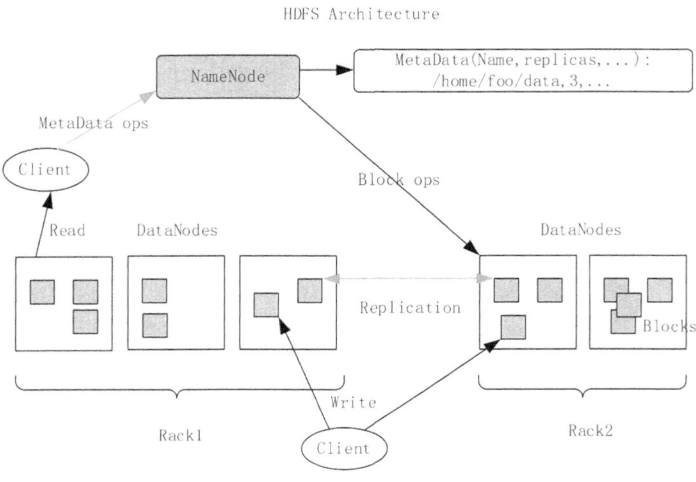

图 6-4 HDFS 整体架构

HDFS 会对外暴露一个文件系统命名空间，并允许用户数据以文件的形式进行存储。在内部，一个文件被分成多个块并且这些块被存储在一组 DataNode 上。

1．NameNode

文件的元数据采用集中式存储方案存放在 NameNode 当中。NameNode 负责执行文件系统命名空间的操作，如打开、关闭、重命名文件和目录。NameNode 同时也负责将数据块映射到对应的 DataNode 中。

2．DataNode

DataNode 是文件系统的工作结点。它们根据需要存储并检索数据块，并且定期向 NameNode 发送他们所存储的块的列表。文件数据块本身存储在不同的 DataNode 当中，DataNode 可以分布在不同机架上。DataNode 负责服务文件系统客户端发出的读/写请求。DataNode 同时也负责接收 NameNode 的指令来进行数据块的创建、删除和复制。

3．Client

HDFS 的 Client 会分别访问 NameNode 和 DataNode 以获取文件的元信息及内容。HDFS 集群的 Client 将直接访问 NameNode 和 DataNode，相关数据会直接从 NameNode 或者 DataNode 传送到客户端。

NameNode 和 DataNode 都是被设计为在普通 PC 上运行的软件程序。HDFS 是用 Java 语言实现的，任何支持 Java 语言的机器都可以运行 NameNode 或者 DataNode。Java 语言本身的可移植性意味着 HDFS 可以被广泛地部署在不同的机器上。

一个典型的部署就是，集群中的一台专用机器运行 NameNode，集群中的其他机器每台运行一个 DataNode 实例。该架构并不排除在同一台机器上运行多个 DataNode 实例的可能，但在实际的部署中很少会这么做。单一 NameNode 的设计极大地简化了集群的系统架构，它使得所有 HDFS 元数据的仲裁和存储都由单一 NameNode 来决定，避免了数据不一致性的问题。

6.3.2 HDFS 数据复制

HDFS 可以跨机架、跨机器，可靠地存储海量文件。HDFS 把每个文件存储为一系列的数据块，除了最后一个数据块以外，一个文件的所有数据块都是相同大小的。为了容错，一个文件的数据块会被复制。对于每个文件来说，文件块大小和复制因子都是可配置的。应用程序可以声明一个文件的副本数。复制因子可以在文件创建时声明，并且可以在以后修改。

NameNode 控制所有的数据块的复制决策，如图 6-5 所示。它周期性地从集群中的 DataNode 中收集心跳和数据块报告。收集到心跳则意味着 DataNode 正在提供服务。收集到的数据块报告会包含相应 DataNode 上的所有数据块列表。

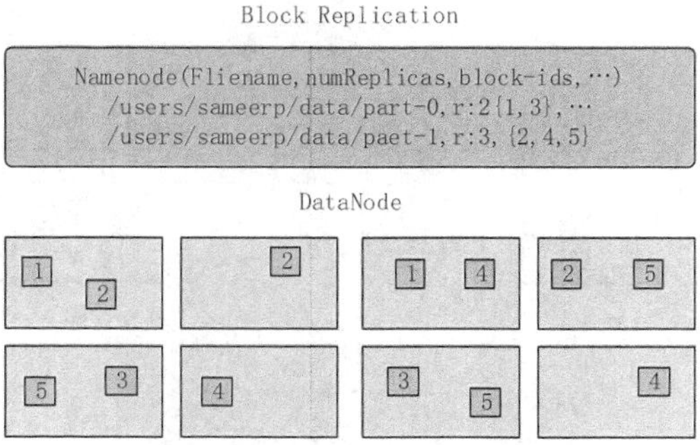

Block Replication

Namenode(Fliename, numReplicas, block-ids, …)
/users/sameerp/data/part-0, r:2{1, 3}, …
/users/sameerp/data/paet-1, r:3, {2, 4, 5}

DataNode

图 6-5　HDFS 复制策略

通用场景下，当复制因子是 3 时，HDFS 的放置策略是将一个副本放置到本地机架的一个结点上，另一个放在本地机架的不同结点上，最后一个放在不同机架的不同结点上。这一策略与把 3 个副本放在 3 个不同机架上的策略相比，减少了机架之间的写操作，从而提升了写性能。机架不可用的概率要比结点不可用的概率低很多，这一策略并不影响数据可靠性和可用性。但是这一策略确实减少了读取数据时的聚合网络带宽，毕竟一个数据块是放置在两个不同的机架上，而不是 3 个。这一策略没有均匀地分布副本，三分之二的副本在一个机架上，另三分之一的副本分布在其他机架上。

当一切运行正常时，DataNode 会周期性发送心跳信息给 NameNode（默认是每 3 秒钟一次）。如果 NameNode 在预定的时间内没有收到心跳信息（默认是 10 分钟），就会认为 DataNode 出现了问题，这时候就会把该 DataNode 从集群中移除，并且启动一个进程去恢复数据。DataNode 脱离集群的原因有多种，如硬件故障、主板故障、电源老化和网络故障等。

对于 HDFS 来说，丢失一个 DataNode 意味着丢失了存储在它的硬盘上的数据块的副本。假如在任意时间总有超过一个副本存在，故障将不会导致数据丢失。当一个硬盘故障时，HDFS 会检测到存储在该硬盘上的数据块的副本数量低于要求，然后主动创建需要的副本，以达到满副本数状态。

6.4 HDFS 数据访问机制

HDFS 的文件访问机制为流式访问机制，即通过 API 打开文件的某个数据块之后，可以顺序读取或者写入某个文件。由于 HDFS 中存在多个角色，且对应的应用场景主要为一次写入、多次读取的场景，因此其读和写的方式有较大不同。读/写操作都由客户端发起，并且由客户端进行整个流程的控制，NameNode 和 DataNode 都是被动式响应。

6.4.1 读取流程

客户端发起读取请求时，首先与 NameNode 进行连接。连接建立完成后，客户端会请求读取某个文件的某一个数据块。NameNode 在内存中进行检索，查看是否有对应的文件及文件块，若没有则通知客户端对应文件或数据块不存在，若有则通知客户端对应的数据块存在哪些服务器之上。客户端接收到信息之后，与对应的 DataNode 连接，并开始进行数据传输。客户端会选择离它最近的一个副本数据进行读操作。

如图 6-6 所示，读取文件的具体过程如下。

（1）客户端调用 DistributedFileSystem 的 Open( )方法打开文件。

（2）DistributedFileSystem 用 RPC 连接到 NameNode，请求获取文件的数据块的信息；NameNode 返回文件的部分或者全部数据块列表；对于每个数据块，NameNode 都会返回该数据块副本的 DataNode 地址；DistributedFileSystem 返回 FSDataInputStream 给客户端，用来读取数据。

（3）客户端调用 FSDataInputStream 的 Read( )方法开始读取数据。

（4）FSInputStream 连接保存此文件第一个数据块的最近的 DataNode，并以数据流的形式读取数据；客户端多次调用 Read( )，直到到达数据块结束位置。

（5）FSInputStream 连接保存此文件下一个数据块的最近的 DataNode，并读取数据。

（6）当客户端读取完所有数据块的数据后，调用 FSDataInputStream 的 Close( )方法。

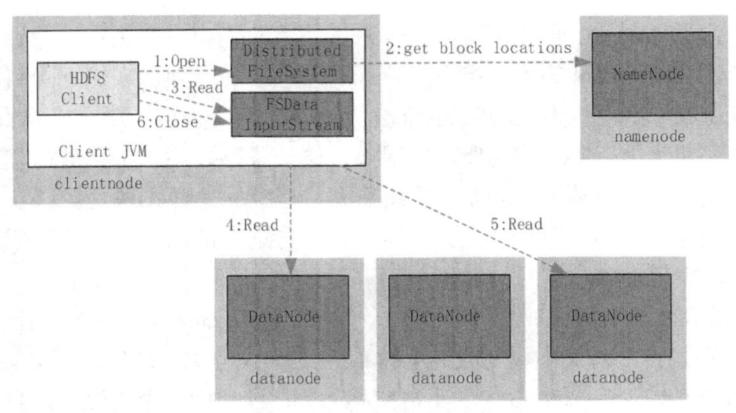

图 6-6　HDFS 读取流程

在读取数据的过程中，如果客户端在与数据结点通信时出现错误，则尝试连接包含此数据块的下一个数据结点。失败的数据结点将被记录，并且以后不再连接。

6.4.2　写入流程

写入文件的过程比读取较为复杂，在不发生任何异常情况下，客户端向 HDFS 写入数据的流程如图 6-7 所示，具体步骤如下。

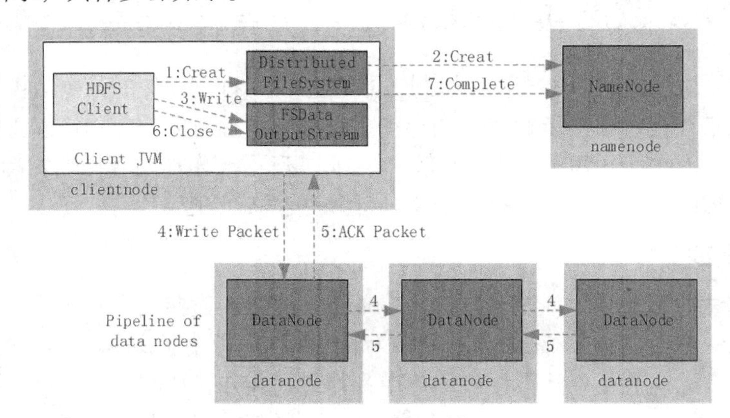

图 6-7　HDFS 写入流程

（1）客户端调用 DistribuedFileSystem 的 Create( )方法来创建文件。

（2）DistributedFileSystem 用 RPC 连接 NameNode，请求在文件系统的命名空间中创建一个新的文件；NameNode 首先确定文件原来不存在，并且客户端有创建文件的权限，然后创建新文件；DistributedFileSystem 返回 FSOutputStream 给客户端用于写数据。

（3）客户端调用 FSOutputStream 的 Write( )函数，向对应的文件写入数据。

（4）当客户端开始写入文件时，FSOutputStream 会将文件切分成多个分包（Packet），并写入其内部的数据队列。FSOutputStream 向 NameNode 申请用来保存文件和副本数据块的若干个 DataNode，这些 DataNode 形成一个数据流管道。队列中的分包被打包成数据包，发往数据流管道中的第一个 DataNode；第一个 DataNode 将数据包发送给第二个 DataNode，第二个 DataNode 将数据包发送到第三个 DataNode。这样，数据包会流经管道上的各个 DataNode。

（5）为了保证所有 DataNode 的数据都是准确的，接收到数据的 DataNode 要向发送者发送确认包（ACK Packet）。确认包沿着数据流管道反向而上，从数据流管道依次经过各个 DataNode，并最终发往客户端。当客户端收到应答时，它将对应的分包从内部队列中移除。

（6）不断执行第（3）～（5）步，直到数据全部写完。

（7）调用 FSOutputStream 的 Close( )方法，将所有的数据块写入数据流管道中的数据结点，并等待确认返回成功。最后通过 NameNode 完成写入。

6.5 HDFS 操作

HDFS 文件操作有两种方式：一种是命令行方式，Hadoop 提供了一套与 Linux 文件命令类似的命令行工具；另一种是 Java API，即利用 Hadoop 的 Java 库，采用编程的方式操作 HDFS 的文件。本节将介绍 Linux 操作系统中关于 HDFS 文件操作的常用命令行，并将介绍利用 Hadoop 提供的 Java API 进行基本的文件操作，以及利用 Web 界面查看和管理 HDFS 的方法。

6.5.1 HDFS 常用命令

在 Linux 命令行终端，可以使用命令行工具对 HDFS 进行操作。使用这些命令行可以完成 HDFS 文件的上传、下载和复制，还可以查看文件信息、格式化 NameNode 等。

HDFS 命令行的统一格式如下。

```
hadoop fs -cmd <args>
```

其中，cmd 是具体的文件操作命令，<args>是一组数目可变的参数。

1．添加文件和目录

HDFS 有一个默认工作目录/usr/$USER，其中，$USER 是登录用户名，如 root。该目录不能自动创建，需要执行 mkdir 命令创建。

```
hadoop fs -mkdir  /usr/root
```

使用 Hadoop 的命令 put 将本地文件 README.txt 上传到 HDFS。

```
hadoop fs -put README.txt  .
```

注意，上面这个命令的最后一个参数是“.”，这意味着把本地文件上传到默认的工作目录下，该命令等价于以下代码。

```
hadoop fs -put README.txt /user/root
```

2．下载文件

下载文件是指从 HDFS 中获取文件，可以使用 Hadoop 的 get 命令。例如，若本地文件没有 README.txt 文件，则需要从 HDFS 中取回，可以执行以下命令。

```
hadoop fs -get  README.txt  .
```

或者执行以下命令。

```
hadoop fs -get README.txt  /usr/root/README.txt
```

3．删除文件

Hadoop 删除文件的命令为 rm。例如，要删除从本地文件上传到 HDFS 的 README.txt，可以执行以下命令。

```
hadoop  fs -rm  README.txt
```

4. 检索文件

检索文件即查阅 HDFS 中的文件内容，可以使用 Hadoop 中的 cat 命令。例如，要查阅 README.txt 的内容，可以执行以下命令。

```
hadoop fs -cat README.txt
```

另外，Hadoop 的 cat 命令的输出也可以使用管道传递给 UNIX 命令的 head，可以只显示文件的前一千个字节。

```
hadoop fs -cat README.txt | head
```

Hadoop 也支持使用 tail 命令查看最后一千字节。例如，要查阅 README.txt 最后一千个字节，可以执行如下命令。

```
hadoop fs -tail README.txt
```

5. 查阅帮助

查阅 HDFS 命令帮助，可以更好地了解和使用 Hadoop 的命令。用户可以执行 hadoop fs 来获取所用版本 HDFS 的一个完整命令类别，也可以使用 help 来显示某个具体命令的用法及简短描述。

例如，要了解 ls 命令，可执行以下命令。

```
hadoop  fs -help ls
```

6.5.2 HDFS 的 Web 界面

在配置好 Hadoop 集群之后，用户可以通过 Web 界面查看 HDFS 集群的状态，以及访问 HDFS，访问地址如下。

```
http://[NameNodeIP]:50070
```

其中，[NameNodeIP]为 HDFS 集群的 NameNode 的 IP 地址。登录后，用户可以查看 HDFS 的信息。

如图 6-8 所示，通过 HDFS NameNode 的 Web 界面，用户可以查看 HDFS 中各个结点的分布信息，浏览 NameNode 上的存储、登录等日志，以及下载某个 DataNode 上某个文件的内容。通过 HDFS 的 Web 界面，还可以查看整个集群的磁盘总容量，HDFS 已经使用的存储空间量，非 HDFS 已经使用的存储空间量，HDFS 剩余的存储空间量等信息，以及查看集群中的活动结点数和宕机结点数。

图 6-9 显示了一个 DataNode 的信息，如磁盘的数量，每块磁盘的使用情况等。通过 Web 界面中的“Utilities”→“Browse the file system”可以查看当前 HDFS 的目录列表，以及每个目录的相关信息，包括访问权限、最后修改日期、文件拥有者、目录大小等。

进一步，用户还可以通过 Web 界面查看文件的信息，如图 6-10 所示。用户不仅可以查看文件的权限、大小等信息，还可以查看该文件的每个数据块所在的数据结点。

因为每一个文件都是分成好多数据块的，每个数据块又有 3 个副本，这些数据块的副本全部分布存放在多个 DataNode 中，所以用户不可能像传统文件系统那样来访问文件。HDFS Web 界面给用户提供了一个方便、直观地查看 HDFS 文件信息的方法。通过 Web 界面完成的所有操作，都可以通过 Hadoop 提供的命令来实现。

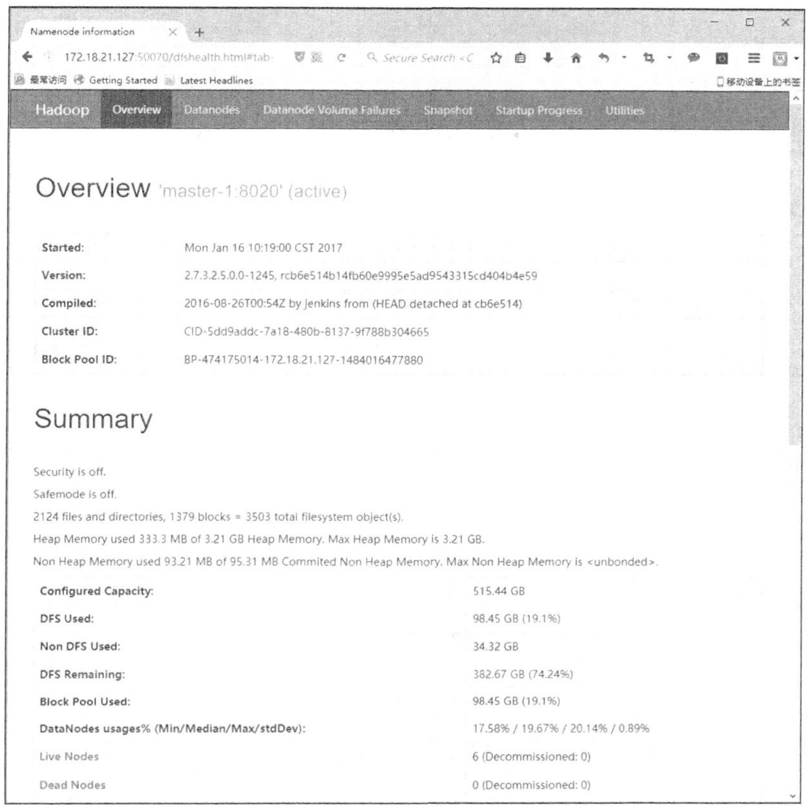

图6-8 HDFS NameNode的Web界面

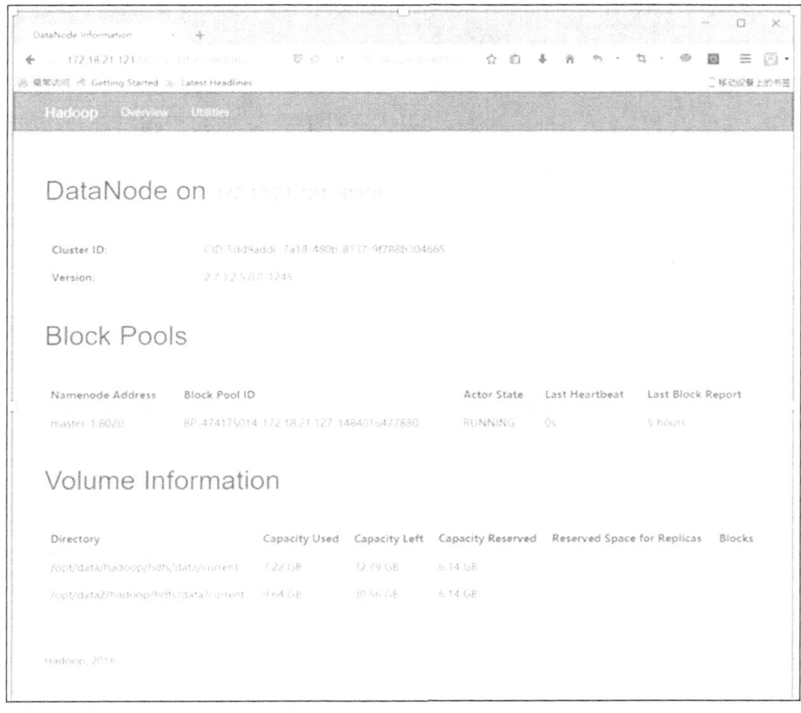

图6-9 HDFS DataNode的Web界面

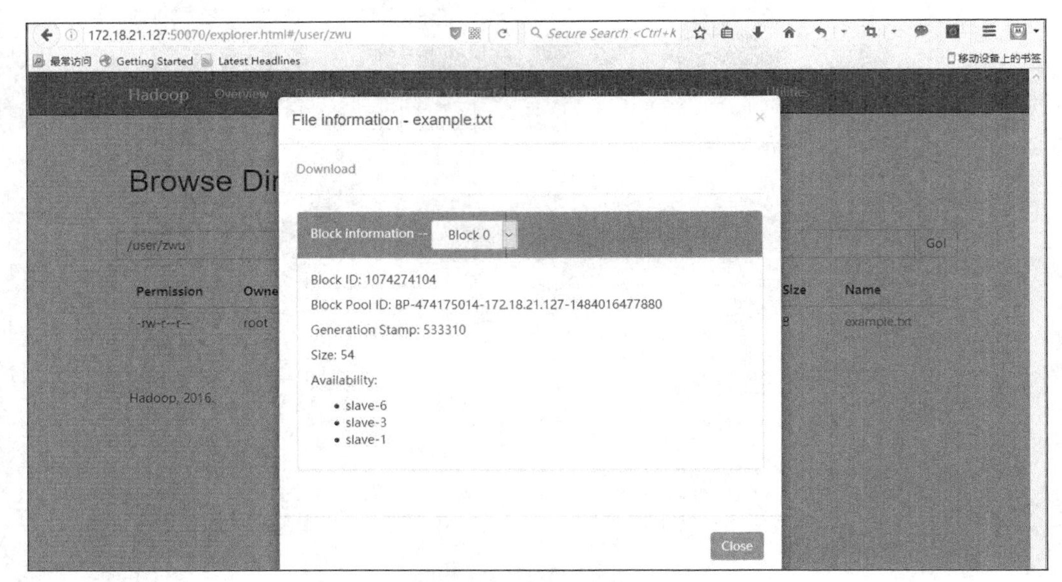

图 6-10　HDFS 文件界面

6.5.3　HDFS 的 Java API

HDFS 设计的主要目的是对海量数据进行存储，也就是说在其上能够存储很大量的文件。HDFS 将这些文件分割之后，存储在不同的 DataNode 上，HDFS 提供了通过 Java API 对 HDFS 里面的文件进行操作的功能，数据块在 DataNode 上的存放位置，对于开发者来说是透明的。使用 Java API 可以完成对 HDFS 的各种操作，如新建文件、删除文件、读取文件内容等。本节将介绍 HDFS 常用的 Java API 及其编程实例。

对 HDFS 中的文件操作主要涉及以下几个类。

- org.apache.hadoop.con.Configuration：该类的对象封装了客户端或者服务器的配置。
- org.apache.hadoop.fs.FileSystem：该类的对象是一个文件系统对象，可以用该对象的一些方法来对文件进行操作。
- org.apache.hadoop.fs.FileStatus：该类用于向客户端展示系统中文件和目录的元数据，具体包括文件大小、块大小、副本信息、所有者、修改时间等；
- org.apache.hadoop.fs.FSDataInputStream：该类是 HDFS 中的输入流，用于读取 Hadoop 文件；
- org.apache.hadoop.fs.FSDataOutputStream：该类是 HDFS 中的输出流，用于写 Hadoop 文件；
- org.apache.hadoop.fs.Path：该类用于表示 Hadoop 文件系统中的文件或者目录的路径。

下面通过一个实例来说明如何对文件进行具体操作。

1．获取文件系统

```
/**
 * 获取文件系统
 * @return FileSystem
 */
public static FileSystem getFileSystem() {
      //读取配置文件
      Configuration conf = new Configuration();
```

```
        // 文件系统
        FileSystem fs = null;
        String hdfsUri = HDFSUri;
        if(StringUtils.isBlank(hdfsUri)){
              // 返回默认文件系统，如果在 Hadoop 集群下运行，使用此方法可直接获取默认文件系统
              try {
                   fs = FileSystem.get(conf);
              } catch (IOException e) {
                   logger.error("", e);
              }
        }else{
              // 返回指定的文件系统，如果在本地测试，需要使用此方法获取文件系统
              try {
                   URI uri = new URI(hdfsUri.trim());
                   fs = FileSystem.get(uri,conf);
              } catch (URISyntaxException | IOException e) {
                   logger.error("", e);
              }
        }
        return fs;
}
```

2. 创建文件目录

```
/**
 * 创建文件目录
 * @param path
 */
public static void mkdir(String path) {
     try {
          // 获取文件系统
          FileSystem fs = getFileSystem();
          String hdfsUri = HDFSUri;
          if(StringUtils.isNotBlank(hdfsUri)){
               path = hdfsUri + path;
          }
          // 创建目录
          fs.mkdirs(new Path(path));
          //释放资源
          fs.close();
     } catch (IllegalArgumentException | IOException e) {
          logger.error("", e);
     }
}
```

3. 删除文件或者文件目录

```
/**
 * 删除文件或者文件目录
 * @param path
 */
public static void rmdir(String path) {
     try {
          // 返回 FileSystem 对象
          FileSystem fs = getFileSystem();
          String hdfsUri = HDFSUri;
          if(StringUtils.isNotBlank(hdfsUri)){
               path = hdfsUri + path;
          }
          // 删除文件或者文件目录
          fs.delete(new Path(path),true);
          // 释放资源
          fs.close();
     } catch (IllegalArgumentException | IOException e) {
          logger.error("", e);
     }
}
```

4. 将文件上传至 HDFS

```
/**
 * 将文件上传至 HDFS
 * @param delSrc
 * @param overwrite
 * @param srcFile
 * @param destPath
 */
public static void copyFileToHDFS(boolean delSrc, boolean overwrite,String srcFile,String destPath) {
    // 源文件路径是 Linux 下的路径
    Path srcPath = new Path(srcFile);
    // 目的路径
    String hdfsUri = HDFSUri;
    if(StringUtils.isNotBlank(hdfsUri)){
        destPath = hdfsUri + destPath;
    }
    Path dstPath = new Path(destPath);
    // 实现文件上传
    try {
        // 获取 FileSystem 对象
        FileSystem fs = getFileSystem();
        fs.copyFromLocalFile(srcPath, dstPath);
        fs.copyFromLocalFile(delSrc,overwrite,srcPath, dstPath);
        //释放资源
        fs.close();
    } catch (IOException e) {
        logger.error("", e);
    }
}
```

5. 从 HDFS 下载文件

```
/**
 * 从 HDFS 下载文件
 * @param srcFile
 * @param destPath
 */
public static void getFile(String srcFile,String destPath) {
    // 源文件路径
    String hdfsUri = HDFSUri;
    if(StringUtils.isNotBlank(hdfsUri)){
        srcFile = hdfsUri + srcFile;
    }
    Path srcPath = new Path(srcFile);
    // 目的路径是 Linux 下的路径
    Path dstPath = new Path(destPath);
    try {
        // 获取 FileSystem 对象
        FileSystem fs = getFileSystem();
        // 下载 HDFS 上的文件
        fs.copyToLocalFile(srcPath, dstPath);
        // 释放资源
        fs.close();
    } catch (IOException e) {
        logger.error("", e);
    }
}
```

6.6 总结

分布式文件系统是大数据时代解决大规模数据存储问题的有效解决方案。HDFS 是 GFS 的开源实现，可以利用廉价硬件构成的计算机集群实现海量数据的分布式存储。

HDFS 具有兼容廉价硬件设备、支持流数据读/写、支持大数据集、具有简单文件模型、具有强大的跨平台兼容性等特点。但是，HDFS 也有自己的局限性，即不适合低延迟数据访问，无法高效存储大量小文件，并且也不支持多用户写入数据或者任意修改文件等。

本章对 HDFS 做了系统的介绍，包括其设计理念，基本架构，读/写流程，以及如何使用 Web 界面来查看 HDFS 的信息。最后，本章描述了如何使用命令行和 Java API 对 HDFS 进行操作。

习 题

1. 什么是 HDFS？主要提供什么服务？
2. 传统文件系统在存储大量数据时主要面临哪些问题？
3. HDFS 是如何解决简单分布式存储系统的负载不均衡问题的？
4. HDFS 是如何提高数据可靠性的？
5. HDFS 的设计理念包括哪几点？
6. HDFS 不适合于哪些场景？
7. 请描述 HDFS 的整体架构，并描述 NameNode 和 DataNode 的主要作用。
8. 请描述 HDFS 的复制策略是如何提高数据可靠性的？
9. 请描述正常情况下，HDFS 的读取文件的流程。
10. 请描述正常情况下，HDFS 的写文件的流程。
11. 请使用 HDFS 命令行，上传文档 Huangshan.mp4 到 HDFS。
12. 请使用 HDFS 命令行，下载文件/user/zwu/Cambridge.jpg。
13. 请编写 Java 程序，上传本地文件 Hangshan.mp4 到 HDFS。
14. 请编写 Java 程序，从 HDFS 中下载文件/user/zwu/Cambridge.jpg。

Chapter 7 第7章 NoSQL数据库HBase

传统的关系型数据库可以很好地支持结构化数据的存储和管理，它以完善的关系代数理论为基础，具有严格的数据模式和标准，支持事务ACID特性，还可以借助辅助索引实现高效查询，所以关系型数据库从20世纪70年代诞生以来，一直就是数据库领域的主流产品类型。但是，互联网应用的迅速发展及大数据时代的各种半结构化和非结构化数据使得关系型数据库无法满足这些新的需求，并且关系型数据库的关键特性，如ACID特性和支持复杂查询等，都不适用于大数据应用，所以产生了NoSQL数据库。

本章首先介绍NoSQL的起因、特点、4大类型以及3大理论基石，然后对NoSQL数据库HBase进行介绍。

7.1 NoSQL概述

虽然关系型数据库系统很优秀，但是在大数据时代，面对快速增长的数据规模和日渐复杂的数据模型，关系型数据库系统已无法应对很多数据库处理任务。NoSQL凭借易扩展、大数据量和高性能及灵活的数据模型在数据库领域获得了广泛的应用。

7.1.1 NoSQL的起因

NoSQL（Not only SQL）泛指非关系型数据库。随着Web 2.0网站的兴起，传统的关系数据库已经无法适应Web 2.0网站，特别是超大规模和高并发的社交类型的Web 2.0纯动态网站，暴露了很多难以克服的问题，而非关系型的数据库则由于其本身的特点得到了非常迅速的发展。NoSQL数据库的产生就是为了解决大规模数据集合多重数据种类带来的挑战，尤其是大数据应用难题。

1．无法满足对海量数据的高效率存储和访问的需求

Web 2.0网站要根据用户个性化信息来实时生成动态页面和提供动态信息，基本上无法使用动态页面静态化技术，因此数据库并发负载非常高，往往要处理每秒上万次的读写请求。关系型数据库处理上万次SQL查询已经很困难了，要处理上万次SQL写数据请求，硬盘I/O实在无法承受。

另外，在大型的社交网站中，用户每天产生海量的动态数据，关系型数据库难以存储这么大量的半结构化数据。在一张上亿条记录的表里面进行SQL查询，效率会非常低甚至是不可忍受的。

2．无法满足对数据库的高可扩展性和高可用性的需求

在基于Web的架构当中，数据库是最难进行横向扩展的，当一个应用系统的用户量和访问量与日俱增时，数据库无法像Web服务器那样简单地通过添加更多的硬件和服务器结点来扩展性能和负载能力。

3．关系数据库无法存储和处理半结构化/非结构化数据

现在开发者可以通过 Facebook、腾讯和阿里等第三方网站获取与访问数据，如个人用户信息、地理位置数据、社交图谱、用户产生的内容、机器日志数据及传感器生成的数据等。对这些数据的使用正在快速改变着通信、购物、广告、娱乐及关系管理的特质。开发者希望使用非常灵活的数据库，轻松容纳新的数据类型，并且不会被第三方数据提供商内容结构的变化所限制。很多新数据都是非结构化或是半结构化的，因此开发者还需要能够高效存储这种数据的数据库。但是，关系型数据库所使用的定义严格、基于模式的方式是无法快速容纳新的数据类型的，对于非结构化或是半结构化的数据更是无能为力。NoSQL 提供的数据模型则能很好地满足这种需求。很多应用都会从这种非结构化数据模型中获益，如 CRM、ERP、BPM 等，它们可以通过这种灵活性存储数据而无须修改表或是创建更多的列。

4．关系数据库的事务特性对 Web 2.0 是不必要的

关系数据库对数据库事务一致性需求很强。插入一条数据之后立刻查询，肯定可以读出这条数据。很多 Web 实时系统并不要求严格的数据库事务，对读一致性的要求很低，有些场合对写一致性要求也不高。所以，对于 Web 系统来讲，就没有必要像关系数据库那样实现复杂的事务机制，从而可以降低系统开销，提高系统效率。

5．Web 2.0 无须进行复杂的 SQL 查询，特别是多表关联查询

复杂的 SQL 查询通常包含多表连接操作，该类操作代价高昂。但是，社交类型的网站，往往更多的是单表的主键查询，以及单表的简单条件分页查询，SQL 的功能被极大地弱化了。

因此，Web 2.0 时代的各类网站的数据管理需求已经与传统企业应用大不相同，关系数据库很难满足新时期的需求，于是 NoSQL 数据库应运而生。

7.1.2 NoSQL 的特点

关系型数据库中的表都是存储一些格式化的数据结构，每个元组字段的组成都一样，即使不是每个元组都需要所有的字段，但数据库会为每个元组分配所有的字段，这样的结构可以便于表与表之间进行连接等操作。但从另一个角度来说，它也是关系型数据库性能瓶颈的一个因素。

NoSQL 是一种不同于关系型数据库的数据库管理系统设计方式，是对非关系型数据库的统称。它所采用的数据模型并非关系型数据库的关系模型，而是类似键值、列族、文档等的非关系模型。它打破了长久以来关系型数据库与 ACID（原子性（Atomicity）、一致性（Consistency）、隔离性（Isolation）和持久性（Durability））理论大一统的局面。NoSQL 数据存储不需要固定的表结构，每一个元组可以有不一样的字段，每个元组可以根据需要增加一些自己的键值对，这样就不会局限于固定的结构，可以减少一些时间和空间的开销。NoSQL 在大数据存取上具备关系型数据库无法比拟的性能优势。

1．灵活的可扩展性

多年来，数据库负载需要增加时，只能依赖于纵向扩展，也就是买更强的服务器，而不是依赖横向扩展将数据库分布在多台主机上。NoSQL 在数据设计上就是要能够透明地利用新结点进行扩展。NoSQL 数据库种类繁多，但是一个共同的特点是都去掉了关系型数据库的关系型特性。数据之间无关系，非常容易扩展，从而也在架构层面上带来了可横向扩展的能力。

2．大数据量和高性能

大数据时代被存储的数据的规模极大地增加了。尽管关系型数据库系统的能力也在为适应这种增长而提高，但是其实际能管理的数据规模已经无法满足一些企业的需求；而 NoSQL 数据库具有非常高的读写性能，尤其在大数据量下，能够同样保持高性能，这主要得益于 NoSQL 数据库的无关系性。

3. 灵活的数据模型，可以处理半结构化/非结构化的大数据

对于大型的生产性的关系型数据库来讲，变更数据模型是一件很困难的事情。即使只对一个数据模型做很小的改动，也许就需要停机或降低服务水平。NoSQL 数据库在数据模型约束方面更加宽松，无须事先为要存储的数据建立字段，随时可以存储自定义的数据格式。NoSQL 数据库可以让应用程序在一个数据元素里存储任何结构的数据，包括半结构化/非结构化数据。

7.1.3 NoSQL 数据库面临的挑战

NoSQL 数据库的前景很被看好，但是要应用到主流的企业还有许多困难需要克服。这里是几个首先需要解决的问题。

1. 成熟度

关系数据库系统由来已久，技术相当成熟。对于大多数情况来说，RDBMS 系统是稳定且功能丰富的。相比较而言，大多数 NoSQL 数据库则还有很多特性有待实现。

2. 支持

企业需要的是系统安全可靠，如果关键系统出现了故障，他们需要获得即时的支持。大多数 NoSQL 系统都是开源项目，虽然每种数据库都有一些公司提供支持，但大多都是小的初创公司，没有全球支持资源，也没有 Oracle 或是 IBM 那种令人放心的公信力。

3. 分析与商业智能

NoSQL 数据库的大多数特性都是面向 Web 2.0 应用的需要而开发的，然而，应用中的数据对于业务来说是有价值的，企业数据库中的业务信息可以帮助改进效率并提升竞争力，商业智能对于大中型企业来说是个非常关键的 IT 问题。NoSQL 数据库缺少即席查询和数据分析工具，即便是一个简单的查询都需要专业的编程技能，并且传统的商业智能（Business Intelligence，BI）工具不提供对 NoSQL 的连接。

4. 管理

NoSQL 的设计目标是提供零管理的解决方案，不过当今还远远没有达到这个目标。现在的 NoSQL 需要很多技巧才能用好，并且需要不少人力、物力来维护。

5. 专业

大多数 NoSQL 开发者还处于学习模式。这种状况会随着时间而改进，但现在找到一个有经验的关系型数据库程序员或是管理员要比找到一个 NoSQL 专家更容易。

7.1.4 NoSQL 的类型

近些年来，NoSQL 数据库的发展势头很快。据统计，目前已经产生了 50 到 150 个 NoSQL 数据库系统。但是，归结起来，可以将典型的 NoSQL 划分为 4 种类型，分别是键值数据库、列式数据库、文档数据库和图形数据库，如图 7-1 所示。

1. 键值数据库

键值数据库起源于 Amazon 开发的 Dynamo 系统，可以把它理解为一个分布式的 Hashmap，支持 SET/GET 元操作。它使用一个哈希表，表中的 Key（键）用来定位 Value（值），即存储和检索具体的 Value。数据库不能对 Value 进行索引和查询，只能通过 Key 进行查询。Value 可以用来存储任意类型的数据，包括整型、字符型、数组、对象等，如图 7-2 所示。键值存储的值也可以是比较复杂的结构，如一个新的键值对封装成的一个对象。

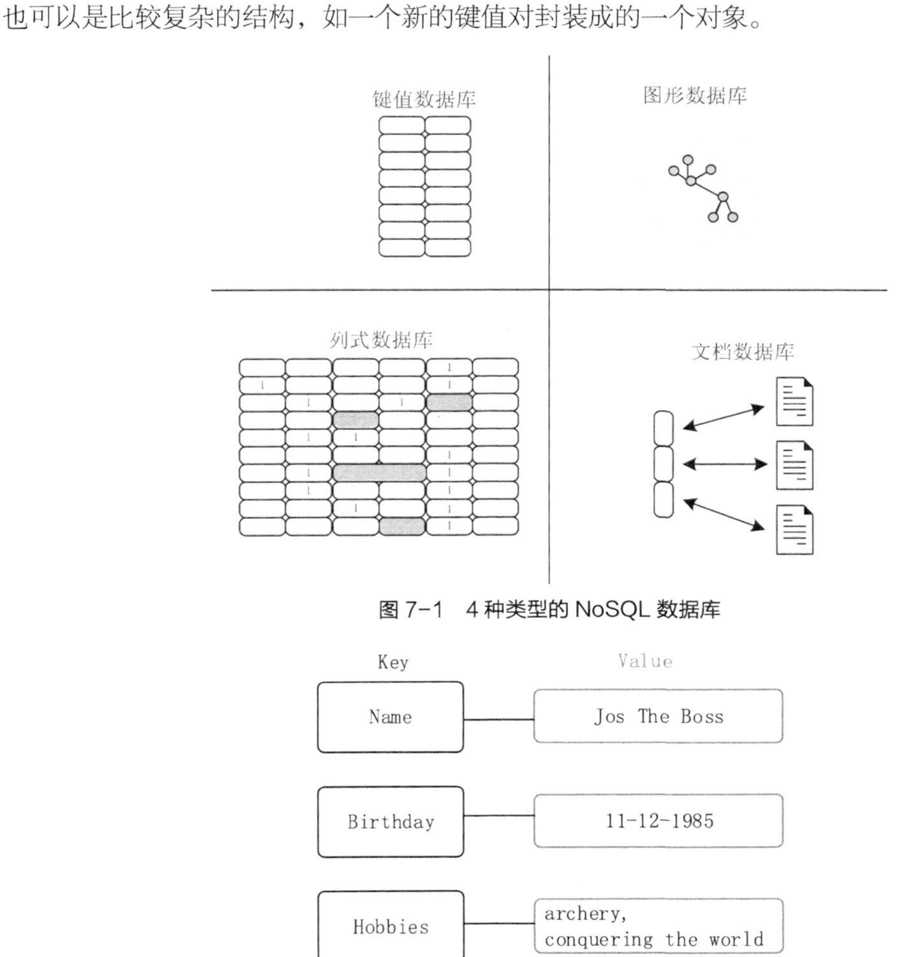

图7-1 4种类型的NoSQL数据库

图7-2 键值数据库举例

一个完整的分布式键值数据库会将Key按策略尽量均匀地散列在不同的结点上，其中，一致性哈希函数是比较优雅的散列策略，它可以保证当某个结点挂掉时，只有该结点的数据需要重新散列。

在存在大量写操作的情况下，键值数据库可以比关系数据库有明显的性能优势，这是因为关系型数据库需要建立索引来加速查询，当存在大量写操作时，索引会发生频繁更新，从而会产生高昂的索引维护代价。键值数据库具有良好的伸缩性，理论上讲可以实现数据量的无限扩容。

键值数据库可以进一步划分为内存键值数据库和持久化键值数据库。内存键值数据库把数据保存在内存中，如Memcached和Redis；持久化键值数据库把数据保存在磁盘中，如BerkeleyDB、Voldmort和Riak。

键值数据库也有自身的局限性，主要是条件查询。如果只对部分值进行查询或更新，效率会比较低下。在使用键值数据库时，应该尽量避免多表关联查询。此外，键值数据库在发生故障时不支持回滚操作，所以无法支持事务。

大多数键值数据库通常不会关心存入的Value到底是什么，在它看来，那只是一堆字节而已，所以开发者也无法通过Value的某些属性来获取整个Value。

2．列式数据库

列式数据库起源于 Google 的 BigTable，其数据模型可以看作是一个每行列数可变的数据表，它可以细分为 4 种实现模式，如图 7-3 所示。

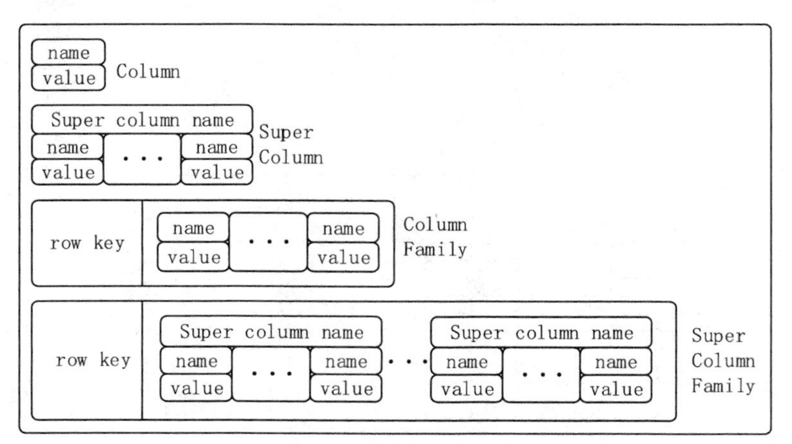

图 7-3　列式数据库模型

其中，Super Column Family 模式可以理解为 maps of maps，例如，可以把一个作者和他的专辑结构化地存成 Super Column Family 模式，如图 7-4 所示。

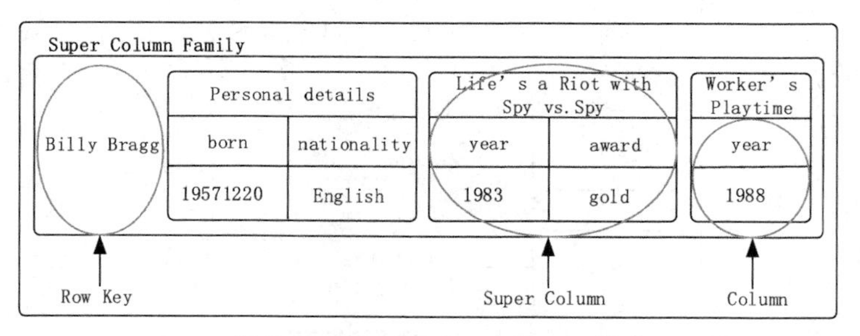

图 7-4　Super Column Family 模式

在行式数据库中查询时，无论需要哪一列都需要将每一行扫描完。假设想要在图 7-5 中的生日列表中查询 9 月的生日，数据库将会从上到下和从左到右扫描表，最终返回生日为 9 月的列表。

ID	Name	Birthday	Hobbies
1	Jos The Boss	11-12-1985	archery, conquering, the world
2	Fritz von Braun	27-1-1978	buliding things, surfing
3	Freddy Stark		swordplay, lollygagging, archery
4	Delphine Thewiseone	16-9-1986	

基于行的扫描：从上到下进行扫描，每一个元素的所有列都需要读入内存。

图 7-5　关系型数据库数据模型

如果给某些特定列建索引，那么可以显著提高查找速度，但是索引会带来额外的开销，而且数据库仍在扫描所有列。

而列式数据库可以分别存储每个列，从而在列数较少的情况下更快速地进行扫描。图 7-6 的布局看起来和行式数据库很相似，每一列都有一个索引，索引将行号映射到数据，列式数据库将数据映射到行号，采用这种方式计数变得更快，很容易就可以查询到某个项目的爱好人数，并且每个表都只有一种数据类型，所以单独存储列也利于优化压缩。

Name	ROWID
Jos The Boss	1
Fritz Schneider	2
Freddy Stark	3
Delphine Thewiseone	4

Birthday	ROWID
11-12-1985	1
27-1-1978	2
16-9-1986	4

Hobbies	ROWID
archery	1, 3
conquering, the world	1
buliding things	2
surfing	2
swordplay	3
lollygagging	3

基于列的数据库按列分别进行存储。

图 7-6　列式 NoSQL 存储模型

列式数据库能够在其他列不受影响的情况下，轻松添加一列，但是如果要添加一条记录时就需要访问所有表，所以行式数据库要比列式数据库更适合联机事务处理过程（OLTP），因为 OLTP 要频繁地进行记录的添加或修改。列式数据库更适合执行分析操作，如进行汇总或计数。实际交易的事务，如销售类，通常会选择行式数据库。列式数据库采用高级查询执行技术，以简化的方法处理列块（称为“批处理”），从而减少了 CPU 使用率。

3．文档数据库

文档数据库是通过键来定位一个文档的，所以是键值数据库的一种衍生品。在文档数据库中，文档是数据库的最小单位。文档数据库可以使用模式来指定某个文档结构。文档数据库是 NoSQL 数据库类型中出现得最自然的类型，因为它们是按照日常文档的存储来设计的，并且允许对这些数据进行复杂的查询和计算。

尽管每一种文档数据库的部署各有不同，但是大都假定文档以某种标准化格式进行封装，并对数据进行加密。文档格式包括 XML、YAML、JSON 和 BSON 等，也可以使用二进制格式，如 PDF、Microsoft Office 文档等。一个文档可以包含复杂的数据结构，并且不需要采用特定的数据模式，每个文档可以具有完全不同的结构。

文档数据库既可以根据键来构建索引，也可以基于文档内容来构建索引。基于文档内容的索引和查询能力是文档数据库不同于键值数据库的主要方面，因为在键值数据库中，值对数据库是透明不可见的，不能基于值构建索引。

文档数据库主要用于存储和检索文档数据，非常适合那些把输入数据表示成文档的应用。从关系型数据库存储方式的角度来看，每一个事物都应该存储一次，并且通过外键进行连接，而文件存储不关心规范化，只要数据存储在一个有意义的结构中就可以。

如图 7-7 所示，如果我们要将报纸或杂志中的文章存储到关系型数据库中，首先我们要对存储的信息进行分类，即将文章放在一个表中，作者和相关信息放在一个表中，文章评论放在一个表中，读者信息放在一个表中，然后将这四个表连接起来进行查询。但是文档存储可以将文章存储为单个实体，这样就降低了用户对文章数据的认知负担。

4．图形数据库

图形数据库以图论为基础，用图来表示一个对象集合，包括顶点及连接顶点的边。图形数据库使用图作为数据模型来存储数据，可以高效地存储不同顶点之间的关系。图形数据库是 NoSQL 数据库类型中最复杂的一个，旨在以高效的方式存储实体之间的关系。图形数据库适用于高度相互关联的数据，可以高效地处理实体间的关系，尤其适合于社交网络、依赖分析、模式识别、推荐系统、路径寻找、科学论文引用，以及资本资产集群等场景。

Jose Mourinho continues Manchester United blame game as disgruntled boss prepares for mass summer cull

- Manchester United boss Jose Mourinho dished out more blame on Saturday
- He criticised everyone but 'island' Nemanja Matic after the 2-0 win over Brighton
- Manager Mourinho has not once admitted to his own failings over the past week
- Many players, including Luke Shaw and Daley Blind, are set to leave this summer

By CHRIS WHEELER FOR THE DAILY MAIL
PUBLISHED: 22:31 GMT, 18 March 2018 | UPDATED: 11:11 GMT, 19 March 2018

Share 459 shares 490 view comments

As Manchester United's players emerged into the snow outside Old Trafford on Saturday night and scattered around the globe, an international break will have come as a blessed relief from the icy blast of Jose Mourinho.

Article Table
Author Table
Comment Table
Share Table
关系型数据库方式
文档数据库方式

```
{
  "article":[
    {"title":"title of the article",
     "articleID":1,
     "body":"body of the article",
     "author":"Chris Wheeler",
     "comments":[
       {
         "username":"Freddy",
         "commentID":1,
         "body":"this article is nice",
         "replies":[
           "username":"john",
           "connnentID":2,
           "body":"are you sure?"
         }
        ]
       }
      ]
     }
    ]
}
```

关系型数据库把数据分割成多个表存放
文档数据库把文章存储为一个整体

图 7-7 关系型数据库和文档数据库存储报纸或杂志中的文章的比较

图形或网络数据主要由结点和边两部分组成。结点是实体本身，如果是在社交网络中，那么代表的就是人。边代表两个实体之间的关系，用线来表示，并具有自己的属性。另外，边还可以有方向，如果箭头指向谁，谁就是该关系的主导方，如图 7-8 所示。

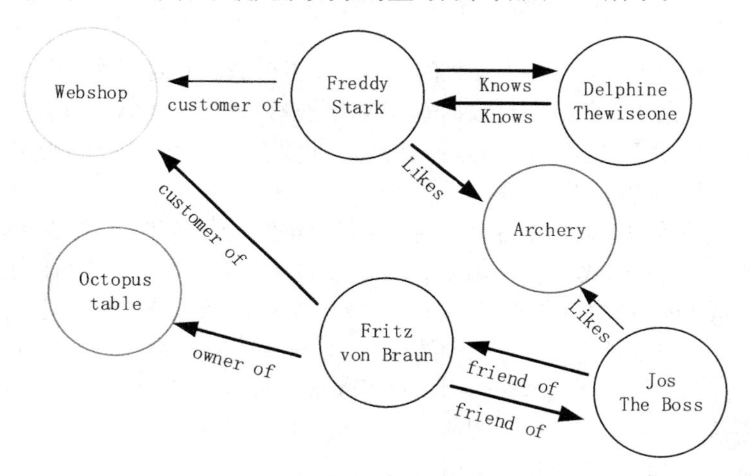

图 7-8 图形数据库模型示意

图形数据库在处理实体间的关系时具有很好的性能，但是在其他应用领域，其性能不如其他 NoSQL 数据库。

典型的图形数据库有 Neo4J、OrientDB、InfoGrid、Infinite Graph 和 GraphDB 等。有些图形数据库，如 Neo4J，完全兼容 ACID 特性。

7.2 HBase 概述

HBase 是基于 Apache Hadoop 的面向列的 NoSQL 数据库，是 Google 的 BigTable 的开源实现。HBase 是一个针对半结构化数据的开源的、多版本的、可伸缩的、高可靠的、高性能的、分布式的和面向列的动态模式数据库。和传统关系数据库不同，HBase 采用了 BigTable 的数据模型——增强的稀疏排序映射表（Key/Value），其中，键由行关键字、列关键字和时间戳构成。

HBase 提供了对大规模数据的随机、实时读写访问。HBase 的目标是存储并处理大型的数据，也就是仅用普通的硬件配置，就能够处理上千亿的行和几百万的列所组成的超大型数据库。

Hadoop是一个高容错、高延时的分布式文件系统和高并发的批处理系统，不适用于提供实时计算，而HBase是可以提供实时计算的分布式数据库，数据被保存在HDFS（分布式文件系统）上，由HDFS保证其高容错性。HBase上的数据是以二进制流的形式存储在HDFS上的数据块中的，但是，HBase上的存储数据对于HDFS是透明的。

HBase可以直接使用本地文件系统，也可以使用Hadoop的HDFS。HBase中保存的数据可以使用MapReduce来处理，它将数据存储和并行计算有机地结合在一起。

HBase是按列族进行数据存储的。每个列族会包括许多列，并且这些列是经常需要同时处理的属性。也就是说，HBase把经常需要一起处理的列构成列族一起存放，从而避免了需要对这些列进行重构的操作。HBase在充分利用列式存储优势的同时，通过列族减少列连接的需求。

7.3 HBase数据模型

数据模型是理解一个数据库的关键，本节介绍HBase的列式数据模型，与数据模型相关的基本概念，并描述HBase数据库的概念视图和物理视图。

7.3.1 数据模型概述

HBase是一个稀疏、多维度、有序的映射表。这张表中每个单元是通过由行键、列族、列限定符和时间戳组成的索引来标识的。每个单元的值是一个未经解释的字符串，没有数据类型。当用户在表中存储数据时，每一行都有一个唯一的行键和任意多的列。表的每一行由一个或多个列族组成，一个列族中可以包含任意多个列。在同一个表模式下，每行所包含的列族是相同的，也就是说，列族的个数与名称都是相同的，但是每一行中的每个列族中列的个数可以不同，如图7-9所示。

<table>
<tr><td>行</td><td colspan="12">列族1</td><td colspan="6">列族2</td><td colspan="2">列族3</td></tr>
<tr><td>Row0</td><td colspan="4">列1</td><td colspan="4">列2</td><td colspan="4">列3</td><td colspan="3">列1</td><td colspan="3">列2</td><td>列1</td><td>列2</td></tr>
<tr><td>Row1</td><td colspan="4">列1</td><td colspan="8">列3</td><td colspan="3">列1</td><td colspan="3">列2</td><td>列1</td><td>列3</td></tr>
<tr><td>Row2</td><td colspan="4">列1</td><td colspan="4">列2</td><td colspan="4">列3</td><td colspan="6">列1</td><td>列1</td><td>列2</td></tr>
<tr><td>Row3</td><td colspan="3">列1</td><td colspan="3">列2</td><td colspan="3">列3</td><td colspan="3">列4</td><td colspan="2">列1</td><td colspan="2">列2</td><td colspan="2">列3</td><td>列1</td><td>列2</td></tr>
<tr><td>……</td><td colspan="4">列1</td><td colspan="4">列2</td><td colspan="4">列4</td><td colspan="3">列2</td><td colspan="3">列4</td><td>列1</td><td>列4</td></tr>
</table>

图7-9 HBase数据模型示意

HBase中的同一个列族里面的数据存储在一起，列族支持动态扩展，可以随时添加新的列，无须提前定义列的数量。所以，尽管表中的每一行会拥有相同的列族，但是可能具有截然不同的列。正因为如此，对于整个映射表的每行数据而言，有些列的值就是空的，所以HBase的表是稀疏的。

HBase执行更新操作时，并不会删除数据旧的版本，而是生成一个新的版本，原有的版本仍然保留。用户可以对HBase保留的版本数量进行设置。在查询数据库的时候，用户可以选择获取距离某个时间最近的版本，或者一次获取所有版本。如果查询的时候不提供时间戳，那么系统就会返回离当前时间最近的那一个版本的数据。HBase提供了两种数据版本回收方式：一种是保存数据的最后 n 个版本；另一种是保存最近一段时间内的版本，如最近一个月。

7.3.2 数据模型的基本概念

HBase 中的数据被存储在表中，具有行和列，是一个多维的映射结构。本节将对与 HBase 数据模型相关的基本概念进行统一介绍。

1．表（Table）

HBase 采用表来组织数据，表由许多行和列组成，列划分为多个列族。

2．行（Row）

在表里面，每一行代表着一个数据对象。每一行都是由一个行键（Row Key）和一个或者多个列组成的。行键是行的唯一标识，行键并没有什么特定的数据类型，以二进制的字节来存储，按字母顺序排序。

因为表的行是按照行键顺序来进行存储的，所以行键的设计相当重要。设计行键的一个重要原则就是相关的行键要存储在接近的位置，例如，设计记录网站的表时，行键需要将域名反转（例如，org.apache.www、org.apache.mail、org.apache.jira），这样的设计能使与 apache 相关的域名在表中存储的位置非常接近。

访问表中的行只有 3 种方式：通过单个行键获取单行数据；通过一个行键的区间来访问给定区间的多行数据；全表扫描。

3．列（Column）

列由列族（Column Family）和列限定符（Column Qualifier）联合标识，由“:”进行间隔，如 family:qualifier。

4．列族（Column Family）

在定义 HBase 表的时候需要提前设置好列族，表中所有的列都需要组织在列族里面。列族一旦确定后，就不能轻易修改，因为它会影响到 HBase 真实的物理存储结构，但是列族中的列限定符及其对应的值可以动态增删。表中的每一行都有相同的列族，但是不需要每一行的列族里都有一致的列限定符，所以说是一种稀疏的表结构，这样可以在一定程度上避免数据的冗余。

HBase 中的列族是一些列的集合。一个列族的所有列成员都有着相同的前缀，例如，courses:history 和 courses:math 都是列族 courses 的成员。“:”是列族的分隔符，用来区分前缀和列名。列族必须在表建立的时候声明，列随时可以新建。

5．列限定符（Column Qualifier）

列族中的数据通过列限定符来进行映射。列限定符不需要事先定义，也不需要在不同行之间保持一致。列限定符没有特定的数据类型，以二进制字节来存储。

6．单元（Cell）

行键、列族和列限定符一起标识一个单元，存储在单元里的数据称为单元数据，没有特定的数据类型，以二进制字节来存储。

7．时间戳（Timestamp）

默认情况下，每一个单元中的数据插入时都会用时间戳来进行版本标识。读取单元数据时，如果时间戳没有被指定，则默认返回最新的数据；写入新的单元数据时，如果没有设置时间戳，则默认使用当前时间。每一个列族的单元数据的版本数量都被 HBase 单独维护，默认情况下，HBase 保留 3 个版本数据。

7.3.3 概念视图

在 HBase 的概念视图中，一张表可以视为一个稀疏、多维的映射关系，通过“行键+列族:

列限定符+时间戳”的格式就可以定位特定单元的数据。因为 HBase 的表是稀疏的，因此某些列可以是空白的。

图 7-10 是 HBase 的概念视图，是一个存储网页信息的表的片段。行键是一个反向 URL，如 www.cnn.com 反向成 com.cnn.www。反向 URL 的好处就是，可以让来自同一个网站的数据内容都保存在相邻的位置，从而可以提高用户读取该网站的数据的速度。contents 列族存储了网页的内容；anchor 列族存储了引用这个网页的链接；mime 列族存储了该网页的媒体类型。

行 键	时间戳	contents列族	anchor列族	mime列族
“com.cnn.www”	t9		anchor:cnnsi.com=“CNN”	
	t8		anchor:my.look.ca=“CNN.com”	
	t6	contents:html=“<html>...”		mime:type=“text/html”
	t5	contents:html=“<html>...”		
	t3	contents:html=“<html>...”		

图 7-10 HBase 的概念视图

图 7-10 给出的 com.cnn.www 网站的概念视图中仅有一行数据，行的唯一标识为“com.cnn.www”，对这行数据的每一次逻辑修改都有一个时间戳关联对应。表中共有四列：contents:html、anchor:cnnsi.com、anchor:my.look.ca、mime:type，每一列以前缀的方式给出其所属的列族。

从图 7-10 可以看出，网页的内容一共有 3 个版本，对应的时间戳分别为 t3、t5 和 t6；网页被两个页面引用，分别是 my.look.ca 和 cnnsi.com，被引用的时间分别是 t8 和 t9；网页的媒体类型从 t6 开始为“text/html”。

要定位单元中的数据可以采用“三维坐标”来进行，也就是[行键，列族:列限定符，时间戳]。例如，在图 7-10 中，[“com.cnn.www”，anchor:cnnsi.com，t9]对应的单元中的数据为“CNN”；[“com.cnn.www”，anchor:my.look.ca，t8]对应的单元中的数据为“CNN.com”；[“com.cnn.www”，mime:type，t6]对应的单元的数据为“text/html”。

从图 7-10 可以看出，在 HBase 表的概念视图中，每个行都包含相同的列族，尽管并不是每行都需要在每个列族里都存储数据。例如，在图 7-10 的前两行数据中，列族 contents 和列族 mime 的内容为空；后 3 行数据中，列族 anchor 的内容为空；后两行数据中，列族 mime 的内容为空。

7.3.4 物理视图

虽然从概念视图层面来看，HBase 的每个表是由许多行组成的，但是在物理存储层面来看，它是采用了基于列的存储方式，而不是像关系型数据库那样采用基于行的存储方式。这正是 HBase 与关系型数据库的重要区别之一。

图 7-10 的概念视图在进行物理存储的时候，会存为图 7-11 中的 3 个片段。也就是说，这个 HBase 表会按照 contents、anchor 和 mime 3 个列族分别存放。属于同一个列族的数据保存在一起，同时，和每个列族一起存放的还包括行键和时间戳。

在图 7-10 的概念视图中，可以看到许多列是空的，也就是说，这些列上面不存在值。在物理视图中，这些空的列并不会存储成 null，而是根本不会被存储，从而可以节省大量的存储空间。当请求这些空白的单元的时候，会返回 null 值。

行 键	时 间 戳	contents列族
"com.cnn.www"	t6	contents:html= "<html>..."
	t5	contents:html= "<html>..."
	t3	contents:html= "<html>..."

行 键	时 间 戳	anchor列族
"com.cnn.www"	t9	anchor:cnnsi.com= "CNN"
	t8	anchor:my.look.ca= "CNN.com"

行 键	时 间 戳	mime列族
"com.cnn.www"	t6	mime:type= "text/html"

图 7-11　HBase 的物理视图

7.4　HBase 命令行

HBase 为用户提供了一个非常方便的命令行使用方式——HBase Shell。HBase Shell 提供了大多数的 HBase 命令，通过 HBase Shell，用户可以方便地创建、删除及修改表，还可以向表中添加数据，列出表中的相关信息等。本节介绍一些常用的 HBase Shell 命令和具体操作，并讲解如何使用命令行实现一个"学生成绩表"。

7.4.1　一般操作

1．查询服务器状态

```
hbase(main):011:0> status
1 active master, 0 backup masters, 1 servers, 0 dead, 4.0000 average load
```

2．查询版本号

```
hbase(main):012:0> version
1.2.1, r8d8a7107dc4ccbf36a92f64675dc60392f85c015, Wed Mar 30 11:19:21 CDT 2016
```

7.4.2　DDL 操作

数据定义语言（Data Defination Language，DDL）操作主要用来定义、修改和查询表的数据库模式。

1．创建一个表

```
hbase(main):013:0>
create 'table','column_famaly','column_famaly1','column_famaly2'
0 row(s) in 94.9160 seconds
```

2．列出所有表

```
hbase(main):014:0> list
TABLE
stu
table
test
3 row(s) in 0.0570 seconds
```

3．获取表的描述

```
hbase(main):015:0> describe 'table'
Table table is ENABLED
table
COLUMN FAMILIES DESCRIPTION
{NAME => 'column_famaly', DATA_BLOCK_ENCODING => 'NONE', BLOOMFILTER => 'ROW', R
EPLICATION_SCOPE => '0', VERSIONS => '1', COMPRESSION => 'NONE', MIN_VERSIONS =>
 '0', TTL => 'FOREVER', KEEP_DELETED_CELLS => 'FALSE', BLOCKSIZE => '65536', IN_
MEMORY => 'false', BLOCKCACHE => 'true'}
……
3 row(s) in 0.0430 seconds
```

4．删除一个列族

```
hbase(main):016:0> alter 'table',{NAME=>'column_famaly',METHOD=>'delete'}
Updating all regions with the new schema...
1/1 regions updated.
Done.
0 row(s) in 3.0220 seconds
```

5．删除一个表

首先把表设置为disable。

```
hbase(main):020:0> disable 'stu'
0 row(s) in 2.3150 seconds
```

然后删除一个表。

```
hbase(main):021:0> drop 'stu'
0 row(s) in 1.2820 seconds
```

6．查询表是否存在

```
hbase(main):024:0> exists 'table'
Table table does exist
0 row(s) in 0.0280 seconds
```

7．查看表是否可用

```
hbase(main):025:0> is_enabled 'table'
true
0 row(s) in 0.0150 seconds
```

7.4.3 DML操作

DML（Data Manipulation Language，数据操作语言）操作主要用来对表的数据进行添加、修改、获取、删除和查询。

1．插入数据

给emp表的rw1行分别插入3个列。

```
hbase(main):031:0> put 'emp','rw1','col_f1:name','tanggao'
0 row(s) in 0.0460 seconds

hbase(main):032:0> put 'emp','rw1','col_f1:age','20'
0 row(s) in 0.0150 seconds

hbase(main):033:0> put 'emp','rw1','col_f1:sex','boy'
0 row(s) in 0.0190 seconds
```

2．获取数据

获取emp表的rw1行的所有数据。

```
hbase(main):034:0> get 'emp','rw1'
COLUMN                   CELL
```

```
 col_f1:age   timestamp=1463055735107, value=20
 col_f1:name  timestamp=1463055709542, value=tanggao
 col_f1:sex   timestamp=1463055753395, value=boy
3 row(s) in 0.3200 seconds
```

获取 emp 表的 rw1 行 col_f1 列族的所有数据。

```
hbase(main):035:0> get 'emp','rw1','col_f1'
COLUMN                CELL
 col_f1:age   timestamp=1463055735107, value=20
 col_f1:name  timestamp=1463055709542, value=tanggao
 col_f1:sex   timestamp=1463055753395, value=boy
3 row(s) in 0.0270 seconds
```

获取 emp 表的 rw1 行、col_f1 列族中 name 列的所有数据。

```
hbase(main):036:0> get 'emp','rw1','col_f1:name'
COLUMN                CELL
 col_f1:name  timestamp=1463055709542, value=tanggao
1 row(s) in 0.0140 seconds
```

3. 更新一条记录

更新 emp 表的 rw1 行、col_f1 列族中 age 列的值。

```
hbase(main):037:0> put 'emp','rw1','col_f1:age','22'
0 row(s) in 0.0160 seconds
```

查看更新的结果。

```
hbase(main):038:0> get 'emp','rw1','col_f1:age'
COLUMN                CELL
 col_f1:age   timestamp=1463055893492, value=22
1 row(s) in 0.0190 seconds
```

4. 通过时间戳获取两个版本的数据

```
hbase(main):039:0>get 'emp','rw1',{COLUMN=>'col_f1:age',TIMESTAMP=>1463055735107}
COLUMN                CELL
 col_f1:age   timestamp=1463055735107, value=20
1 row(s) in 0.0340 seconds

hbase(main):040:0>get 'emp','rw1',{COLUMN=>'col_f1:age',TIMESTAMP=>1463055893492}
COLUMN                CELL
 col_f1:age   timestamp=1463055893492, value=22
1 row(s) in 0.0140 seconds
```

5. 全表扫描

```
hbase(main):041:0> scan 'emp'
ROW                  COLUMN+CELL
 id    column=col_f1:age, timestamp=1463055893492, value=2
 id    column=col_f1:name, timestamp=1463055709542, valu=tanggao
 id    column=col_f1:sex, timestamp=1463055753395, value=boy
 1 row(s) in 0.1520 seconds
```

6. 删除一列

删除 emp 表 rw1 行的一个列。

```
hbase(main):042:0> delete 'emp','rw1','col_f1:age'
0 row(s) in 0.0200 seconds
```

检查删除操作的结果。

```
hbase(main):043:0> get 'emp','rw1'
COLUMN                CELL
 col_f1:name  timestamp=1463055709542, value=tanggao
 col_f1:sex   timestamp=1463055753395, value=boy
```

```
2 row(s) in 0.2430 seconds
```

7．删除行的所有单元格

使用“deleteall”命令删除 emp 表 rw1 行的所有列。

```
hbase(main):044:0> deleteall 'emp','rw1'
0 row(s) in 0.0550 seconds
```

8．统计表中的行数

```
hbase(main):045:0> count 'emp'
0 row(s) in 0.0450 seconds
```

9．清空整张表

```
hbase(main):007:0> truncate 'emp'
Truncating 'emp' table (it may take a while):
 - Disabling table...
 - Truncating table...
0 row(s) in 4.1510 seconds
```

7.4.4 HBase 表实例

下面将以一个“学生成绩表”的例子来介绍常用的 HBase 命令的使用方法。

表 7-1 是一张学生成绩单，其中，name 是行键，grade 是一个特殊列族，只有一列并且没有名字（列族下面的列是可以没有名字的），course 是一个列族，由 3 个列组成（chinese、math 和 english）。用户可以根据需要在 course 中建立更多的列，如 computing、physics 等。

表 7-1 学生成绩表

name	grade	course		
		chinese	math	english
Jim	1	90	85	85
Tom	2	97	100	92

1．建立一个表 scores，包含两个列族：grade 和 course

```
hbase(main):001:0> create 'scores','grade', 'course'
```

2．按设计的表结构添加值

```
put 'scores','Jim','grade:','1'
put 'scores','Jim','course:chinese','90'
put 'scores','Jim','course:math','85'
put 'scores','Jim','course:english','85'
put 'scores','Tom','grade: ','2'
put 'scores','Tom','course:chinese','97'
put 'scores','Tom','course:math','100'
put 'scores','Tom','course:english','92'
```

样表结构就建立起来了，列族里边可以自由添加子列。如果列族下没有子列，则只加“:”即可。

3．根据键值查询数据

查看 scores 表中的 Jim 行的相关数据。

```
hbase(main):012:0> get 'scores', 'Jim'
```

查看 scores 表中 Jim 行、course 列族中 math 列的值。

```
hbase(main):012:0> get 'scores', 'Jim', 'course:math'
```

或者用以下代码。

```
hbase(main):012:0> get 'scores', 'Jim', {COLUMN=>'course:math'}
```

4．扫描所有数据

```
hbase(main):012:0> scan 'scores'
```

上述命令会显示所有数据行，也就是 Tom 和 Jim 的所有课程的成绩，包括 chinese、math 和 english。为了限制返回的结果，用户可以指定一些修饰词，如 TIMERANGE、FILTER、LIMIT、STARTROW、STOPROW、TIMESTAMP、MAXLENGTH 或 COLUMN。

获取 Jim 和 Tom 的 english 的成绩。

```
scan 'scores', {COLUMN=>'course:english', STARTROW=>Jim,ENDROW=Tom}
```

5．添加新的列

为 Tom 添加 computing 课程的成绩。

```
hbase(main):012:0>put 'scores','Tom','course:computing','90'
```

7.5　HBase 的运行机制

本节将对 HBase 的主要运行机制进行简单介绍。

7.5.1　HBase 的物理存储

HBase 表中的所有行都是按照行键的字典序排列的。因为一张表中包含的行的数量非常多，有时候会高达几亿行，所以需要分布存储到多台服务器上。因此，当一张表的行太多的时候，HBase 就会根据行键的值对表中的行进行分区，每个行区间构成一个“分区（Region）”，包含了位于某个值域区间内的所有数据，如图 7-12 所示。

Region 是按大小分割的，每个表一开始只有一个 Region，随着数据不断插入到表中，Region 不断增大，当增大到一个阈值的时候，Region 就会等分为两个新的 Region。当表中的行不断增多时，就会有越来越多的 Region，如图 7-13 所示。

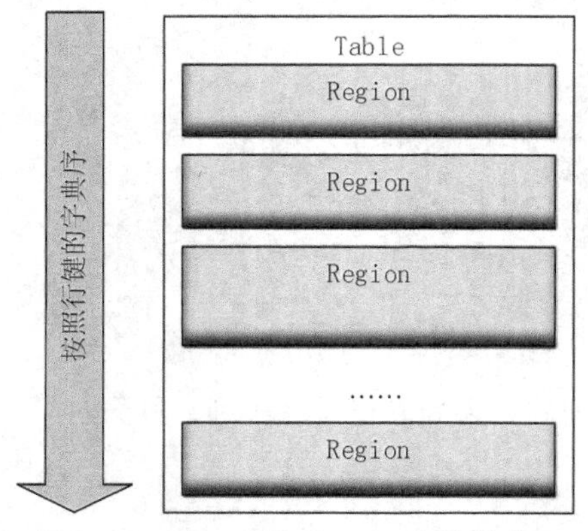

图 7-12　HBase 的 Region 存储模式图

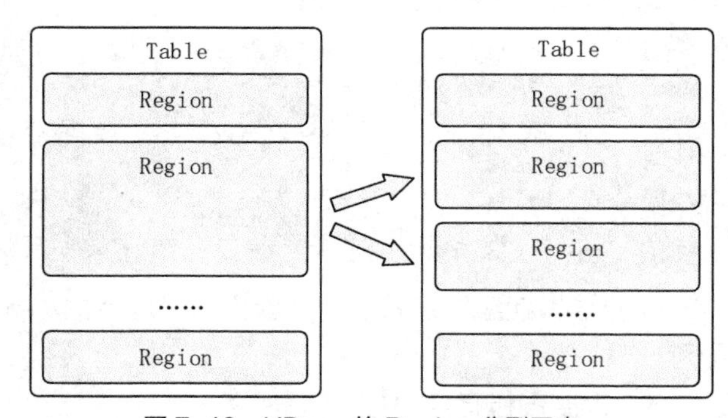

图 7-13　HBase 的 Region 分裂示意

Region 是 HBase 中数据分发和负载均衡的最小单元，默认大小是 100MB 到 200MB。不同的 Region 可以分布在不同的 Region Server 上，但一个 Region 不会拆分到多个 Region Server 上。每个 Region Server 负责管理一个 Region 集合。如图 7-14 所示。

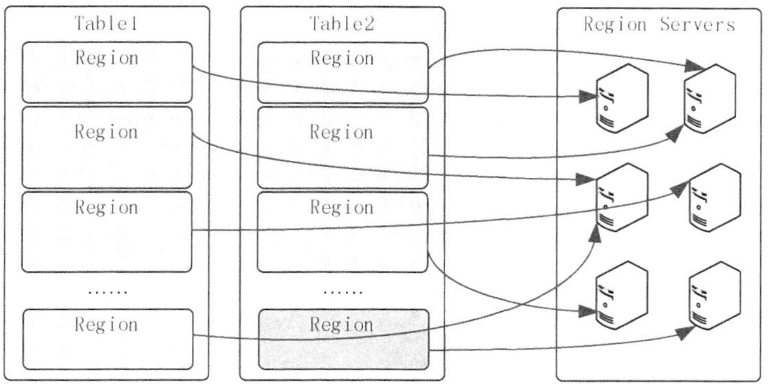

图 7-14 HBase 的 Region 分布模式

Region 是 HBase 在 Region Server 上数据分发的最小单元，但并不是存储的最小单元。事实上，每个 Region 由一个或者多个 Store 组成，每个 Store 保存一个列族的数据。每个 Store 又由一个 memStore 和 0 至多个 Store File 组成，如图 7-15 所示。Store File 以 HFile 格式保存在 HDFS 上。

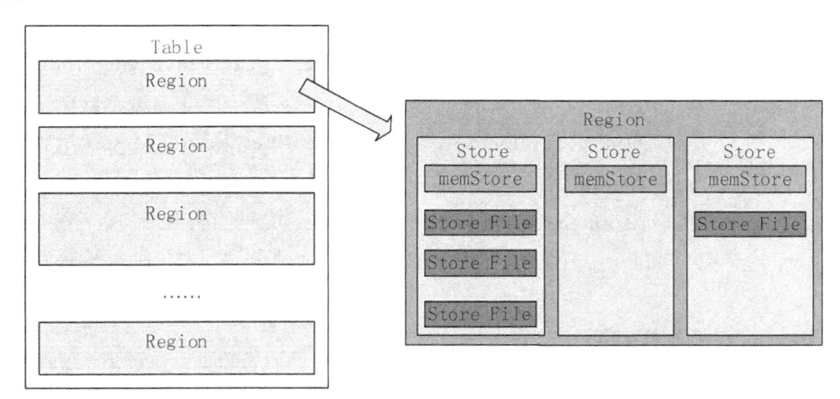

图 7-15 HBase 的 Region 存储模式

7.5.2 HBase 的逻辑架构

在分布式的生产环境中，HBase 需要运行在 HDFS 之上，以 HDFS 作为其基础的存储设施。HBase 的上层是访问数据的 Java API 层，供应用访问存储在 HBase 中的数据。HBase 的集群主要由 Master、Region Server 和 Zookeeper 组成，具体模块如图 7-16 所示。

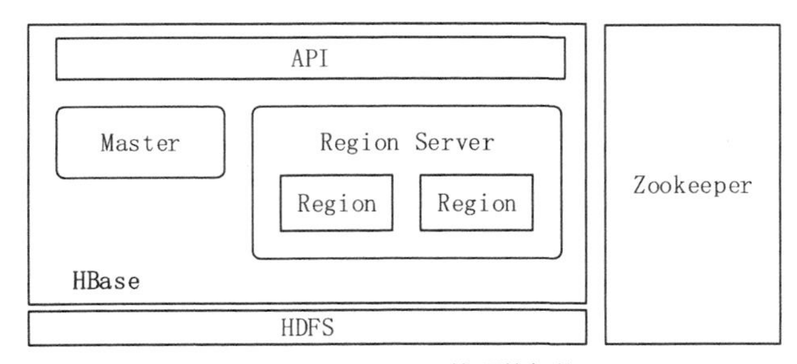

图 7-16 HBase 的系统架构

1．Master

Master 主要负责表和 Region 的管理工作。

表的管理工作主要是负责完成增加表、删除表、修改表和查询表等操作。Region 的管理工作更复杂一些，Master 需要负责分配 Region 给 Region Server，协调多个 Region Server，检测各个 Region Server 的状态，并平衡 Region Server 之间的负载。当 Region 分裂或合并之后，Master 负责重新调整 Region 的布局。如果某个 Region Server 发生故障，Master 需要负责把故障 Region Server 上的 Region 迁移到其他 Region Server 上。

HBase 允许多个 Master 结点共存，但是这需要 Zookeeper 进行协调。当多个 Master 结点共存时，只有一个 Master 是提供服务的，其他的 Master 结点处于待命的状态。当正在工作的 Master 结点宕机时，其他的 Master 则会接管 HBase 的集群。

2．Region Server

HBase 有许多个 Region Server，每个 Region Server 又包含多个 Region。Region Server 是 HBase 最核心的模块，负责维护 Master 分配给它的 Region 集合，并处理对这些 Region 的读写操作。Client 直接与 Region Server 连接，并经过通信获取 HBase 中的数据。

HBase 采用 HDFS 作为底层存储文件系统，Region Server 需要向 HDFS 写入数据，并利用 HDFS 提供可靠稳定的数据存储。Region Server 并不需要提供数据复制和维护数据副本的功能。

3．Zookeeper

Zookeeper 的作用对 HBase 很重要。首先，Zookeeper 是 HBase Master 的高可用性（High Available，HA）解决方案。也就是说，Zookeeper 保证了至少有一个 HBase Master 处于运行状态。

Zookeeper 同时负责 Region 和 Region Server 的注册。HBase 集群的 Master 是整个集群的管理者，它必须知道每个 Region Server 的状态。HBase 就是使用 Zookeeper 来管理 Region Server 状态的。每个 Region Server 都向 Zookeeper 注册，由 Zookeeper 实时监控每个 Region Server 的状态，并通知给 Master。这样，Master 就可以通过 Zookeeper 随时感知各个 Region Server 的工作状态。

7.6 HBase 的编程

本节介绍与 HBase 数据存储管理相关的 Java API（基于 HBase 版本 1.2.3），并通过编程实例介绍它们的使用方法。

7.6.1 HBase 的常用 Java API

HBase 主要包括 5 大类操作：HBase 的配置、HBase 表的管理、列族的管理、列的管理、数据操作等。

1．org. apache. hadoop. hbase. HBaseConfiguration

HBaseConfiguration 类用于管理 HBase 的配置信息，使用举例如下。

```
static Configuration cfg = HBaseConfiguration.create();
```

2．org. apache. hadoop. hbase. client. Admin

Admin 是 Java 接口类型，不能直接用该接口来实例化一个对象，而是必须通过调用 Connection.getAdmin( )方法，来调用返回子对象的成员方法。该接口用来管理 HBase 数据库的表信息。它提供的方法包括创建表，删除表，列出表项，使表有效或无效，以及添加或删除表列族成员等。创建表使用的例子如下。

```
Conigudration configuration = HBaseConfiguration.create();
Connection connection = ConnectionFactory.createConnection(configuration);
Admin admin = connection.getAdmin();
```

```
if (admin.tableExists(tableName)) {// 如果存在要创建的表，那么先删除，再创建
      admin.disableTable(tableName);
      admin.deleteTable(tableName);
}
admin.createTable(tableDescriptor);
admin.disableTable(tableName);
HColumnDescriptor hd = new HColumnDescriptor(columnFamily);
admin.addColumn(tableName,hd);
```

3. org.apache.hadoop.hbase.HTableDescriptor

HTableDescriptor 包含了表的详细信息。创建表时添加列族使用的例子如下。

```
HTableDescriptor tableDescriptor = new HTableDescriptor(tableName);// 表的数据模式
tableDescriptor.addFamily(new HColumnDescriptor("name")); // 增加列族
tableDescriptor.addFamily(new HColumnDescriptor("age"));
tableDescriptor.addFamily(new HColumnDescriptor("gender"));
admin.createTable(tableDescriptor);
```

4. org.apache.hadoop.hbase.HColumnDescriptor

HColumnDescriptor 类维护着关于列族的信息，如版本号、压缩设置等。它通常在创建表或者为表添加列族的时候使用。列族被创建后不能直接修改，只能通过删除然后重新创建的方式。列族被删除的时候，列族里面的数据也会同时被删除。创建表时添加列族的例子如下。

```
HTableDescriptor tableDescriptor = new HTableDescriptor(tableName);// 表的数据模式
HColumnDescriptor hcd = HColumnDescriptor("name".getBytes()); // 构造列族
hcd.setValue("firstName".getBytes(), "John".getBytes()); // 给列族添加列
hcd.setValue("lastName".getBytes(), "Bates".getBytes()); // 给列族添加列
tableDescriptor.addFamily(hcd); // 把列族加入表描述
```

5. org.apache.hadoop.hbase.client.Table

Table 是 Java 接口类型，不可以用 Table 直接实例化一个对象，而是必须通过调用 connection.getTable()的一个子对象，来调用返回子对象的成员方法。这个接口可以用来和 HBase 表直接通信，可以从表中获取数据、添加数据、删除数据和扫描数据。例子如下。

```
Coniguration configuration = HBaseConfiguration.create();
Connection connection = ConnectionFactory.createConnection(configuration);
Table table = connection.getTable();
ResultScanner scanner =  table.getScanner(family);
```

6. org.apache.hadoop.hbase.client.Put

Put 类用来对单元执行添加数据操作。给表里添加数据的例子如下。

```
Coniguration configuration = HBaseConfiguration.create();
Connection connection = ConnectionFactory.createConnection(configuration);
Table table = connection.getTable();
Put put = new Put("*1111".getBytes());// 一个 Put 代表一行数据，行键为构造方法中传入的值
put.addColumn("name".getBytes(), null, "Chander".getBytes());// 本行数据的第一列
put.addColumn("age".getBytes(), null, "20".getBytes());// 本行数据的第二列
put.addColumn("gender".getBytes(), null, "male".getBytes());// 本行数据的第三列
put.add("score".getBytes(), "Math".getBytes(), "99".getBytes());// 本行数据的第四列
table.put(put);
```

7. org.apache.hadoop.hbase.client.Get

Get 类用来获取单行的数据。获取指定单元的数据的例子如下。

```
Coniguration configuration = HBaseConfiguration.create();
Connection connection = ConnectionFactory.createConnection(configuration);
Table table = connection.getTable();
Get g = new Get(rowKey.getBytes());
Result rs = table.get(g);
```

8. org.apache.hadoop.hbase. client.Result

Result 类用来存放 Get 或 Scan 操作后的查询结果，并以<key,value>的格式存储在映射表中。获取指定单元的数据的例子如下。

```
Coniguration configuration = HBaseConfiguration.create();
Connection connection = ConnectionFactory.createConnection(configuration);
Table table = connection.getTable();
Get g = new Get(rowKey.getBytes());
Result rs = table.get(g);
for (KeyValue kv : rs.raw()){
     System.out.println("rowkey:        " + new String(kv.getRow()));
     System.out.println("Column Family: " + new String(kv.getFamily()));
     System.out.println("Column        : " + new String(kv.getQualifier()));
     System.out.println("value         : " + new String(kv.getValue()));
}
```

9. org.apache.hadoop.hbase. client.Scan

Scan 类可以用来限定需要查找的数据，如版本号、起始行号、终止行号、列族、列限定符、返回值的数量的上限等。设置 Scan 的列族、时间戳的范围和每次最多返回的单元数目的例子如下。

```
Scan scan = new Scan();
scan.addFamily(Bytes.toBytes("columnFamily1"));
scan.setTimeRange(1, 3);
scan.setBatch(1000);
```

10. org.apache.hadoop.hbase. client.ResultScanner

ResultScanner 类是客户端获取值的接口，可以用来限定需要查找的数据，如版本号、起始行号、终止行号、列族、列限定符、返回值的数量的上限等。获取指定单元的数据的例子如下。

```
Scan scan = new Scan();
scan.addColumn(Bytes.toBytes("columnFamily1"),Bytes.toBytes("column1"));
scan.setTimeRange(1, 3);
scan.setBatch(10);
Coniguration configuration = HBaseConfiguration.create();
Connection connection = ConnectionFactory.createConnection(configuration);
Table table = connection.getTable();
try {
ResultScanner resultScanner = table.getScanner(scan);
Result rs = resultScanner.next();
    for (; rs != null; rs = resultScanner.next())
    {
          for (KeyValue kv : rs.list())
          {
               System.out.println("-------------------------------");
               System.out.println("rowkey:        " + new String(kv.getRow()));
               System.out.println("Column Family: " + new String(kv.getFamily()));
               System.out.println("Column       :" + new String(kv.getQualifier()));
               System.out.println("value        : " + new String(kv.getValue()));
          }
     }
} catch (IOException e) {
    e.printStackTrace();
}
```

7.6.2 HBase 编程实例

本节通过一个具体的编程实例来学习如何使用 HBase Java API 解决实际问题。在本实例中，首先创建一个学生成绩表 scores，用来存储学生各门课程的考试成绩，然后向 scores 添加数据。

表 scores 的概念视图如表 7-2 所示，用学生的名字 name 作为行键，年级 grade 是一个只有一个列的列族，score 是一个列族，每一门课程都是 score 的一个列，如 english、math、chinese

等。score的列可以随时添加，例如，后续学生又参加了其他课程的考试，如computing、physics等，那么就可以添加到score列族。因为每个学生参加考试的课程也会不同，所以，并不一定表中的每一个单元都会有值。在该实例中，要向学生成绩表scores中添加的数据如表7-3所示。

表7-2　学生成绩表scores的概念视图

name	grade	score		
		english	math	chinese

表7-3　学生成绩表scores的数据

name	grade	score		
		english	math	chinese
dandan	6	95	100	92
sansan	6	87	95	98

本节首先对学生成绩表实例的代码框架进行描述，然后详细介绍每一个功能模块的代码细节。

```
import java.io.IOException;
import org.apache.hadoop.conf.Configuration;
import org.apache.hadoop.hbase.*;
import org.apache.hadoop.hbase.client.*;
import org.apache.hadoop.hbase.util.Bytes;
public class StudentScores   {
     public static Configuration configuration; //HBase配置信息
     public static Connection connection; //HBase连接
     public static void  main (String [] agrs)  thorws IOException{
          init(); //建立连接
          createTable(); //建表
          insertData(); //添加课程成绩
          insertData(); //添加课程成绩
          insertData(); //添加课程成绩
          getData(); //浏览课程成绩
          close(); //关闭连接
 }
public static void init() {……} //建立连接
punlic static void close() {……} //关闭连接
public static void createTable() {……} //创建表
public static void insertData() {……} //添加课程成绩
public static getData() {……} //浏览课程成绩
}
```

下面分别对每一个功能模块的代码进行介绍。

1．建立连接和关闭连接

在使用HBase数据库前，必须首先建立连接，通过连接可以获取Admin子类，完成对数据库模型的操作。建立连接的代码如下。

```
public static void init() {
     configuration = HBaseConfiguration.create();
     configuration.set("hbase.rootdir", "hdfs://localhost:9000/hbase");
     try{
          connection = ConnectionFactory.createConnection(configuration);
          admin = connection.getAdmin();
     }catch (IOException e) {
          e.printStackTrace();
     }
}
```

代码中，首先为 configuration 配置对象设置 HBase 数据库的存储路径 hbase.rootdir。本实例使用 HDFS 作为 HBase 的底层存储方式，所以在代码中把 configuration 的第二个参数赋值为 hdfs://localhost:9000/hbase。

对 HBase 数据库操作结束之后，需要关闭数据库的连接，具体代码如下。

```
public static void close() {
    try{
        if(admin != null) {
            admin.close();
        }
        If(null != connection){
            Connection.close();
        }
    }catch (IOException e) {
        e.printStackTrace();
    }
}
```

2．创建表

创建 HBase 数据库表的时候，首先需要定义表的模型，包括表的名称、行键和列族的名称。具体代码如下。

```
public static void createTable(String myTableName, String[] colFamily) throws
IOException {
        TableName tableName = TableName.valueOf(myTableName);
        If(admin.tableExists(tableName)){
            System.out.println("table exists!");
        } else {
            HTableDescriptor hTableDescriptor = new HTableDescriptor(tableName);
            for(String str:colFamily){
                HColumnDescriptor hColumnDescriptor = new HColumnDescriptor(str);
                hTableDescriptor.addFamily(hColumnDescriptor);
            }
            admin.createTable(hTableDescriptor) ;
        }
}
```

调用上述代码创建学生成绩表 scores，需要指定参数 myTableName 为"scores"，colFamily 为“{"grade", "score"}”，即 createTable("scores", {"grade", "score"})。

3．添加数据

为 HBase 数据库表添加数据，需要指定行键、列族、列限定符、时间戳，其中，时间戳可以在添加数据时由系统自动生成。因此，向表里添加数据时，需要提供行键、列族和列限定符及数据值信息，具体代码如下。

```
        public static void insertData(String tableName, String rowKey, String
colFamily, String col, String val) throws IOException {
            Table table = connection.getTable(TableName.valueOf(tableName));
            Put put = new Put(rowKey.getBytes());
            put.addColumn(colFamily.getBytes(), col.getBytes(), val.getBytes());
            table.put(put);
            table.close();
}
```

使用上述代码添加数据时，需要分别为参数 tableName、rowKey、colFamily、col 和 val 赋值。例如，要添加表 7-3 的第一个学生的数据，就需要使用如下 4 行代码。

```
insertData("scores", "dandan", "grade", "", "6");
insertData("scores", "dandan", "score", "english", "95");
insertData("scores", "dandan", "score", "math", "100");
insertData("scores", "dandan", "score", "chinese", "92");
```

通过以下代码添加第二个学生的数据。

```
insertData("scores", "sansan", "grade", "", "6");
insertData("scores", "sansan", "score", "english", "87");
insertData("scores", "sansan", "score", "math", "95");
insertData("scores", "sansan", "score", "chinese", "98");
```

4．浏览数据

在向数据库表添加数据以后，就可以查询表中的数据了。

```
        public static void getData(String tableName, String rowKey, String colFamily, String col) throws IOException {
            Table table = connection.getTable(TableName.valueOf(tableName));
            Get get = new Get(rowKey.getBytes());
            get.addColumn(colFamily.getBytes(), col.getBytes());
            Result result = table.get(get);
            System.out.println(new  String(result.getValue(colFamily.getBytes() , col.getBytes())));
            table.close();
    }
```

使用上述代码就可以查询学生课程的成绩，例如，为了查询学生“dandan”的“math”课程的成绩，就可以使用下述代码。

```
getData("scores", "dandan", "score", "math");
```

7.7 总结

本章首先对 NoSQL 数据库的起因做了简单介绍，描述了 NoSQL 的 4 大类型，并且对 HBase 数据库进行了比较详细的描述；

然后对 HBase 数据库的概念视图、物理视图和物理模型进行了描述；

最后分别对 HBase Shell 和 Java API 做了介绍，并通过实际例题详细介绍了它们的使用方法。

习 题

1. NoSQL 数据库的主要起因有哪些？NoSQL 数据库的主要特点有哪些？
2. NoSQL 数据库有哪 4 大类型？各自的主要特点是什么？
3. 请使用实例描述 HBase 数据模型，以及与关系型数据库模型的主要差别。
4. 请解释 HBase 中行键、列族、列限定符和时间戳的概念。
5. 请使用实例来描述 HBase 概念视图和物理视图，并描述它们之间的差别。
6. 请描述 HBase 的系统架构，并介绍每个插件的主要功能。
7. 为什么说 Region 是 HBase 的最小分发单位？
8. 请描述 HBase 中 Region 的概念。
9. 请分别使用 HBase Shell 和 Java API 实现表 7-4 中的数据表。

表 7-4　数据表

qqNo	info		friends		
	name	sex	friend1	friend2	friend3
23565423	ZhangSan	m	34576823	3652871	
34576823	LiSi	f	23565423	5648762	2546452

第三部分

大数据处理篇

Chapter 8 第 8 章 大数据批处理 Hadoop MapReduce

大数据是收集、整理、处理大规模数据集，并从中获得见解所需的非传统思维和技术的总称。大数据时代不仅需要解决大规模、多样化数据的高效存储问题，同时还需要解决大规模、多样化数据的高效处理问题。分布式并行程序是一种常用的可以大幅度提高程序性能，实现高效的数据处理的编程模式。通过运行在由大规模的通用计算机组成的集群上，分布式程序可以并行地进行大规模数据处理，从而提高数据处理的效率。

MapReduce 是由 Google 提出的一种并行编程模式，适合于进行大规模数据集的并行运算。它提供了一个统一的并行计算框架，把并行计算所涉及的诸多系统层细节都交给计算框架去完成，以此大大简化了程序员进行并行化程序设计的负担。MapReduce 的简单易用性使其成为目前大数据处理技术中最成功的主流并行计算模式。开源的 Hadoop 系统实现了 MapReduce 计算模式，目前已成为成熟的大数据处理平台。

本章主要介绍 Hadoop 的 MapReduce 模型，阐述其具体的工作流程，并通过实例介绍 MapReduce 程序设计方法，最后讲解 MapReduce 的编程实践。

8.1 MapReduce 概述

本节首先简单介绍大数据批处理概念，然后介绍典型的批处理模式 MapReduce，最后对 Map 函数和 Reduce 函数进行描述。

8.1.1 批处理模式

批处理模式是一种最早进行大规模数据处理的模式。批处理主要操作大规模静态数据集，并在整体数据处理完毕后返回结果。批处理非常适合需要访问整个数据集合才能完成的计算工作。例如，在计算总数和平均数时，必须将数据集作为一个整体加以处理，而不能将其视作多条记录的集合。这些操作要求在计算进行过程中数据维持自己的状态。

需要处理大量数据的任务通常最适合用批处理模式进行处理，批处理系统在设计过程中就充分考虑了数据的量，可提供充足的处理资源。由于批处理在应对大量持久数据方面的表现极为出色，因此经常被用于对历史数据进行分析。

为了提高处理效率，对大规模数据集进行批处理需要借助分布式并行程序。传统的程序基本是以单指令、单数据流的方式按顺序执行的。这种程序开发起来比较简单，符合人们的思维习惯，但是性能会受到单台计算机的性能的限制，很难在给定的时间内完成任务，而分布式并行程序运行在大量计算机组成的集群上，可以同时利用多台计算机并发完成同一个数据处理任务，提高了处理效率，同时，可以通过增加新的计算机扩充集群的计算能力。

Google 最先实现了分布式并行处理模式 MapReduce，并于 2004 年以论文的方式对外公布了其工作原理，Hadoop MapReduce 是它的开源实现。Hadoop MapReduce 运行在 HDFS 上。

8.1.2　MapReduce 简释

如图 8-1 所示，如果我们想知道相当厚的一摞牌中有多少张红桃，最直观的方式就是一张张检查这些牌，并且数出有多少张是红桃。这种方法的缺陷是速度太慢，特别是在牌的数量特别高的情况下，获取结果的时间会很长。

图 8-1　找出有多少张红桃

MapReduce 方法的规则如下。

（1）把这摞牌分配给在座的所有玩家。

（2）让每个玩家数自己手中的牌中有几张是红桃，然后把这个数目汇报上来。

（3）把所有玩家汇报的数字加起来，得到最后的结论。

显而易见，MapReduce 方法通过让所有玩家同时并行检查牌来找出一摞牌中有多少红桃，可以大大加快得到答案的速度。

MapReduce 方法使用了拆分的思想，合并了两种经典函数。

（1）映射（Map）：对集合中的每个元素进行同一个操作。如果想把表单里每个单元格乘以二，那么把这个函数单独地应用在每个单元格上的操作就属于映射（Map）。

（2）化简（Reduce）：遍历集合中的元素来返回一个综合的结果。如果想找出表单里所有数字的总和，那么输出表单里一列数字的总和的任务就属于化简（Reduce）。

下面使用 MapReduce 数据分析的基本方法来重新审视前面分散纸牌找出红桃总数的例子。在这个例子里，玩家代表计算机，因为他们同时工作，所以他们是个集群。

把牌分给多个玩家并且让他们各自数数，就是在并行执行运算，此时每个玩家都在同时计数。这就把这项工作变成了分布式的，因为多个不同的人在解决同一个问题的过程中并不需要知道他们的邻居在干什么。

告诉每个人去数数，实际上就是对一项检查每张牌的任务进行了映射。不是让玩家把红桃牌递回来，而是让他们把想要的东西化简为一个数字。

需要注意的是牌分配得是否均匀。如果某个玩家分到的牌远多于其他玩家，那么他数牌的过程可能比其他人要慢很多，从而会影响整个数牌的进度。

进一步还可以问一些更有趣的问题，例如，“一摞牌的平均值是什么？”。我们可以通过合并“所有牌的值的和是什么？”及“我们有多少张牌？”这两个问题来得到答案。用这个“和”除以“牌的张数”就得到了平均值。

MapReduce 算法的机制要远比数牌复杂得多，但是主体思想是一致的，即通过分散计算来分析大量数据。无论是 Google、百度、腾讯、NASA，还是小创业公司，MapReduce 都是目前分析互联网级别数据的主流方法。

8.1.3 MapReduce 基本思想

使用 MapReduce 处理大数据的基本思想包括 3 个层面。首先，对大数据采取分而治之的思想。对相互间不具有计算依赖关系的大数据实现并行处理，最自然的办法就是采取分而治之的策略。其次，把分而治之的思想上升到抽象模型。为了克服 MPI 等并行计算方法缺少高层并行编程模型这一缺陷，MapReduce 借鉴了 Lisp 函数式语言中的思想，用 Map 和 Reduce 两个函数提供了高层的并行编程抽象模型。最后，把分而治之的思想上升到架构层面，统一架构为程序员隐藏系统层的实现细节。MPI 等并行计算方法缺少统一的计算框架支持，程序员需要考虑数据存储、划分、分发、结果收集、错误恢复等诸多细节，为此，MapReduce 设计并提供了统一的计算框架，为程序员隐藏了绝大多数系统层面的处理细节。

1．大数据处理思想：分而治之

并行计算的第一个重要问题是如何划分计算任务或者计算数据以便对划分的子任务或数据块同时进行计算。但是，一些计算问题的前后数据项之间存在很强的依赖关系，无法进行划分，只能串行计算。对于不可拆分的计算任务或相互间有依赖关系的数据无法进行并行计算。一个大数据若可以分为具有同样计算过程的数据块，并且这些数据块之间不存在数据依赖关系，则提高处理速度的最好办法就是并行计算。

例如，假设有一个巨大的 2 维数据，大得无法同时放进一个计算机的内存，如图 8-2 所示，现在需要求每个元素的开立方。因为对每个元素的处理是相同的，并且数据元素间不存在数据依赖关系，因此可以考虑将其划分为子数组，由一组计算机并行处理。

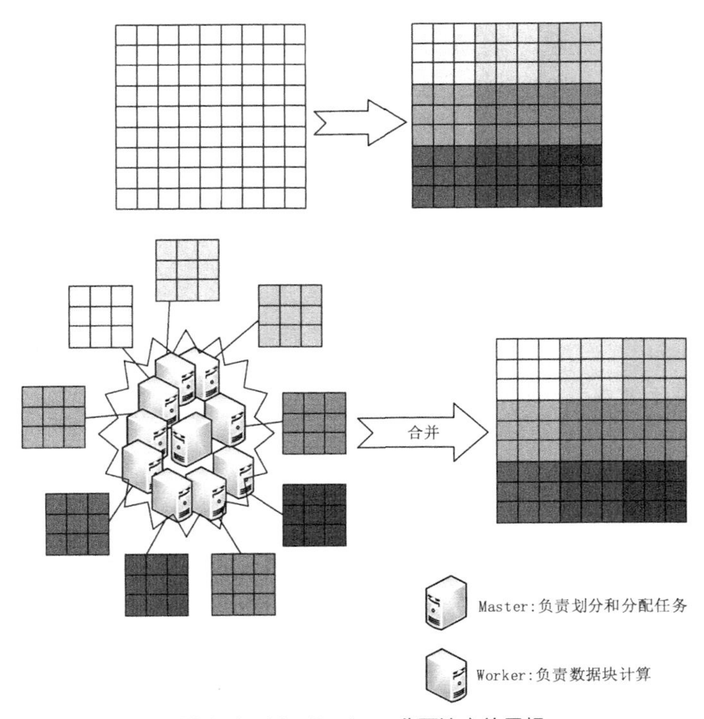

图 8-2 MapReduce 分而治之的思想

2. 构建抽象模型：Map 函数和 Reduce 函数

Lisp 函数式程序设计语言是一种列表处理语言。Lisp 定义了可对列表元素进行整体处理的各种操作。例如，(add #(1 2 3 4) #(4 3 2 1))产生的结果为#(5 5 5 5)。

Lisp 中还提供了类似于 Map 函数和 Reduce 函数的操作，如(map‘vector #+ #(1 2 3 4 5) #(10 11 12 13 14))。通过定义加法 Map 运算将两个向量相加产生的结果为#(11 13 15 17 19)。(reduce #’+ #(11 13 15 17 19)) 通过加法归并产生的累加结果为 75。Map 函数对一组数据元素进行某种重复式的处理，Reduce 函数对 Map 函数的中间结果进行某种进一步的结果整理。

MapReduce 通过借鉴 Lisp 的思想，定义了 Map 和 Reduce 两个抽象的编程接口，为程序员提供了一个清晰的操作接口抽象描述，由用户去编程实现。

（1）Map: $<k_1, v_1> \rightarrow List(<k_2, v_2>)$

输入：键值对$<k_1, v_1>$表示的数据。

处理：数据记录将以“键值对”形式传入 Map 函数；Map 函数将处理这些键值对，并以另一种键值对形式输出中间结果 $List(<k_2; v_2>)$。

输出：键值对 $List(<k_2, v_2>)$表示的一组中间数据。

（2）Reduce: $<k_2, List(v_2)> \rightarrow List(<k_3, v_3>)$

输入：由 Map 输出的一组键值对 $List(<k_2, v_2>)$将被进行合并处理，同样主键下的不同数值会合并到一个列表 $List(v_2)$中，故 Reduce 的输入为$<k_2, List(v_2)>$。

处理：对传入的中间结果列表数据进行某种整理或进一步的处理，并产生最终的输出结果 $List(<k_3, v_3>)$ 。

输出：最终输出结果 $List(<k_3, v_3>)$。

基于 MapReduce 的并行计算模型如图 8-3 所示。各个 Map 函数对所划分的数据并行处理，从不同的输入数据产生不同的中间结果。各个 Reduce 函数也各自并行计算，负责处理不同的中间结果。进行 Reduce 函数处理之前，必须等到所有的 Map 函数完成。因此，在进入 Reduce 函数前需要有一个同步屏障；这个阶段也负责对 Map 函数的中间结果数据进行收集整理处理，以便 Reduce 函数能更有效地计算最终结果，最终汇总所有 Reduce 函数的输出结果即可获得最终结果。

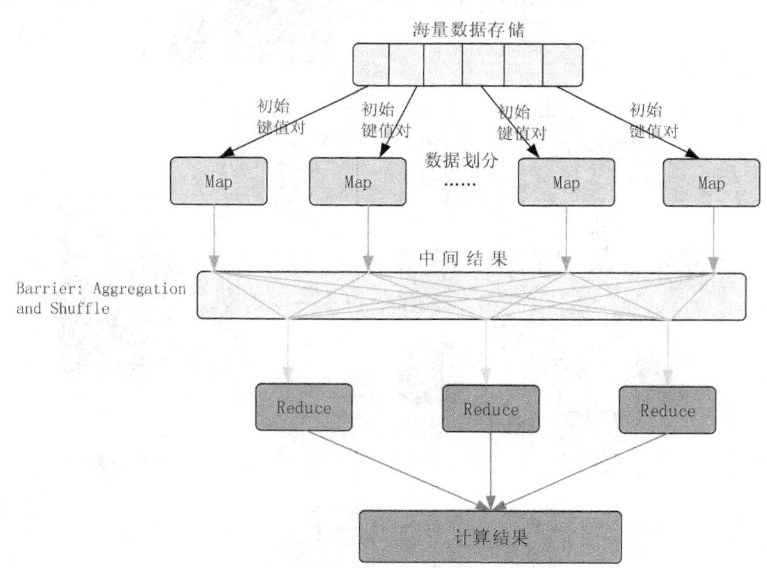

图 8-3 基于 MapReduce 的并行计算模型

3．上升到架构：并行自动化并隐藏底层细节

MapReduce 提供了一个统一的计算框架，来完成计算任务的划分和调度，数据的分布存储和划分，处理数据与计算任务的同步，结果数据的收集整理，系统通信、负载平衡、计算性能优化、系统结点出错检测和失效恢复处理等。

MapReduce 通过抽象模型和计算框架把需要做什么与具体怎么做分开了，为程序员提供了一个抽象和高层的编程接口和框架，程序员仅需要关心其应用层的具体计算问题，仅需编写少量的处理应用本身计算问题的程序代码。与具体完成并行计算任务相关的诸多系统层细节被隐藏起来，交给计算框架去处理：从分布代码的执行，到大到数千个，小到单个的结点集群的自动调度使用。

MapReduce 计算架构提供的主要功能包括以下几点。

（1）任务调度

提交的一个计算作业（Job）将被划分为很多个计算任务（Tasks)。任务调度功能主要负责为这些划分后的计算任务分配和调度计算结点（Map 结点或 Reduce 结点），同时负责监控这些结点的执行状态，以及 Map 结点执行的同步控制，也负责进行一些计算性能优化处理，例如，对最慢的计算任务采用多备份执行，选最快完成者作为结果。

（2）数据/程序互定位

为了减少数据通信量，一个基本原则是本地化数据处理，即一个计算结点尽可能处理其本地磁盘上分布存储的数据，这实现了代码向数据的迁移。当无法进行这种本地化数据处理时，再寻找其他可用结点并将数据从网络上传送给该结点（数据向代码迁移），但将尽可能从数据所在的本地机架上寻找可用结点以减少通信延迟。

（3）出错处理

在以低端商用服务器构成的大规模 MapReduce 计算集群中，结点硬件（主机、磁盘、内存等）出错和软件有缺陷是常态。因此，MapReduce 架构需要能检测并隔离出错结点，并调度分配新的结点接管出错结点的计算任务。

（4）分布式数据存储与文件管理

海量数据处理需要一个良好的分布数据存储和文件管理系统作为支撑，该系统能够把海量数据分布存储在各个结点的本地磁盘上，但保持整个数据在逻辑上成为一个完整的数据文件。为了提供数据存储容错机制，该系统还要提供数据块的多备份存储管理能力。

（5）Combiner 和 Partitioner

为了减少数据通信开销，中间结果数据进入 Reduce 结点前需要进行合并（Combine）处理，即把具有同样主键的数据合并到一起避免重复传送。一个 Reduce 结点所处理的数据可能会来自多个 Map 结点，因此，Map 结点输出的中间结果需使用一定的策略进行适当的划分（Partition）处理，保证相关数据发送到同一个 Reduce 结点上。

8.1.4 Map 函数和 Reduce 函数

MapReduce 是一个使用简易的软件框架，基于它写出来的应用程序能够运行在由大规模通用服务器组成的大型集群上，并以一种可靠容错的方式并行处理 TB 级别的数据集。MapReduce 将复杂的、运行在大规模集群上的并行计算过程高度地抽象为两个简单的函数：Map 函数和 Reduce 函数。

简单来说，一个 Map 函数就是对一些独立元素组成的概念上的列表的每一个元素进行指定的操作。例如，对一个员工薪资列表中每个员工的薪资都增加 10%，就可以定义一个“加 10%”的 Map 函数来完成这个任务，如图 8-4 所示。事实上，每个元素都是被独立操作的，原始列表没有被更改，而是创建了一个新的列表来保存新的答案。这就是说，Map 函数的操作是可以高度并行的，这对高性能要求的应用，以及并行计算领域的需求非常有用。

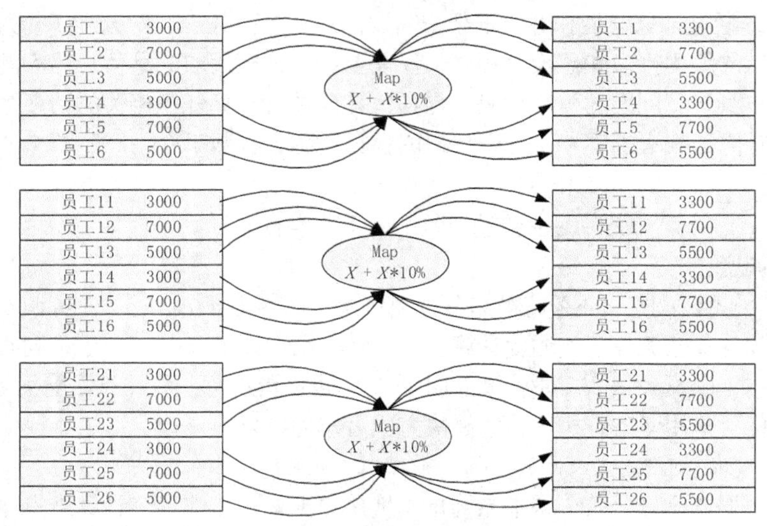

图 8-4 Hadoop 的 MapReduce 与 HDFS 集群架构

在图 8-4 中，把 18 个员工的表分成 3 个模块，每个模块包括 6 个员工，由一个 Map 函数负责处理，这样就可以比顺序处理的效率提高 3 倍。而在每一个 Map 函数中，对每个员工薪资的处理操作都是完全相同的，即增加 10%。

Reduce 函数的操作指的是对一个列表的元素进行适当的合并。例如，如果想知道员工的平均薪资是多少？就可以定义一个 Reduce 函数，通过让列表中的元素跟与自己相邻的元素相加的方式，可把列表数量减半，如此递归运算直到列表只剩下一个元素，然后用这个元素除以人数，就得到了平均薪资。虽然 Reduce 函数不如 Map 函数那么并行，但是因为 Reduce 函数总是有一个简单的答案，并且大规模的运算相对独立，所以 Reduce 函数在高度并行环境下也很有用。

Map 函数和 Reduce 函数都是以<key, value>作为输入的，按一定的映射规则转换成另一个或一批<key, value>进行输出，如表 8-1 所示。

表 8-1 Map 函数和 Reduce 函数

函数	输入	输出	注解
Map	$<k_1, v_1>$	List($<k_2, v_2>$)	将输入数据集分解成一批<key, value>对，然后进行处理；每一个<key, value>输入，Map 会输出一批$<k_2, v_2>$
Reduce	$<k_2$, List(v_2)$>$	$<k_3, v_3>$	MapReduce 框架会把 Map 的输出，按 key 归类为$<k_2$, List(v_2)$>$；List(v_2)是一批属于同一个 k_2 的 value

Map 函数的输入数据来自于 HDFS 的文件块，这些文件块的格式是任意类型的，可以是文档，可以是数字，也可以是二进制。文件块是一系列元素组成的集合，这些元素也可以是任意类型的。Map 函数首先将输入的数据块转换成<key,value>形式的键值对，键和值的类型也是任

意的。Map 函数的作用就是把每一个输入的键值对映射成一个或一批新的键值对。输出键值对里的键与输入键值对里的键可以是不同的。

需要注意的是，Map 函数的输出格式与 Reduce 函数的输入格式并不相同，前者是 List(<k_2, v_2>)格式，后者是<k_2, List(v_2)>的格式。所以，Map 函数的输出并不能直接作为 Reduce 函数的输入。MapReduce 框架会把 Map 函数的输出按照键进行归类，把具有相同键的键值对进行合并，合并成<k_2, List(v_2)>的格式，其中，List(v_2)是一批属于同一个 k_2的 value。

Reduce 函数的任务是将输入的一系列具有相同键的值以某种方式组合起来，然后输出处理后的键值对，输出结果一般会合并成一个文件。

为了提高 Reduce 的处理效率，用户也可以指定 Reduce 任务的个数，也就是说，可以有多个 Reduce 并发来完成规约操作。MapReduce 框架会根据设定的规则把每个键值对输入到相应的 Reduce 任务进行处理。这种情况下，MapReduce 将会输出多个文件。一般情况下，并不需要把这些输出文件进行合并，因为这些文件也许会作为下一个 MapRedue 任务的输入。

8.2 Hadoop MapReduce 架构

Hadoop MapReduce 是 Hadoop 平台根据 MapReduce 原理实现的计算框架，目前已经实现了两个版本，MapReduce1.0 和基于 YARN 结构的 MapReduce2.0。尽管 MapReduce1.0 中存在一些问题，但是整体架构比较清晰，更适合初学者理解 MapReduce 的核心概念。所以，本书首先使用 MapReduce1.0 来介绍 MapReduce 的核心概念，然后再在此基础上介绍 MapReduce2.0。

一个 Hadoop MapReduce 作业（Job）的基本工作流程就是，首先把存储在 HDFS 中的输入数据集切分为若干个独立的数据块，由多个 Map 任务（Task）以完全并行的方式处理这些数据块。MapReduce 框架会对 Map 任务的输出先进行排序，然后把结果作为输入传送给 Reduce 任务。一般来讲，每个 Map 和 Reduce 任务都会运行在集群的不同结点上，从而发挥集群的整体能力。作业的输入和输出通常都存储在文件系统中。MapReduce 框架负责整个任务的调度和监控，以及重新执行失败的任务。

Hadoop MapReduce1.0 的架构如图 8-5 所示，由 Client（客户端）、JobTracker（作业跟踪器）、TaskTracker（任务跟踪器）、Task（任务）组成。

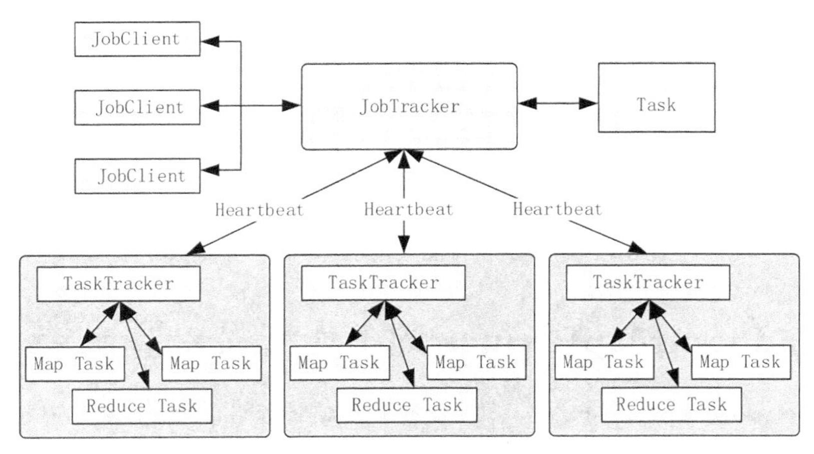

图 8-5　Hadoop MapReduce1.0 的架构

1. JobClient

用户编写的 MapReduce 程序通过 JobClient 提交给 JobTracker。

2. JobTracker

JobTracker 主要负责资源监控和作业调度，并且监控所有 TaskTracker 与作业的健康情况，一旦有失败情况发生，就会将相应的任务分配到其他结点上去执行。

3. TaskTracker

TaskTraker 会周期性地将本结点的资源使用情况和任务进度汇报给 JobTracker，与此同时会接收 JobTracker 发送过来的命令并执行操作。

4. Task

Task 分为 Map Task 和 Reduce Task 两种，由 TaskTracker 启动，分别执行 Map 和 Reduce 任务。一般来讲，每个结点可以运行多个 Map 和 Reduce 任务。

MapReduce 设计的一个核心理念就是“计算向数据靠拢”，而不是传统计算模式的“数据向计算靠拢”。这是因为移动大量数据需要的网络传输开销太大，同时也大大降低了数据处理的效率。所以，Hadoop MapReduce 框架和 HDFS 是运行在一组相同的结点上的。这种配置允许框架在那些已经存好数据的结点上高效地调度任务，这可以使整个集群的网络带宽被非常高效地利用，从而减少了结点间数据的移动。

如图 8-6 所示，Hadoop MapReduce 框架由一个单独的 JobTracker 和每个集群结点都有的一个 TaskTracker 共同组成。JobTracker 负责调度构成一个作业的所有任务，这些任务分布在不同的 TaskTracker 上，JobTracker 监控它们的执行，并重新执行已经失败的任务。TaskTracker 仅负责执行由 JobTracker 指派的任务。

应用程序需要指定 I/O 的路径，并通过实现合适的接口或抽象类提供 Map 和 Reduce 函数，再加上其他作业参数，就构成了作业配置（Job Configuration）。Hadoop 的 Client 提交作业（如 Jar 包、可执行程序等）和配置信息给 JobTracker，后者负责分发这些软件和配置信息给 TaskTracker，调度任务并监控它们的执行，同时提供状态和诊断信息给 JobClient。

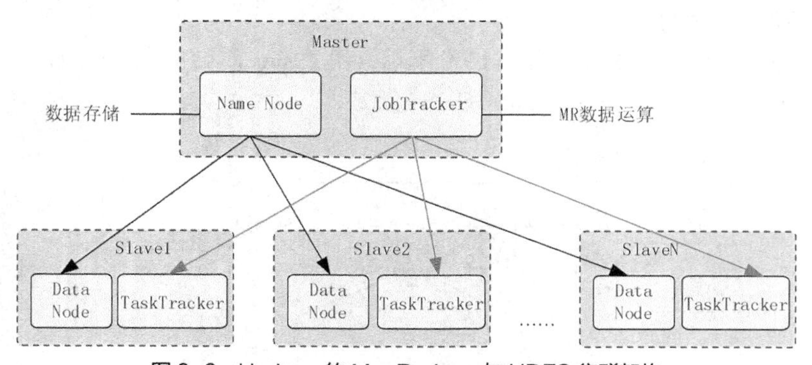

图 8-6 Hadoop 的 MapReduce 与 HDFS 集群架构

8.3 Hadoop MapReduce 的工作流程

MapReduce 就是将输入进行分片，交给不同的 Map 任务进行处理，然后由 Reduce 任务合并成最终的解。MapReduce 的实际处理过程可以分解为 Input、Map、Sort、Combine、Partition、Reduce、Output 等阶段，具体的工作流程如图 8-7 所示。

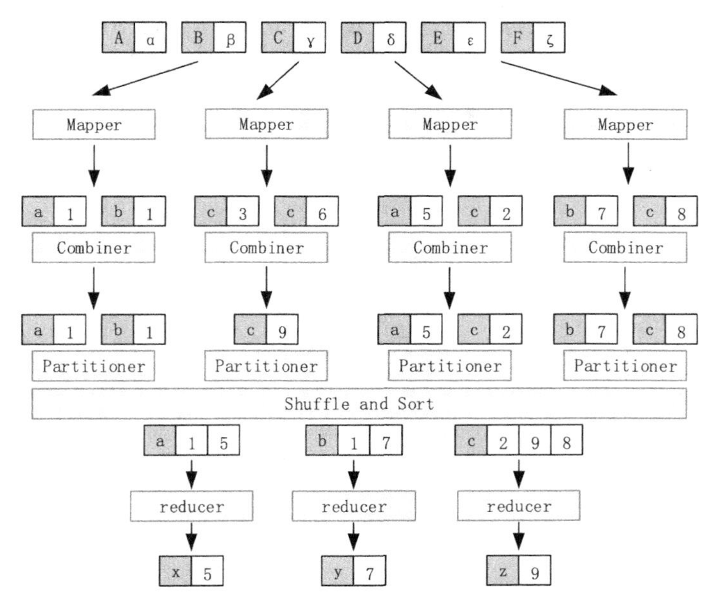

图 8-7 MapReduce 的工作流程

在 Input 阶段，框架根据数据的存储位置，把数据分成多个分片（Split），在多个结点上并行处理。Map 任务通常运行在数据存储的结点上，也就是说，框架是根据数据分片的位置来启动 Map 任务的，而不是把数据传输到 Map 任务的位置上。这样，计算和数据就在同一个结点上，从而不需要额外的数据传输开销。

在 Map 阶段，框架调用 Map 函数对输入的每一个<key,value>进行处理，也就是完成 Map$<k_1,v_1>$ → List($<k_2,v_2>$)的映射操作。图 8-7 为找每个文件块中每个字母出现的次数，其中，k_2表示字母，v_2表示该字母出现的次数。

在 Sort 阶段，当 Map 任务结束以后，会生成许多$<k_2,v_2>$形式的中间结果，框架会对这些中间结果按照键进行排序。图 8-7 就是按照字母顺序进行排序的。

在 Combine 阶段，框架对于在 Sort 阶段排序之后有相同键的中间结果进行合并。合并所使用的函数可以由用户进行定义。在图 8-7 中，就是把 k_2相同（也就是同一个字母）的 v_2值相加的。这样，在每一个 Map 任务的中间结果中，每一个字母只会出现一次。

在 Partition 阶段，框架将 Combine 后的中间结果按照键的取值范围划分为 R 份，分别发给 R 个运行 Reduce 任务的结点，并行执行。分发的原则是，首先必须保证同一个键的所有数据项发送给同一个 Reduce 任务，尽量保证每个 Reduce 任务所处理的数据量基本相同。在图 8-7 中，框架把字母 a、b、c 的键值对分别发给了 3 个 Reduce 任务。框架默认使用 Hash 函数进行分发，用户也可以提供自己的分发函数。

在 Reduce 阶段，每个 Reduce 任务对 Map 函数处理的结果按照用户定义的 Reduce 函数进行汇总计算，从而得到最后的结果。在图 8-7 中，Reduce 计算每个字母在整个文件中出现的次数。只有当所有 Map 处理过程全部结束以后，Reduce 过程才能开始。

在 Output 阶段，框架把 Reduce 处理的结果按照用户指定的输出数据格式写入 HDFS 中。

在 MapReduce 的整个处理过程中，不同的 Map 任务之间不会进行任何通信，不同的 Reduce 任务之间也不会发生任何信息交换。用户不能够显式地从一个结点向另一个结点发送消息，所有的信息交换都是通过 MapReduce 框架实现的。

MapReduce 计算模型实现数据处理时，应用程序开发者只需要负责 Map 函数和 Reduce 函数的实现。MapReduce 计算模型之所以得到如此广泛的应用就是因为应用开发者不需要处理分布式和并行编程中的各种复杂问题，如分布式存储、分布式通信、任务调度、容错处理、负载均衡、数据可靠等，这些问题都由 Hadoop MapReduce 框架负责处理，应用开发者只需要负责完成 Map 函数与 Reduce 函数的实现。

8.4 实例分析：单词计数

单词计数是最简单也是最能体现 MapReduce 思想的程序之一，可以称为 MapReduce 版“Hello World”。单词计数的主要功能是统计一系列文本文件中每个单词出现的次数。本节通过单词计数实例来阐述采用 MapReduce 解决实际问题的基本思路和具体实现过程。

8.4.1 设计思路

首先，检查单词计数是否可以使用 MapReduce 进行处理。因为在单词计数程序任务中，不同单词的出现次数之间不存在相关性，相互独立，所以，可以把不同的单词分发给不同的机器进行并行处理。因此，可以采用 MapReduce 来实现单词计数的统计任务。

其次，确定 MapReduce 程序的设计思路。把文件内容分解成许多个单词，然后把所有相同的单词聚集到一起，计算出每个单词出现的次数。

最后，确定 MapReduce 程序的执行过程。把一个大的文件切分成许多个分片，将每个分片输入到不同结点上形成不同的 Map 任务。每个 Map 任务分别负责完成从不同的文件块中解析出所有的单词。Map 函数的输入采用<key, value>方式，用文件的行号作为 key，文件的一行作为 value。Map 函数的输出以单词作为 key，1 作为 value，即<单词，1>表示该单词出现了 1 次。

Map 阶段结束以后，会输出许多<单词，1>形式的中间结果，然后 Sort 会把这些中间结果进行排序并把同一单词的出现次数合并成一个列表，得到<key, List(value)>形式。例如，<Hello, <1，1，1，1，1>>就表明 Hello 单词在 5 个地方出现过。

如果使用 Combine，那么 Combine 会把每个单词的 List(value)值进行合并，得到<key, value>形式，例如，<Hello, 5>表明 Hello 单词出现过 5 次。

在 Partition 阶段，会把 Combine 的结果分发给不同的 Reduce 任务。Reduce 任务接收到所有分配给自己的中间结果以后，就开始执行汇总计算工作，计算得到每个单词出现的次数并把结果输出到 HDFS 中。

8.4.2 处理过程

下面通过一个实例对单词计数进行更详细的讲解。

（1）将文件拆分成多个分片。该实例把文件拆分成两个分片，每个分片包含两行内容。在该作业中，有两个执行 Map 任务的结点和一个执行 Reduce 任务的结点。每个分片分配给一个 Map 结点，并将文件按行分割形成<key,value>对，如图 8-8 所示。这一步由 MapReduce 框架自动完成，其中 key 的值为行号。

（2）将分割好的<key,value>对交给用户定义的 Map 方法进行处理，生成新的<key,value>对，如图 8-9 所示。

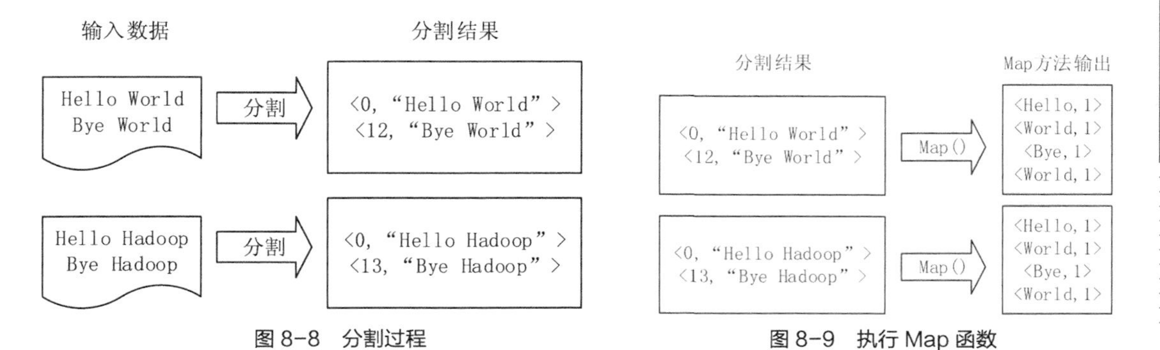

图 8-8 分割过程

图 8-9 执行 Map 函数

（3）在实际应用中，每个输入分片在经过 Map 函数分解以后都会生成大量类似<Hello, 1>的中间结果，为了减少网络传输开销，框架会把 Map 方法输出的<key,value>对按照 key 值进行排序，并执行 Combine 过程，将 key 值相同的 value 值累加，得到 Map 的最终输出结果，如图 8-10 所示。

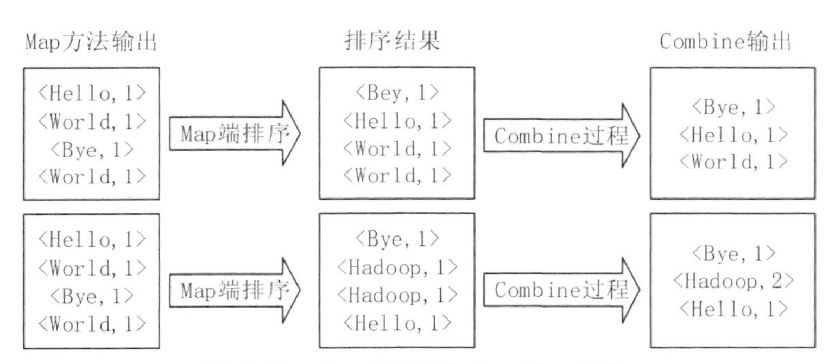

图 8-10 Map 端排序及 Combine 过程

（4）Reduce 先对从 Map 端接收的数据进行排序，再交由用户自定义的 Reduce 方法进行处理，得到新的<key,value>对，并作为结果输出，如图 8-11 所示。

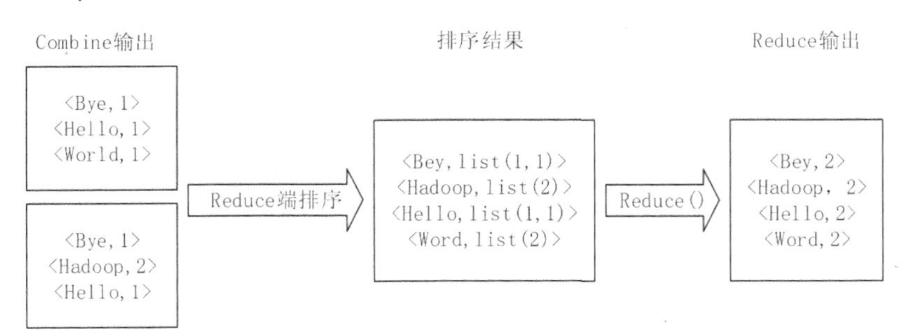

图 8-11 Reduce 端排序及输出结果

8.5 Hadoop MapReduce 的工作机制

本节将对 Hadoop MapReduce 的工作机制进行介绍，主要从 MapReduce 的作业执行流程和 Shuffle 过程方面进行阐述。通过加深对 MapReduce 工作机制的了解，可以使程序开发者更合理地使用 MapReduce 解决实际问题。

8.5.1 Hadoop MapReduce 作业执行流程

整个 Hadoop MapReduce 的作业执行流程如图 8-12 所示，共分为 10 步。

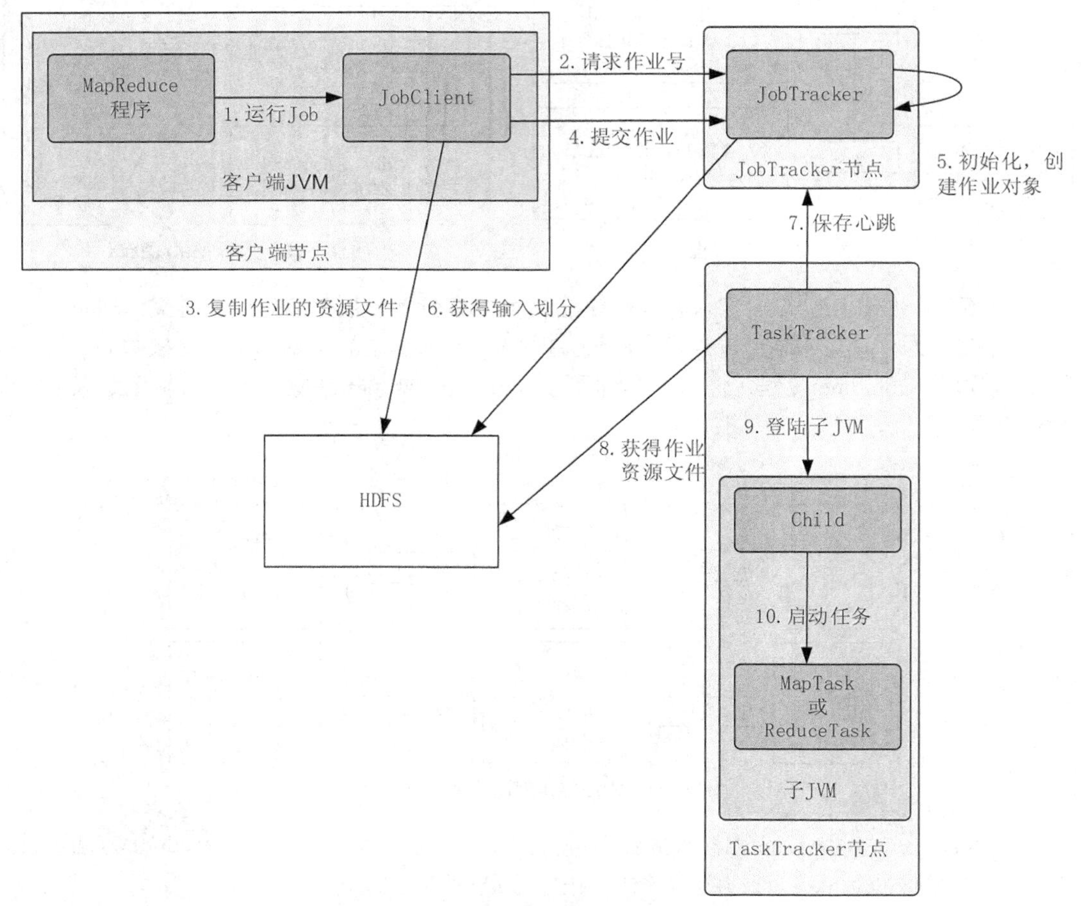

图 8-12 Hadoop MapReduce 的作业执行流程

1. 提交作业

客户端向 JobTracker 提交作业。首先，用户需要将所有应该配置的参数根据需求配置好。作业提交之后，就会进入自动化执行。在这个过程中，用户只能监控程序的执行情况和强制中断作业，但是不能对作业的执行过程进行任何干预。提交作业的基本过程如下。

（1）客户端通过 RunJob( )方法启动作业提交过程。

（2）客户端通过 JobTracker 的 getNewJobId( )请求一个新的作业 ID。

（3）客户端检查作业的输出说明，计算作业的输入分片等，如果有问题，就抛出异常，如果正常，就将运行作业所需的资源（如作业 Jar 文件，配置文件，计算所得的输入分片等）复制到一个以作业 ID 命名的目录中。

（4）通过调用 JobTracker 的 submitJob( )方法告知作业准备执行。

2. 初始化作业

JobTracker 在 JobTracker 端开始初始化工作，包括在其内存里建立一系列数据结构，来记录这个 Job 的运行情况。

（1）JobTracker 接收到对其 submitJob( )方法的调用后，就会把这个调用放入一个内部队列中，交由作业调度器进行调度。初始化主要是创建一个表示正在运行作业的对象，以便跟踪任务的状态和进程。

（2）为了创建任务运行列表，作业调度器首先从 HDFS 中获取 JobClient 已计算好的输入分片信息，然后为每个分片创建一个 MapTask，并且创建 ReduceTask。

3．分配任务

JobTracker 会向 HDFS 的 NameNode 询问有关数据在哪些文件里面，这些文件分别散落在哪些结点里面。JobTracker 需要按照"就近运行"原则分配任务。

TaskTracker 定期通过"心跳"与 JobTracker 进行通信，主要是告知 JobTracker 自身是否还存活，以及是否已经准备好运行新的任务等。JobTracker 接收到心跳信息后，如果有待分配的任务，就会为 TaskTracker 分配一个任务，并将分配信息封装在心跳通信的返回值中返回给 TaskTracker。

对于 Map 任务，JobTracker 通常会选取一个距离其输入分片最近的 TaskTracker，对于 Reduce 任务，JobTracker 则无法考虑数据的本地化。

4．执行任务

（1）TaskTracker 分配到一个任务后，通过 HDFS 把作业的 Jar 文件复制到 TaskTracker 所在的文件系统，同时，TaskTracker 将应用程序所需要的全部文件从分布式缓存复制到本地磁盘。TaskTracker 为任务新建一个本地工作目录，并把 Jar 文件中的内容解压到这个文件夹中。

（2）TaskTracker 启动一个新的 JVM 来运行每个任务（包括 Map 任务和 Reduce 任务），这样，JobClient 的 MapReduce 就不会影响 TaskTracker 守护进程。任务的子进程每隔几秒便告知父进程它的进度，直到任务完成。

5．进程和状态的更新

一个作业和它的每个任务都有一个状态信息，包括作业或任务的运行状态，Map 任务和 Reduce 任务的进度，计数器值，状态消息或描述。任务在运行时，对其进度保持追踪。

这些消息通过一定的时间间隔由 Child JVM 向 TaskTracker 汇聚，然后再向 JobTracker 汇聚。JobTracker 将产生一个表明所有运行作业及其任务状态的全局视图，用户可以通过 Web UI 进行查看。JobClient 通过每秒查询 JobTracker 来获得最新状态，并且输出到控制台上。

6．作业的完成

当 JobTracker 接收到的这次作业的最后一个任务已经完成时，它会将 Job 的状态改为"successful"。当 JobClient 获取到作业的状态时，就知道该作业已经成功完成，然后 JobClient 打印信息告知用户作业已成功结束，最后从 RunJob( )方法返回。

8.5.2 Hadoop MapReduce 的 Shuffle 阶段

Hadoop MapReduce 的 Shuffle 阶段是指从 Map 的输出开始，包括系统执行排序，以及传送 Map 输出到 Reduce 作为输入的过程。排序阶段是指对 Map 端输出的 Key 进行排序的过程。不同的 Map 可能输出相同的 Key，相同的 Key 必须发送到同一个 Reduce 端处理。Shuffle 阶段可以分为 Map 端的 Shuffle 阶段和 Reduce 端的 Shuffle 阶段。Shuffle 阶段的工作过程，如图 8-13 所示。

1．Map 端的 Shuffle 阶段

- 每个输入分片会让一个 Map 任务来处理，默认情况下，以 HDFS 的一个块的大小（默认为 64MB）为一个分片。Map 函数开始产生输出时，并不是简单地把数据写到磁盘中，因为频繁的磁盘操作会导致性能严重下降。它的处理过程是把数据首先写到内存中的一个缓冲区，并做一些预排序，以提升效率。

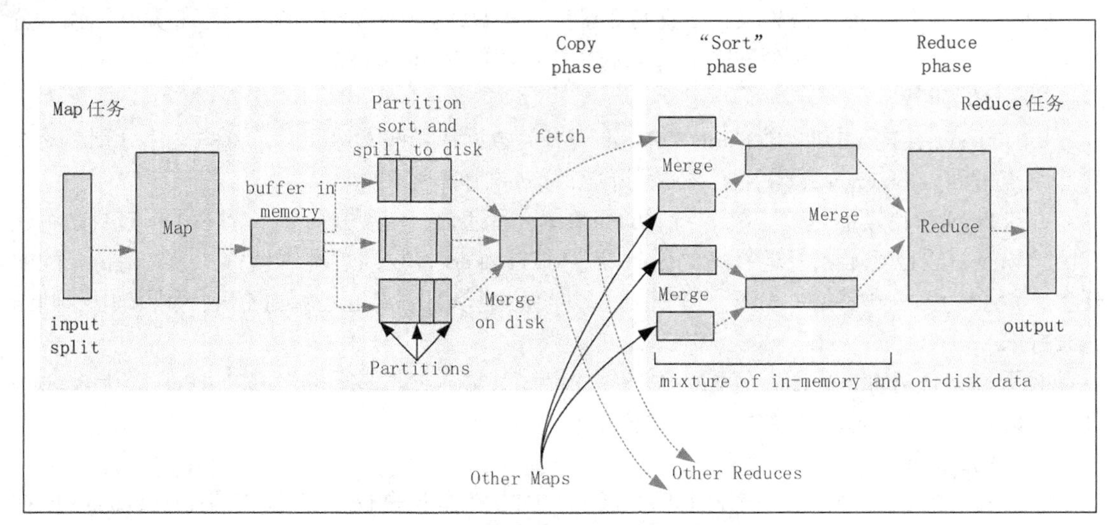

图 8-13 Hadoop MapReduce 的 Shuffle 阶段

- 每个 Map 任务都有一个用来写入输出数据的循环内存缓冲区（默认大小为 100MB），当缓冲区中的数据量达到一个特定阈值（默认是 80%）时，系统将会启动一个后台线程，把缓冲区中的内容写到磁盘中（即 Spill 阶段）。在写磁盘过程中，Map 输出继续被写到缓冲区中，但如果在此期间缓冲区被填满，那么 Map 任务就会阻塞直到写磁盘过程完成。
- 在写磁盘前，线程首先根据数据最终要传递到的 Reduce 任务把数据划分成相应的分区（Partition）。在每个分区中，后台线程按 Key 进行排序，如果有一个 Combiner，便会在排序后的输出上运行。
- 一旦内存缓冲区达到溢出写的阈值，就会创建一个溢出写文件，因此在 Map 任务完成其最后一个输出记录后，便会有多个溢出写文件。在 Map 任务完成前，溢出写文件被合并成一个索引文件和数据文件（多路归并排序）（Sort 阶段）。
- 溢出写文件归并完毕后，Map 任务将删除所有的临时溢出写文件，并告知 TaskTracker 任务已完成，只要其中一个 Map 任务完成，Reduce 任务就会开始复制它的输出（Copy 阶段）。
- Map 任务的输出文件放置在运行 Map 任务的 TaskTracker 的本地磁盘上，它是运行 Reduce 任务的 TaskTracker 所需要的输入数据。

2. Reduce 端的 Shuffle 阶段

- Reduce 进程启动一些数据复制线程，请求 Map 任务所在的 TaskTracker 以获取输出文件（Copy 阶段）。
- 将 Map 端复制过来的数据先放入内存缓冲区中，Merge 有 3 种形式，分别是内存到内存，内存到磁盘，磁盘到磁盘。默认情况下，第一种形式不启用，第二种形式一直在运行（Spill 阶段），直到结束，第三种形式生成最终的文件（Merge 阶段）。
- 最终文件可能存在于磁盘中，也可能存在于内存中，但是默认情况下是位于磁盘中的。当 Reduce 的输入文件已定，整个 Shuffle 阶段就结束了，然后就是 Reduce 执行，把结果放到 HDFS 中（Reduce 阶段）。

8.5.3 Hadoop MapReduce 的主要特点

MapReduce 在设计上具有的主要技术特点如下。

1．向“外”横向扩展，而非向“上”纵向扩展

MapReduce 集群的构建完全选用价格便宜、易于扩展的低端商用服务器，而非价格昂贵、不易扩展的高端服务器。对于大规模数据处理，由于有大量数据存储的需要，因此，基于低端服务器的集群远比基于高端服务器的集群优越，这就是 MapReduce 并行计算集群会基于低端服务器实现的原因。

2．失效被认为是常态

MapReduce 集群中使用大量的低端服务器，因此，结点硬件失效和软件出错是常态，因而一个设计良好、具有高容错性的并行计算系统不能因为结点失效而影响计算服务的质量。任何结点失效都不应当导致结果的不一致或不确定性，任何一个结点失效时，其他结点要能够无缝接管失效结点的计算任务，当失效结点恢复后应能自动无缝加入集群，而不需要管理员人工进行系统配置。

MapReduce 并行计算软件框架使用了多种有效的错误检测和恢复机制，如结点自动重启技术，使集群和计算框架具有对付结点失效的健壮性，能有效处理失效结点的检测和恢复。

3．把处理向数据迁移

传统高性能计算系统通常有很多处理器结点与一些外存储器结点相连，如用存储区域网络连接的磁盘阵列，因此，大规模数据处理时，外存文件数据 I/O 访问会成为一个制约系统性能的瓶颈。为了减少大规模数据并行计算系统中的数据通信开销，不应把数据传送到处理结点，而应当考虑将处理向数据靠拢和迁移。MapReduce 采用了数据/代码互定位的技术方法，计算结点将首先尽量负责计算其本地存储的数据，以发挥数据本地化特点，仅当结点无法处理本地数据时，再采用就近原则寻找其他可用计算结点，并把数据传送到该可用计算结点。

4．顺序处理数据，避免随机访问数据

大规模数据处理的特点决定了大量的数据记录难以全部存放在内存中，而通常只能放在外存中进行处理。由于磁盘的顺序访问要远比随机访问快得多，因此 MapReduce 主要设计为面向顺序式大规模数据的磁盘访问处理。

为了实现高吞吐量的并行处理，MapReduce 可以利用集群中的大量数据存储结点同时访问数据，以此利用分布集群中大量结点上的磁盘集合提供高带宽的数据访问和传输。

5．为应用开发者隐藏系统层细节

专业程序员之所以写程序困难，是因为程序员需要记住太多的编程细节，这对大脑记忆是一个巨大的认知负担，需要高度集中注意力，而并行程序编写有更多困难，例如，需要考虑多线程中诸如同步等复杂繁琐的细节。由于并发执行中的不可预测性，程序的调试查错也十分困难，而且，大规模数据处理时程序员需要考虑诸如数据分布存储管理、数据分发、数据通信和同步、计算结果收集等诸多细节问题。

MapReduce 提供了一种抽象机制，可将程序员与系统层细节隔离开来，程序员仅需描述需要计算什么，而具体怎么去计算就交由系统的执行框架去处理，这样程序员可从系统层细节中解放出来，而致力于其应用本身计算问题的算法设计。

6．平滑无缝的可扩展性

这里指出的可扩展性主要包括两层意义上的扩展性：数据扩展性和系统规模扩展性。理想的软件算法应当能随着数据规模的扩大而表现出持续的有效性，性能上的下降程度应与数据规模扩大的倍数相当，在集群规模上，要求算法的计算性能应能随着结点数的增加保持接近线性程度的增长。绝大多数现有的单机算法都达不到以上理想的要求，把中间结果数据维护在内存中的单机算法在大规模数据处理时会很快失效，从单机到基于大规模集群的并行计算从根本上需要完全不同的算法设计。但是，MapReduce在很多情形下能实现以上理想的扩展性特征，对于很多计算问题，基于MapReduce的计算性能可随结点数目的增长保持近似于线性的增长。

8.6 Hadoop MapReduce编程实战

本节介绍如何编写基本的MapReduce程序实现数据分析。本节代码是基于Hadoop 2.7.3开发的。

8.6.1 任务准备

单词计数（WordCount）的任务是对一组输入文档中的单词进行分别计数。假设文件的量比较大，每个文档又包含大量的单词，则无法使用传统的线性程序进行处理，而这类问题正是MapReduce可以发挥优势的地方。在第8.4节已经介绍了用MapReduce实现单词计数的基本思路和具体执行过程。下面将介绍如何编写具体实现代码及如何运行程序。

首先，在本地创建3个文件：file001、file002和file003，文件具体内容如表8-2所示。

表8-2 单词计数输入文件

文件名	file001	file002	file003
文件内容	Hello world Connected world	One world One dream	Hello Hadoop Hello Map Hello Reduce

再使用HDFS命令创建一个input文件目录。

```
hadoop fs -mkdir  input
```

然后，把file001、file002和file003上传到HDFS中的input目录下。

```
hadoop fs -put file001    input
hadoop fs -put file002    input
hadoop fs -put file003    input
```

8.6.2 编写Map程序

编写MapReduce程序的第一个任务就是编写Map程序。在单词计数任务中，Map需要完成的任务就是把输入的文本数据按单词进行拆分，然后以特定的键值对的形式进行输出。

Hadoop MapReduce框架已经在类Mapper中实现了Map任务的基本功能。为了实现Map任务，开发者只需要继承类Mapper，并实现该类的Map函数。为实现单词计数的Map任务，首先为类Mapper设定好输入类型和输出类型。这里，Map函数的输入是<key, value>形式，其中，key是输入文件中一行的行号，value是该行号对应的一行内容。所以，Map函数的输入类型为<LongWritable, Text>。Map函数的功能为完成文本分割工作，Map函数的输出也是<key, value>形式，其中，key是单词，value为该单词出现的次数。所以，Map函数的输出类型为<Text, LongWritable>。

以下是单词计数程序的Map任务的实现代码。

```
    public static class CoreMapper extends Mapper<Object, Text, Text, IntWritable> {
    private static final IntWritable one = new IntWritable(1);
    private static Text label = new Text();
    public void map(Object key, Text value, Mapper<Object, Text, Text, IntWritable>.
Context context)
                throws IOException, InterruptedException {
        StringTokenizer tokenizer = new StringTokenizer(value.toString());
        while(tokenizer.hasMoreTokens()) {
                label.set(tokenizer.nextToken());
                context.write(label, one);
                }
            }
    }
```

在上述代码中，实现 Map 任务的类为 CoreMapper。该类首先将需要输出的两个变量 one 和 label 进行初始化。变量 one 的初始值直接设置为 1，表示某个单词在文本中出现过。Map 函数的前两个参数是函数的输入参数，value 为 Text 类型，是指每次读入文本的一行，key 为 Object 类型，是指输入的行数据在文本中的行号。

StringTokenizer 类机器方法将 value 变量中文本的一行文字进行拆分，拆分后的单词放在 tokenizer 列表中。然后程序通过循环对每一个单词进行处理，把单词放在 label 中，把 one 作为单词计数。在函数的整个执行过程中，one 的值一直是 1。在该实例中，key 没有被明显地使用到。context 是 Map 函数的一种输出方式，通过使用该变量，可以直接将中间结果存储在其中。

根据上述代码，Map 任务结束后，3 个文件的输出结果如表 8-3 所示。

表 8-3　单词计数 Map 任务输出结果

文件名/Map	file001/Map1	file002/Map2	file003/Map3
Map 任务输出结果	<"Hello", 1> <"world", 1> <"Connected", 1> <"world", 1>	<"One", 1> <"world", 1> <"One", 1> <"dream", 1>	<"Hello", 1> <"Hadoop", 1> <"Hello", 1> <"Map", 1> <"Hello", 1> <"Reduce", 1>

8.6.3　编写 Reduce 程序

编写 MapReduce 程序的第二个任务就是编写 Reduce 程序。在单词计数任务中，Reduce 需要完成的任务就是把输入结果中的数字序列进行求和，从而得到每个单词的出现次数。

在执行完 Map 函数之后，会进入 Shuffle 阶段，在这个阶段中，MapReduce 框架会自动将 Map 阶段的输出结果进行排序和分区，然后再分发给相应的 Reduce 任务去处理。经过 Map 端 Shuffle 阶段后的结果如表 8-4 所示。

表 8-4　单词计数 Map 端 Shuffle 阶段输出结果

文件名/Map	file001/Map1	file002/Map2	file003/Map3
Map 端 Shuffle 阶段输出结果	<"Connected", 1> <"Hello", 1> <" world", <1, 1>>	<" dream", 1> <"One", <1, 1>> <" world", 1>	<" Map", 1> <" Hadoop", 1> <"Hello", <1, 1, 1>> <" Reduce", 1>

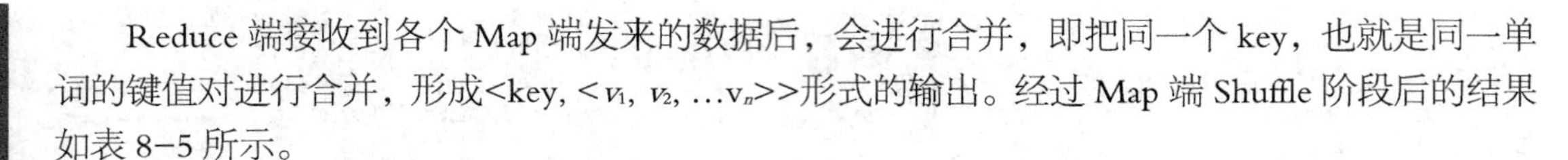

Reduce 端接收到各个 Map 端发来的数据后，会进行合并，即把同一个 key，也就是同一单词的键值对进行合并，形成<key, <v_1, v_2, …v_n>>形式的输出。经过 Map 端 Shuffle 阶段后的结果如表 8−5 所示。

表 8-5　单词计数 Reduce 端 Shuffle 阶段输出结果

Reduce 端	<"Connected", 1>
Shuffle 阶段输出结果	<"dream", 1>
	<"Hadoop", 1>
	<"Hello", <1, 1, 1, 1>>
	<"Map", 1>
	<"One", <1, 1>>
	<"world", <1, 1, 1>>
	<"Reduce", 1>

Reduce 阶段需要对上述数据进行处理从而得到每个单词的出现次数。从 Reduce 函数的输入已经可以理解 Reduce 函数需要完成的工作，就是首先对输入数据 value 中的数字序列进行求和。以下是单词计数程序的 Reduce 任务的实现代码。

```
public static class CoreReducer extends Reducer<Text, IntWritable, Text, IntWritable> {
     private IntWritable count = new IntWritable();
     public void reduce(Text key, Iterable<IntWritable> values,
                   Reducer<Text, IntWritable, Text, IntWritable>.Context
                context)
                   throws IOException, InterruptedException {
               int sum = 0;
               for (IntWritable intWritable : values) {
                   sum += intWritable.get();
               }
               count.set(sum);
               context.write(key, count);
          }
     }
```

与 Map 任务实现相似，Reduce 任务也是继承 Hadoop 提供的类 Reducer 并实现其接口。Reduce 函数的输入、输出类型与 Map 函数的输出类型本质上是相同的。在 Reduce 函数的开始部分，首先设置 sum 参数用来记录每个单词的出现次数，然后遍历 value 的列表，并对其中的数字进行累加，最终就可以得到每个单词总的出现次数。在输出的时候，仍然使用 context 类型的变量存储信息。当 Reduce 阶段结束时，就可以得到最终需要的结果，如表 8−6 所示。

表 8-6　单词计数 Reduce 任务输出结果

Reduce 任务输出结果	<"Connected", 1>
	<"dream", 1>
	<"Hadoop", 1>
	<"Hello", 4>
	<"Map", 1>
	<"One", 2>
	<"world", 3>
	<"Reduce", 1>

8.6.4 编写 main 函数

为了使用 CoreMapper 和 CoreReducer 类进行真正的数据处理，还需要在 main 函数中通过 Job 类设置 Hadoop MapReduce 程序运行时的环境变量，以下是具体代码。

```
public static void main(String[] args) throws Exception {
     Configuration conf = new Configuration();
     String[] otherArgs = new GenericOptionsParser(conf, args).getRemainingArgs();
     if (otherArgs.length != 2) {
         System.err.println("Usage: wordcount <in> <out>");
         System.exit(2);
     }
     Job job = new Job(conf, "WordCount");                          //设置环境参数
     job.setJarByClass(WordCount.class);                            //设置程序的类名
     job.setMapperClass(CoreMapper.class);                          //添加 Mapper 类
     job.setReducerClass(CoreReducer.class);                        //添加 Reducer 类
     job.setOutputKeyClass(Text.class);                             //设置输出 key 的类型
     job.setOutputValueClass(IntWritable.class);                    //设置输出 value 的类型
     FileInputFormat.addInputPath(job, new Path(otherArgs[0])); //设置输入文件路径
     FileOutputFormat.setOutputPath(job, new Path(otherArgs[1])); //设置输出文件路径
     System.exit(job.waitForCompletion(true) ? 0 : 1);
  }
```

代码首先检查参数是不是正确，如果不正确就提醒用户。随后，通过 Job 类设置环境参数，并设置程序的类、Mapper 类和 Reducer 类。然后，设置了程序的输出类型，也就是 Reduce 函数的输出结果<key, value>中 key 和 value 各自的类型。最后，根据程序运行时的参数，设置输入、输出文件路径。

8.6.5 核心代码包

编写 MapReduce 程序需要引用 Hadoop 的以下几个核心组件包，它们实现了 Hadoop MapReduce 框架。

```
import java.io.IOException;
import java.util.StringTokenizer;
import org.apache.hadoop.conf.Configuration;
import org.apache.hadoop.fs.Path;
import org.apache.hadoop.io.IntWritable;
import org.apache.hadoop.io.Text;
import org.apache.hadoop.mapreduce.Job;
import org.apache.hadoop.mapreduce.Mapper;
import org.apache.hadoop.mapreduce.Reducer;
import org.apache.hadoop.mapreduce.lib.input.FileInputFormat;
import org.apache.hadoop.mapreduce.lib.output.FileOutputFormat;
import org.apache.hadoop.util.GenericOptionsParser;
```

这些核心组件包的基本功能描述如表 8-7 所示。

表 8-7 Hadoop MapReduce 核心组件包的基本功能

包	功能
org.apache.hadoop.conf	定义了系统参数的配置文件处理方法
org.apache.hadoop.fs	定义了抽象的文件系统 API
org.apache.hadoop.mapreduce	Hadoop MapReduce 框架的实现，包括任务的分发调度等
org.apache.hadoop.io	定义了通用的 I/O API，用于网络、数据库和文件数据对象进行读写操作

8.6.6 运行代码

在运行代码前，需要先把当前工作目录设置为/user/local/Hadoop。编译 WordCount 程序需要以下 3 个 Jar，为了简便起见，把这 3 个 Jar 添加到 CLASSPATH 中。

```
$export
CLASSPATH=/usr/local/hadoop/share/hadoop/common/hadoop-common-2.7.3.jar:$CLASSPATH
$export
CLASSPATH=/usr/local/hadoop/share/hadoop/mapreduce/hadoop-mapreduce-2.7.3.jar:$CLAS
SPATH
$export
CLASSPATH=/usr/local/hadoop/share/hadoop/common/lib/common-cli-1.2.jar:$CLASSPATH
```

使用 JDK 包中的工具对代码进行编译。

```
$ javac WordCount.java
```

编译之后，在文件目录下可以发现有 3 个“.class”文件，这是 Java 的可执行文件，将它们打包并命名为 wordcount.jar。

```
$ jar -cvf wordcount.jar *.class
```

这样就得到了单词计数程序的 Jar 包。在运行程序之前，需要启动 Hadoop 系统，包括启动 HDFS 和 MapReduce。然后，就可以运行程序了。

```
$ ./bin/Hadoop jar wordcount.jar WordCount input output
```

最后，可以运行下面的命令查看结果。

```
$ ./bin/Hadoop fs -cat output/*
```

8.7 总结

批处理是大数据处理模式中的一个主要模式，而 MapReduce 计算模式又是进行批处理的最佳选择。本章对 Hadoop MapReduce 编程模型进行了全面的介绍，包括其工作原理、系统架构、工作流程和编程模型等。MapReduce 的核心是将复杂的、运行于大规模集群上的并行计算过程高度抽象为两个函数：Map 函数和 Reduce 函数，并隐藏了具体的实现细节，从而极大地方便了分布式编程工作。程序开发者在不需要了解分布式并行编程的情况下，也可以很容易地将自己的程序运行在分布式系统上，完成海量数据处理。

本章最后通过一个典型的单词计数实例对如何编写 Hadoop MapReduce 程序进行了详细介绍。

习 题

1. 大数据批处理模式的主要特征有哪些？
2. MapReduce 的基本思想包括了 3 个层面，请简单描述它们。
3. MapReduce 框架主要需要实现哪些功能？
4. Map 函数和 Reduce 函数主要分别完成什么任务？请描述两个函数各自的输入、输出和处理过程。
5. 请用图描述 Hadoop MapReduce 架构，并对每个模块的主要功能进行描述。
6. 解释“计算向数据靠拢”的含义，并描述 Hadoop MapRedue 是如何实现这一理念的。

7. 请画图描述 Hadoop MapReduce 的工作流程，并通过实例简述每一步的工作。

8. 请描述 Map 端和 Reduce 端的 Shuffle 阶段，该阶段的主要作用是什么？

9. Hadoop MapReduce 的主要技术特点有哪些？

10. 请阐述 Combiner 的作用。是否所有的 MapReduce 程序都可以采用 Combiner？

11. 请画出使用 MapReduce 对英语句子 “Where there is a will, there is a way.”进行单词计数的过程。

12. 假如在基于 MapReduce 的单词计数中使用了多个 Reduce，那么 MapReduce 是如何保证相同的单词数据会分发到同一个 Reducce 任务上进行处理，以保证结果的正确性的？

13. 编写 MapReduce 程序求学生的平均成绩，源数据如表 8-8 所示。

表 8-8　学生成绩表

文件名	chinese	english	math
文件内容	zhangsan 78 lisi 89 wangwu 96 zhaoliu 67	zhangsan 80 lisi 82 wangwu 84 zhaoliu 86	zhangsan 88 lisi 99 wangwu 66 zhaoliu 77

Chapter 9 第 9 章 大数据快速处理 Spark

Hadoop 是对大数据集进行分布式计算的标准工具，已经成为大数据的操作系统，提供了包括工具和技巧在内的丰富生态系统，允许使用相对便宜的商业硬件集群进行超级计算机级别的计算。但是，Hadoop MapReduce 要求每个步骤间的数据要序列化到磁盘，这意味着 MapReduce 作业的 I/O 成本很高，导致交互分析和迭代算法开销很大，而几乎所有的最优化和机器学习都是迭代的。所以，Hadoop MapReduce 不适合于交互分析和机器学习。Spark 是一个基于内存的开源计算框架，通过提供内存计算，减少了迭代计算时的 I/O 开销，解决了 Hadoop MapReduce 的缺陷。

本章主要对 Spark 做一个入门介绍，首先描述其基本概念，然后分析 Spark 与 Hadoop 的区别，阐述 Spark 的优势，再后讲解 Spark 的架构设计和其生态系统，最后介绍 Spark 的编程实践。

9.1 Spark 简介

Spark 是加州大学伯克利分校 AMP（Algorithms，Machines，People）实验室开发的通用内存并行计算框架。Spark 在 2013 年 6 月进入 Apache 成为孵化项目，8 个月后成为 Apache 顶级项目。Spark 以其先进的设计理念，迅速成为社区的热门项目，围绕着 Spark 推出了 Spark SQL、Spark Streaming、MLlib 和 GraphX 等组件，逐渐形成大数据处理一站式解决平台。

9.1.1 Spark 与 Hadoop

Hadoop 已经成了大数据技术的事实标准，Hadoop MapReduce 也非常适合于对大规模数据集合进行批处理操作，但是其本身还存在一些缺陷。特别是 MapReduce 存在的延迟过高，无法胜任实时、快速计算需求的问题，使得需要进行多路计算和迭代算法的用例的作业过程并非十分高效。根据 Hadoop MapReduce 的工作流程，可以分析出 Hadoop MapRedcue 的一些缺点。

（1）Hadoop MapRedue 的表达能力有限。所有计算都需要转换成 Map 和 Reduce 两个操作，不能适用于所有场景，对于复杂的数据处理过程难以描述。

（2）磁盘 I/O 开销大。Hadoop MapReduce 要求每个步骤间的数据序列化到磁盘，所以 I/O 成本很高，导致交互分析和迭代算法开销很大，而几乎所有的最优化和机器学习都是迭代的。所以，Hadoop MapReduce 不适合于交互分析和机器学习。

（3）计算延迟高。如果想要完成比较复杂的工作，就必须将一系列的 MapReduce 作业串联起来然后顺序执行这些作业。每一个作业都是高时延的，而且只有在前一个作业完成之后下一个作业才能开始启动。因此，Hadoop MapReduce 不能胜任比较复杂的、多阶段的计算任务。

Spark 是借鉴了 Hadoop MapReduce 技术发展而来的，继承了其分布式并行计算的优点并改进了 MapReduce 明显的缺陷。Spark 使用 Scala 语言进行实现，它是一种面向对象的函数式编程语言，能够像操作本地集合对象一样轻松地操作分布式数据集。它具有运行速度快、易用性好、通用性强和随处运行等特点，具体优势如下。

（1）Spark 提供了内存计算，把中间结果放到内存中，带来了更高的迭代运算效率。通过支持有向无环图（DAG）的分布式并行计算的编程框架，Spark 减少了迭代过程中数据需要写入磁盘的需求，提高了处理效率。

（2）Spark 为我们提供了一个全面、统一的框架，用于管理各种有着不同性质（文本数据、图表数据等）的数据集和数据源（批量数据或实时的流数据）的大数据处理的需求。Spark 使用函数式编程范式扩展了 MapReduce 模型以支持更多计算类型，可以涵盖广泛的工作流，这些工作流之前被实现为 Hadoop 之上的特殊系统。Spark 使用内存缓存来提升性能，因此进行交互式分析也足够快速，缓存同时提升了迭代算法的性能，这使得 Spark 非常适合数据理论任务，特别是机器学习。

（3）Spark 比 Hadoop 更加通用。Hadoop 只提供了 Map 和 Reduce 两种处理操作，而 Spark 提供的数据集操作类型更加丰富，从而可以支持更多类型的应用。Spark 的计算模式也属于 MapReduce 类型，但提供的操作不仅包括 Map 和 Reduce，还提供了包括 Map、Filter、FlatMap、Sample、GroupByKey、ReduceByKey、Union、Join、Cogroup、MapValues、Sort、PartionBy 等多种转换操作，以及 Count、Collect、Reduce、Lookup、Save 等行为操作。

（4）Spark 基于 DAG 的任务调度执行机制比 Hadoop MapReduce 的迭代执行机制更优越。Spark 各个处理结点之间的通信模型不再像 Hadoop 一样只有 Shuffle 一种模式，程序开发者可以使用 DAG 开发复杂的多步数据管道，控制中间结果的存储、分区等。

图 9-1 对 Hadoop 和 Spark 的执行流程进行了对比。从中可以看出，Hadoop 不适合于做迭代计算，因为每次迭代都需要从磁盘中读入数据，向磁盘写中间结果，而且每个任务都需要从磁盘中读入数据，处理的结果也要写入磁盘，磁盘 I/O 开销很大。而 Spark 将数据载入内存后，后面的迭代都可以直接使用内存中的中间结果做计算，从而避免了从磁盘中频繁读取数据。

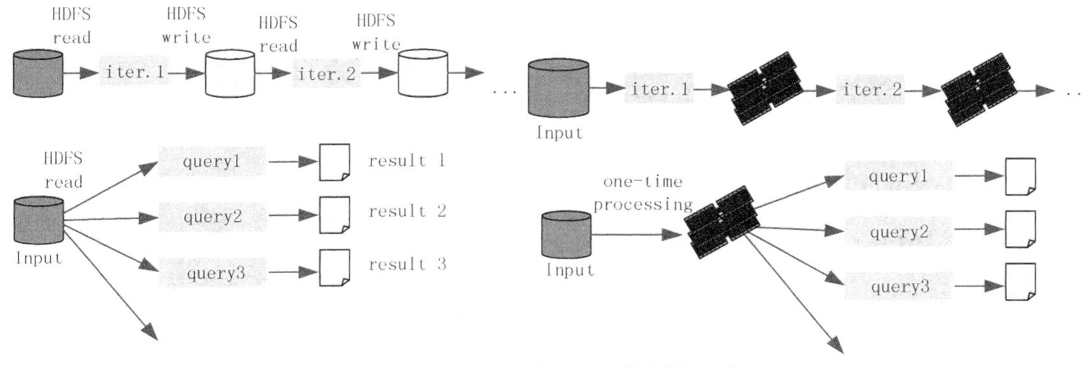

图 9-1　Hadoop 与 Spark 执行流程对比

对于多维度随机查询也是一样。在对 HDFS 同一批数据做成百或上千维度查询时，Hadoop 每做一个独立的查询，都要从磁盘中读取这个数据，而 Spark 只需要从磁盘中读取一次后，就可以针对保留在内存中的中间结果进行反复查询。

Spark 在 2014 年打破了 Hadoop 保持的基准排序（Sort Benchmark）记录，使用 206 个结点在 23 分钟的时间里完成了 100 TB 数据的排序，而 Hadoop 则是使用了 2 000 个结点在 72 分钟才完成相同数据的排序。也就是说，Spark 只使用了百分之十的计算资源，就获得了 Hadoop 3 倍的速度。

尽管与 Hadoop 相比，Spark 有较大优势，但是并不能够取代 Hadoop。因为 Spark 是基于内存进行数据处理的，所以不适合于数据量特别大、对实时性要求不高的场合。另外，Hadoop 可以使用廉价的通用服务器来搭建集群，而 Spark 对硬件要求比较高，特别是对内存和 CPU 有更高的要求。

9.1.2 Spark 的适用场景

总而言之，大数据处理场景有以下几个类型。

（1）复杂的批量处理：偏重点是处理海量数据的能力，对处理速度可忍受，通常的时间可能是在数十分钟到数小时。

（2）基于历史数据的交互式查询：通常的时间在数十秒到数十分钟之间。

（3）基于实时数据流的数据处理：通常在数百毫秒到数秒之间。

目前对以上三种场景需求都有比较成熟的处理框架，第一种情况可以用 Hadoop 的 MapReduce 技术来进行批量海量数据处理，第二种情况可以 Impala 进行交互式查询，对于第三种情况可以用 Storm 分布式处理框架处理实时流式数据。以上三者都是比较独立的，所以维护成本比较高，而 Spark 能够一站式满足以上需求。

通过以上分析，可以总结 Spark 的适应场景有以下几种。

（1）Spark 是基于内存的迭代计算框架，适用于需要多次操作特定数据集的应用场合。需要反复操作的次数越多，所需读取的数据量越大，受益越大；数据量小但是计算密集度较大的场合，受益就相对较小。

（2）Spark 适用于数据量不是特别大，但是要求实时统计分析的场景。

（3）由于 RDD 的特性，Spark 不适用于那种异步细粒度更新状态的应用，例如，Web 服务的存储，或增量的 Web 爬虫和索引，也就是不适合增量修改的应用模型。

9.2 RDD 概念

Spark 的核心是建立在统一的抽象弹性分布式数据集（Resiliennt Distributed Datasets，RDD）之上的，这使得 Spark 的各个组件可以无缝地进行集成，能够在同一个应用程序中完成大数据处理。本节将对 RDD 的基本概念及与 RDD 相关的概念做基本介绍。

9.2.1 RDD 的基本概念

RDD 是 Spark 提供的最重要的抽象概念，它是一种有容错机制的特殊数据集合，可以分布在集群的结点上，以函数式操作集合的方式进行各种并行操作。

通俗点来讲，可以将 RDD 理解为一个分布式对象集合，本质上是一个只读的分区记录集合。每个 RDD 可以分成多个分区，每个分区就是一个数据集片段。一个 RDD 的不同分区可以保存到集群中的不同结点上，从而可以在集群中的不同结点上进行并行计算。图 9-2 展示了 RDD 的分区及分区与工作结点（Worker Node）的分布关系。

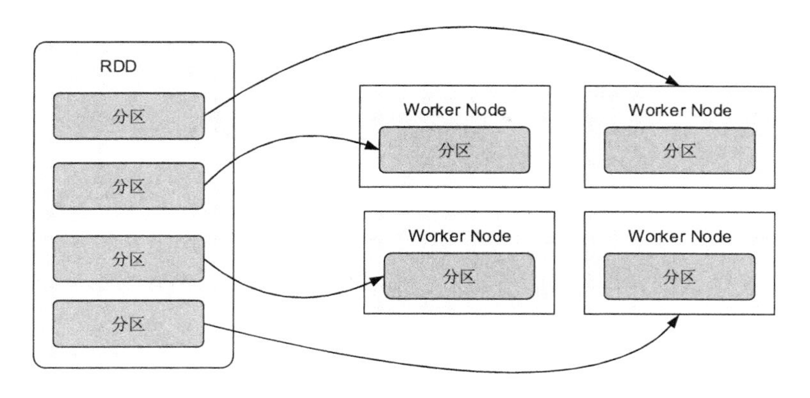

图 9-2 RDD 分区及分区与工作节点的分布关系

RDD 具有容错机制，并且只读不能修改，可以执行确定的转换操作创建新的 RDD。具体来讲，RDD 具有以下几个属性。

- 是只读的：不能修改，只能通过转换操作生成新的 RDD。
- 是分布式的：可以分布在多台机器上进行并行处理。
- 是弹性的：计算过程中内存不够时它会和磁盘进行数据交换。
- 是基于内存的：可以全部或部分缓存在内存中，在多次计算间重用。

RDD 实质上是一种更为通用的迭代并行计算框架，用户可以显示控制计算的中间结果，然后将其自由运用于之后的计算。

在大数据实际应用开发中存在许多迭代算法，如机器学习、图算法等，和交互式数据挖掘工具。这些应用场景的共同之处是在不同计算阶段之间会重用中间结果，即一个阶段的输出结果会作为下一个阶段的输入。RDD 正是为了满足这种需求而设计的。虽然 MapReduce 具有自动容错、负载平衡和可拓展性的优点，但是其最大的缺点是采用非循环式的数据流模型，使得在迭代计算时要进行大量的磁盘 I/O 操作。

通过使用 RDD，用户不必担心底层数据的分布式特性，只需要将具体的应用逻辑表达为一系列转换处理，就可以实现管道化，从而避免了中间结果的存储，大大降低了数据复制、磁盘 I/O 和数据序列化的开销。

9.2.2 RDD 基本操作

RDD 的操作分为转化（Transformation）操作和行动（Action）操作。转化操作就是从一个 RDD 产生一个新的 RDD，而行动操作就是进行实际的计算。

RDD 的操作是惰性的，当 RDD 执行转化操作的时候，实际计算并没有被执行，只有当 RDD 执行行动操作时才会促发计算任务提交，从而执行相应的计算操作。

1．构建操作

Spark 里的计算都是通过操作 RDD 完成的，学习 RDD 的第一个问题就是如何构建 RDD，构建 RDD 的方式从数据来源角度分为两类。第一类是从内存里直接读取数据，第二类是从文件系统里读取数据，文件系统的种类很多，常见的就是 HDFS 及本地文件系统。

第一类方式是从内存里构造 RDD，需要使用 makeRDD 方法，代码如下所示。

```
val rdd01 = sc.makeRDD(List(1,2,3,4,5,6))
```

这个语句创建了一个由“1,2,3,4,5,6”六个元素组成的 RDD。

第二类方式是通过文件系统构造 RDD，代码如下所示。

```
val rdd:RDD[String] = sc.textFile("file:///D:/sparkdata.txt", 1)
```

这里例子使用的是本地文件系统，所以文件路径协议前缀是 file://。

2．转换操作

RDD 的转换操作是返回新的 RDD 的操作。转换出来的 RDD 是惰性求值的，只有在行动操作中用到这些 RDD 时才会被计算。许多转换操作都是针对各个元素的，也就是说，这些转换操作每次只会操作 RDD 中的一个元素，不过并不是所有的转换操作都是这样的。表 9-1 描述了常用的 RDD 转换操作。

表 9-1　RDD 转换操作（rdd1={1，2，3，3}, rdd2={3,4,5}）

函数名	作用	示例	结果
map( )	将函数应用于 RDD 的每个元素，返回值是新的 RDD	rdd1.map(x=>x+1)	{2,3,4,4}
flatMap( )	将函数应用于 RDD 的每个元素，将元素数据进行拆分，变成迭代器，返回值是新的 RDD	rdd1.flatMap (x=>x.to(3))	{1,2,3,2,3,3,3}
filter( )	函数会过滤掉不符合条件的元素，返回值是新的 RDD	rdd1.filter(x=>x!=1)	{2,3,3}
distinct( )	将 RDD 里的元素进行去重操作	rdd1.distinct()	(1,2,3)
union( )	生成包含两个 RDD 所有元素的新的 RDD	rdd1.union(rdd2)	{1,2,3,3,3,4,5}
intersection( )	求出两个 RDD 的共同元素	rdd1.intersection(rdd2)	{3}
subtract( )	将原 RDD 里和参数 RDD 里相同的元素去掉	rdd1.subtract(rdd2)	{1,2}
cartesian( )	求两个 RDD 的笛卡儿积	rdd1.cartesian(rdd2)	{(1,3),(1,4),…,(3,5)}

3．行动操作

行动操作用于执行计算并按指定的方式输出结果。行动操作接受 RDD，但是返回非 RDD，即输出一个值或者结果。在 RDD 执行过程中，真正的计算发生在行动操作。表 9-2 描述了常用的 RDD 行动操作。

表 9-2　RDD 行动操作（rdd={1，2，3，3}）

函数名	作用	示例	结果
collect( )	返回 RDD 的所有元素	rdd.collect( )	{1,2,3,3}
count( )	RDD 里元素的个数	rdd.count( )	4
countByValue( )	各元素在 RDD 中的出现次数	rdd.countByValue( )	{(1,1),(2,1),(3,2)})

续表

函数名	作用	示例	结果
take(num)	从RDD中返回num个元素	rdd.take(2)	{1,2}
top(num)	从 RDD 中，按照默认（降序）或者指定的排序返回最前面的 num 个元素	rdd.top(2)	{3,3}
reduce( )	并行整合所有 RDD 数据，如求和操作	rdd.reduce((x,y)=>x+y)	9
fold(zero)(func)	和 reduce( )功能一样，但需要提供初始值	rdd.fold(0)((x,y)=>x+y)	9
foreach(func)	对 RDD 的每个元素都使用特定函数	rdd1.foreach(x=>println(x))	打印每一个元素
saveAsTextFile (path)	将数据集的元素，以文本的形式保存到文件系统中	rdd1.saveAsTextFile (file://home/test)	
saveAsSequenceFile (path)	将数据集的元素，以顺序文件格式保存到指定的目录下	saveAsSequenceFile (hdfs://home/test)	

aggregate( )函数的返回类型不需要和 RDD 中的元素类型一致，所以在使用时，需要提供所期待的返回类型的初始值，然后通过一个函数把 RDD 中的元素累加起来放入累加器。考虑到每个结点都是在本地进行累加的，所以最终还需要提供第二个函数来将累加器两两合并。

aggregate(zero)(seqOp,combOp)函数首先使用 seqOp 操作聚合各分区中的元素，然后再使用 combOp 操作把所有分区的聚合结果再次聚合，两个操作的初始值都是 zero。seqOp 的操作是遍历分区中的所有元素 T，第一个 T 跟 zero 做操作，结果再作为与第二个 T 做操作的 zero，直到遍历完整个分区。combOp 操作是把各分区聚合的结果再聚合。aggregate( )函数会返回一个跟 RDD 不同类型的值。因此，需要 seqOp 操作来把分区中的元素 T 合并成一个 U，以及 combOp 操作把所有 U 聚合。

下面举一个利用 aggreated( )函数求平均数的例子。

```
val rdd = List(1,2,3,4)
val input = sc.parallelize(rdd)
val result = input.aggregate((0,0))(
(acc,value) => (acc._1 + value, acc._2 + 1),
(acc1,acc2) => (acc1._1 + acc2._1, acc1._2 + acc2._2)
)
result: (Int, Int) = (10, 4)
val avg = result._1 / result._2
avg: Int = 2.5
```

程序的详细过程大概如下。

定义一个初始值(0, 0)，即所期待的返回类型的初始值。代码(acc,value) => (acc._1 + value, acc._2 + 1)中的 value 是函数定义里面的 T，这里是 List 里面的元素。acc._1 + value, acc._2 + 1 的过程如下。

（0+1, 0+1）→（1+2, 1+1）→（3+3, 2+1）→（6+4, 3+1），结果为(10,4)。

实际的 Spark 执行过程是分布式计算，可能会把 List 分成多个分区，假如是两个：p1(1,2) 和 p2(3,4)。经过计算，各分区的结果分别为(3,2)和(7,2)。这样，执行(acc1,acc2) => (acc1._1 + acc2._1, acc1._2 + acc2._2)的结果就是(3+7,2+2)，即(10,4)，然后可计算平均值。

9.2.3 RDD 血缘关系

RDD 的最重要的特性之一就是血缘关系（Lineage），它描述了一个 RDD 是如何从父 RDD 计算得来的。如果某个 RDD 丢失了，则可以根据血缘关系，从父 RDD 计算得来。

图 9-3 给出了一个 RDD 执行过程的实例。系统从输入中逻辑上生成了 A 和 C 两个 RDD，经过一系列转换操作，逻辑上生成了 F 这个 RDD。Spark 记录了 RDD 之间的生成和依赖关系。当 F 进行行动操作时，Spark 才会根据 RDD 的依赖关系生成 DAG，并从起点开始真正的计算。

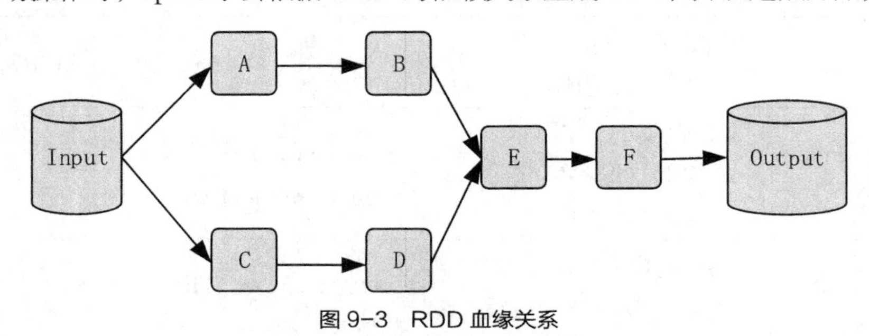

图 9-3 RDD 血缘关系

上述一系列处理称为一个血缘关系（Lineage），即 DAG 拓扑排序的结果。在血缘关系中，下一代的 RDD 依赖于上一代的 RDD。例如，在图 9-3 中，B 依赖于 A，D 依赖于 C，而 E 依赖于 B 和 D。

9.2.4 RDD 依赖类型

根据不同的转换操作，RDD 血缘关系的依赖分为窄依赖和宽依赖。窄依赖是指父 RDD 的每个分区都只被子 RDD 的一个分区所使用；宽依赖是指父 RDD 的每个分区都被多个子 RDD 的分区所依赖。

map、filter、union 等操作是窄依赖，而 groupByKey、reduceByKey 等操作是宽依赖，如图 9-4 所示。join 操作有两种情况，如果 join 操作中使用的每个 Partition 仅仅和固定个 Partition 进行 join，则该 join 操作是窄依赖，其他情况下的 join 操作是宽依赖。所以可得出一个结论，窄依赖不仅包含一对一的窄依赖，还包含一对固定个数的窄依赖，也就是说，对父 RDD 依赖的 Partition 不会随着 RDD 数据规模的改变而改变。

1．窄依赖

（1）子 RDD 的每个分区依赖于常数个父分区（即与数据规模无关）。

（2）输入输出一对一的算子，且结果 RDD 的分区结构不变，如 map、flatMap。

（3）输入输出一对一的算子，但结果 RDD 的分区结构发生了变化，如 union。

（4）从输入中选择部分元素的算子，如 filter、distinct、subtract、sample。

2．宽依赖

（1）子 RDD 的每个分区依赖于所有父 RDD 分区。

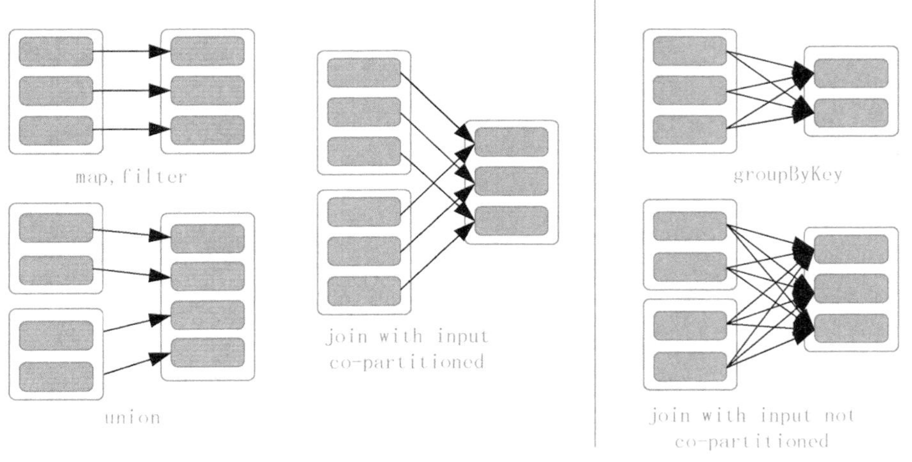

图 9-4　RDD 窄依赖和宽依赖

（2）对单个 RDD 基于 Key 进行重组和 reduce，如 groupByKey、reduceByKey。

（3）对两个 RDD 基于 Key 进行 join 和重组，如 join。

Spark 的这种依赖关系设计，使其具有了天生的容错性，大大加快了 Spark 的执行速度。RDD 通过血缘关系记住了它是如何从其他 RDD 中演变过来的。当这个 RDD 的部分分区数据丢失时，它可以通过血缘关系获取足够的信息来重新运算和恢复丢失的数据分区，从而带来性能的提升。

相对而言，窄依赖的失败恢复更为高效，它只需要根据父 RDD 分区重新计算丢失的分区即可，而不需要重新计算父 RDD 的所有分区。而对于宽依赖来讲，单个结点失效，即使只是 RDD 的一个分区失效，也需要重新计算父 RDD 的所有分区，开销较大。宽依赖操作就像是将父 RDD 中所有分区的记录进行了“洗牌”，数据被打散，然后在子 RDD 中进行重组。

9.2.5　阶段划分

用户提交的计算任务是一个由 RDD 构成的 DAG，如果 RDD 的转换是宽依赖，那么这个宽依赖转换就将这个 DAG 分为了不同的阶段（Stage）。由于宽依赖会带来“洗牌”，所以不同的 Stage 是不能并行计算的，后面 Stage 的 RDD 的计算需要等待前面 Stage 的 RDD 的所有分区全部计算完毕以后才能进行。这点就类似于在 MapReduce 中，Reduce 阶段的计算必须等待所有 Map 任务完成后才能开始一样。在对 Job 中的所有操作划分 Stage 时，一般会按照倒序进行，即从 Action 开始，遇到窄依赖操作，则划分到同一个执行阶段，遇到宽依赖操作，则划分一个新的执行阶段。后面的 Stage 需要等待所有的前面的 Stage 执行完之后才可以执行，这样 Stage 之间根据依赖关系就构成了一个大粒度的 DAG。

下面通过图 9-5 详细解释一下阶段划分。假设从 HDFS 中读入数据生成 3 个不同的 RDD（A、C 和 E），通过一系列转换操作后得到新的 RDD（G），并把结果保存到 HDFS 中。可以看到这幅 DAG 中只有 join 操作是一个宽依赖，Spark 会以此为边界将其前后划分成不同的阶段。同时可以注意到，在 Stage2 中，从 map 到 union 都是窄依赖，这两步操作可以形成一个流水线操作，通过 map 操作生成的分区可以不用等待整个 RDD 计算结束，而是继续进行 union 操作，这样大大提高了计算的效率。

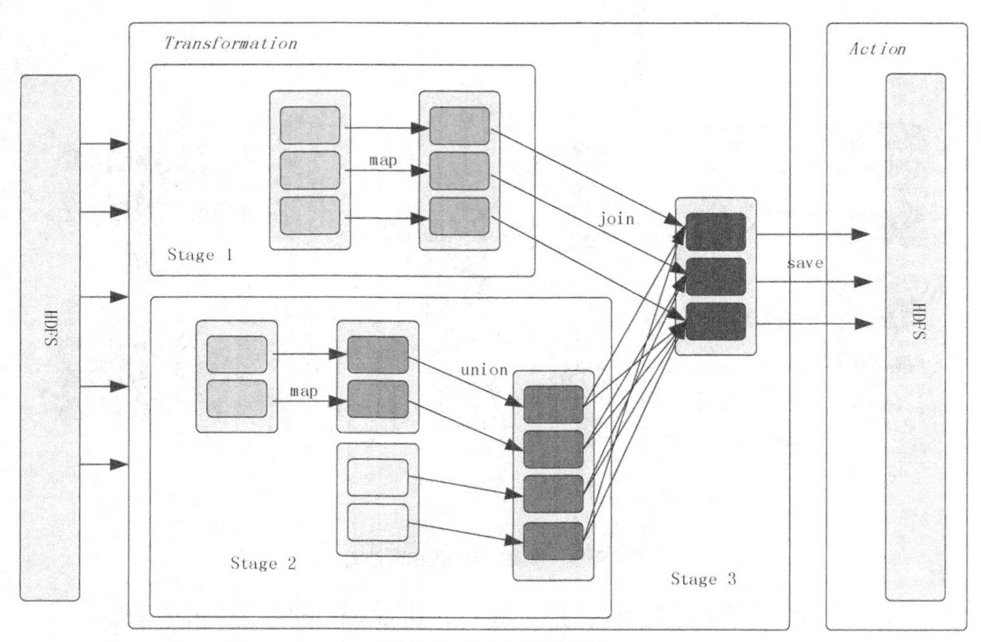

图 9-5 DAG 阶段划分

把一个 DAG 图划分成多个 Stage 以后，每个 Stage 都代表了一组由关联的、相互之间没有宽依赖关系的任务组成的任务集合。在运行的时候，Spark 会把每个任务集合提交给任务调度器进行处理。

9.2.6 RDD 缓存

Spark RDD 是惰性求值的，而有时候希望能多次使用同一个 RDD。如果简单地对 RDD 调用行动操作，Spark 每次都会重算 RDD 及它的依赖，这样就会带来太大的消耗。为了避免多次计算同一个 RDD，可以让 Spark 对数据进行持久化。

Spark 可以使用 persist 和 cache 方法将任意 RDD 缓存到内存、磁盘文件系统中。缓存是容错的，如果一个 RDD 分片丢失，则可以通过构建它的转换来自动重构。被缓存的 RDD 被使用时，存取速度会被大大加速。一般情况下，Executor 内存的 60%会分配给 cache，剩下的 40%用来执行任务。cache 是 persist 的特例，将该 RDD 缓存到内存中。persist 可以让用户根据需求指定一个持久化级别，如表 9-3 所示。

表 9-3 持久化级别（StorageLevel）

级别	使用空间	CPU 时间	是否在内存	是否在磁盘
MEMORY_ONLY	高	低	是	否
MEMORY_ONLY_SER	低	高	是	否
MEMORY_AND_DISK	高	中	部分	部分
MEMORY_AND_DISK_SER	低	高	部分	部分
DISK_ONLY	低	高	否	是

对于 MEMORY_AND_DISK 和 MEMORY_AND_DISK_SER 级别，系统会首先把数据保存在内存中，如果内存不够则把溢出部分写入磁盘中。另外，为了提高缓存的容错性，可以在

持久化级别名称的后面加上“_2”来把持久化数据存为两份，如 MEMORY_ONLY_2。

Spark 的不同 StorageLevel 的目的是为了满足内存使用和 CPU 效率权衡上的不同需求。可以通过以下步骤来选择合适的持久化级别。

（1）如果 RDD 可以很好地与默认的存储级别（MEMORY_ONLY）契合，就不需要做任何修改了。这已经是 CPU 使用效率最高的选项，它使得 RDD 的操作尽可能快。

（2）如果 RDD 不能与默认的存储级别很好契合，则尝试使用 MEMORY_ONLY_SER，并且选择一个快速序列化的库使得对象在有比较高的空间使用率的情况下，依然可以较快被访问。

（3）尽可能不要将数据存储到硬盘上，除非计算数据集函数的计算量特别大，或者它们过滤了大量的数据。否则，重新计算一个分区的速度与从硬盘中读取的速度基本差不多。

（4）如果想有快速故障恢复能力，则使用复制存储级别。所有的存储级别都有通过重新计算丢失数据恢复错误的容错机制，但是复制存储级别可以让任务在 RDD 上持续运行，而不需要等待丢失的分区被重新计算。

（5）在不使用 cached RDD 的时候，及时使用 unpersist 方法来释放它。

9.3 Spark 运行架构和机制

本节将首先介绍 Spark 的运行架构和基本术语，然后介绍 Spark 运行的基本流程，最后介绍 RDD 的核心理念和运行原理。

9.3.1 Spark 总体架构

Spark 运行架构如图 9-6 所示，包括集群资源管理器（Cluster Manager）、多个运行作业任务的工作结点（Worker Node）、每个应用的任务控制结点（Driver）和每个工作结点上负责具体任务的执行进程（Executor）。

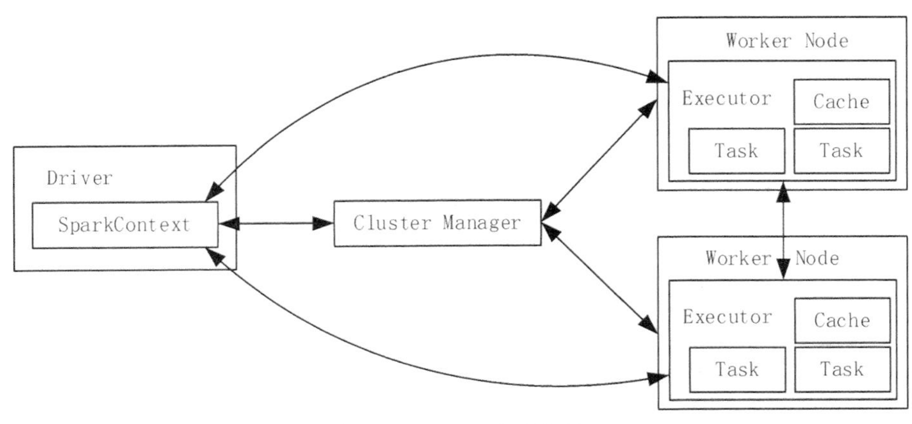

图 9-6 Spark 运行架构

Driver 是运行 Spark Applicaion 的 main( )函数，它会创建 SparkContext。SparkContext 负责和 Cluster Manager 通信，进行资源申请、任务分配和监控等。

Cluster Manager 负责申请和管理在 Worker Node 上运行应用所需的资源，目前包括 Spark 原生的 Cluster Manager、Mesos Cluster Manager 和 Hadoop YARN Cluster Manager。

Executor 是 Application 运行在 Worker Node 上的一个进程，负责运行 Task（任务），并且负责将数据存在内存或者磁盘上，每个 Application 都有各自独立的一批 Executor。每个 Executor 则包含了一定数量的资源来运行分配给它的任务。

每个 Worker Node 上的 Executor 服务于不同的 Application，它们之间是不可以共享数据的。与 MapReduce 计算框架相比，Spark 采用的 Executor 具有两大优势。第一，Executor 利用多线程来执行具体任务，相比 MapReduce 的进程模型，使用的资源和启动开销要小很多。第二，Executor 中有一个 BlockManager 存储模块，会将内存和磁盘共同作为存储设备，当需要多轮迭代计算的时候，可以将中间结果存储到这个存储模块里，供下次需要时直接使用，而不需要从磁盘中读取，从而有效减少 I/O 开销，在交互式查询场景下，可以预先将数据缓存到 BlockManager 存储模块上，从而提高读写 I/O 性能。

9.3.2 Spark 运行流程

Spark 运行基本流程如图 9-7 所示，具体步骤如下。

（1）构建 Spark Application 的运行环境（启动 SparkContext），SparkContext 向 Cluster Manager 注册，并申请运行 Executor 资源。

（2）Cluster Manager 为 Executor 分配资源并启动 Executor 进程，Executor 运行情况将随着“心跳”发送到 Cluster Manager 上。

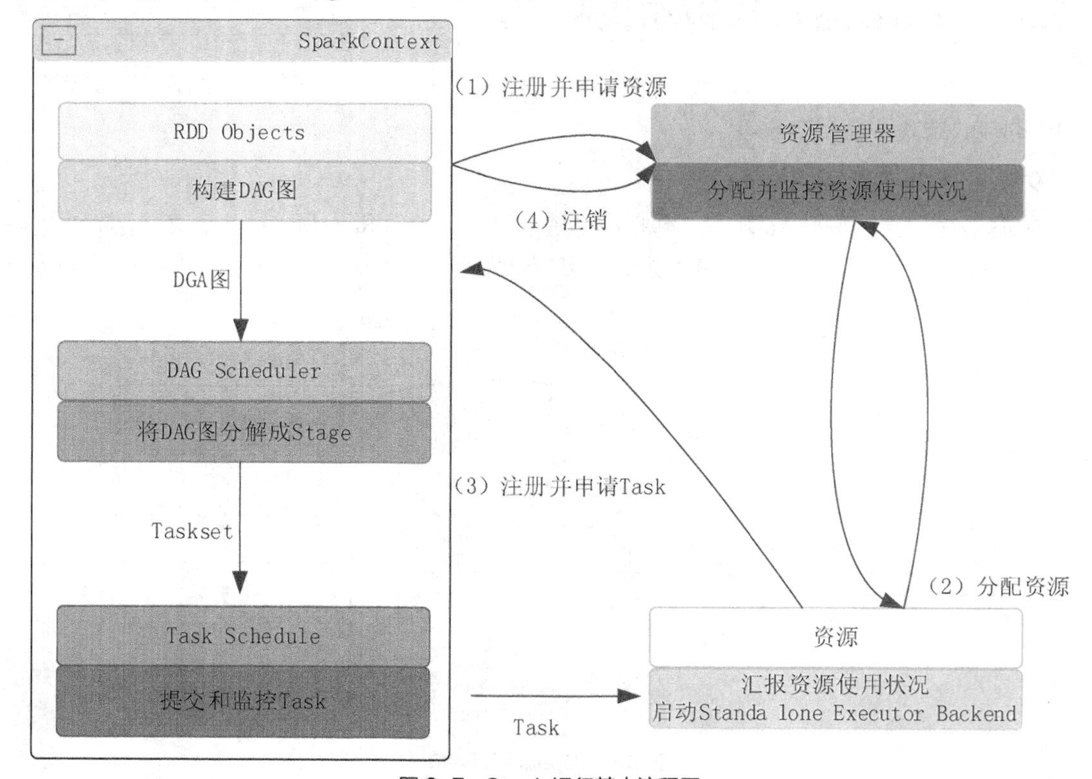

图 9-7　Spark 运行基本流程图

（3）SparkContext 构建 DAG 图，将 DAG 图分解成多个 Stage，并把每个 Stage 的 TaskSet（任务集）发送给 Task Scheduler（任务调度器）。Executor 向 SparkContext 申请 Task，Task Scheduler 将 Task 发放给 Executor，同时，SparkContext 将应用程序代码发放给 Executor。

（4）Task 在 Executor 上运行，把执行结果反馈给 Task Scheduler，然后再反馈给 DAG Scheduler。运行完毕后写入数据，SparkContext 向 Cluster Manager 注销并释放所有资源。

DAG Scheduler 决定运行 Task 的理想位置，并把这些信息传递给下层的 Task Scheduler。DAG Scheduler 把一个 Spark 作业转换成 Stage 的 DAG，根据 RDD 和 Stage 之间的关系找出开销最小的调度方法，然后把 Stage 以 TaskSet 的形式提交给 Task Scheduler。此外，DAG Scheduler 还处理由于 Shuffle 数据丢失导致的失败，这有可能需要重新提交运行之前的 Stage。

Task Scheduler 维护所有 TaskSet，当 Executor 向 Driver 发送"心跳"时，Task Scheduler 会根据其资源剩余情况分配相应的 Task。另外，Task Scheduler 还维护着所有 Task 的运行状态，重试失败的 Task。

总体而言，Spark 运行机制具有以下几个特点。

（1）每个 Application 拥有专属的 Executor 进程，该进程在 Application 运行期间一直驻留，并以多线程方式运行任务。这种 Application 隔离机制具有天然优势，无论是在调度方面（每个 Driver 调度它自己的任务），还是在运行方面（来自不同 Application 的 Task 运行在不同的 JVM 中）。同时，Executor 进程以多线程的方式运行任务，减少了多进程频繁的启动开销，使得任务执行非常高效可靠。当然，这也意味着 Spark Application 不能跨应用程序共享数据，除非将数据写入到外部存储系统。

（2）Spark 与 Cluster Manager 无关，只要能够获取 Executor 进程，并能保持相互通信即可。

（3）提交 SparkContext 的 JobClient 应该靠近 Worker Node，最好是在同一个机架里，因为在 Spark Application 运行过程中，SparkContext 和 Executor 之间有大量的信息交换。

（4）Task 采用了数据本地性和推测执行的优化机制。数据本地性是指尽量将计算移到数据所在的结点上进行，移动计算比移动数据的网络开销要小得多。同时，Spark 采用了延时调度机制，可以在更大程度上优化执行过程。

（5）Executor 上的 Block Manager（存储模块），可以把内存和磁盘共同作为存储设备。在处理迭代计算任务时，不需要把中间结果写入分布式文件系统，而是直接存放在该存储系统上，后续的迭代可以直接读取中间结果，避免了读写磁盘。在交互式查询情况下，也可以把相关数据提前缓存到该存储系统上，以提高查询性能。

9.4 Spark 生态系统

Spark 生态圈是加州大学伯克利分校的 AMP 实验室打造的，是一个力图在算法（Algorithms）、机器（Machines）、人（People）之间通过大规模集成来展现大数据应用的平台。AMP 实验室运用大数据、云计算、通信等各种资源及各种灵活的技术方案，对海量不透明的数据进行甄别并转化为有用的信息，以供人们更好地理解世界。该生态圈已经涉及机器学习、数据挖掘、数据库、信息检索、自然语言处理和语音识别等多个领域。

如图 9-8 所示，Spark 生态圈以 Spark Core 为核心，从 HDFS、Amazon S3 和 HBase 等持久层读取数据，以 Mesos、YARN 和自身携带的 Standalone 为 Cluster Manager 调度 Job 完成 Spark 应用程序的计算，这些应用程序可以来自于不同的组件，如 Spark Shell/Spark Submit 的批处理，Spark Streaming 的实时处理应用，Spark SQL 的即席查询，MLlib 的机器学习，GraphX 的图处理和 SparkR 的数学计算等。

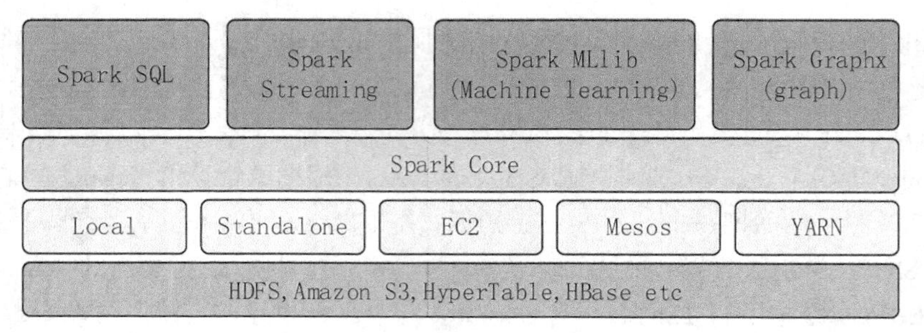

图 9-8　Spark 生态圈

1. Spark Core

本节已经介绍了 Spark Core 的基本情况，下面来总结 Spark 的内核架构。

- 提供了有向无环图（DAG）的分布式并行计算框架，并提供 cache 机制来支持多次迭代计算或者数据共享，大大减少了迭代计算之间读取数据的开销，这对于需要进行多次迭代的数据挖掘和分析的性能有很大提升。
- 在 Spark 中引入了 RDD 的抽象，它是分布在一组结点中的只读对象集合，这些集合是弹性的，如果数据集的一部分丢失，则可以根据血缘关系对它们进行重建，保证了数据的高容错性。
- 移动计算而非移动数据，RDD 分区可以就近读取 HDFS 中的数据块到各个结点内存中进行计算。
- 使用多线程池模型来减少 Task 启动开销。
- 采用容错的、高可伸缩性的 Akka 作为通信框架。

2. Spark Streaming

Spark Streaming 是一个对实时数据流进行高通量、容错处理的流式处理系统，可以对多种数据源（如 Kafka、Flume、Twitter、Zero 和 TCP 套接字）进行类似 map、reduce 和 join 的复杂操作，并将结果保存到外部文件系统、数据库中，或应用到实时仪表盘上。

Spark Streaming 的核心思想是将流式计算分解成一系列短小的批处理作业，这里的批处理引擎是 Spark Core。也就是把 Spark Streaming 的输入数据按照设定的时间片（如 1 秒）分成一段一段的数据，每一段数据都转换成 Spark 中的 RDD，然后将 Spark Streaming 中对 DStream 的转换操作变为对 Spark 中的 RDD 的转换操作，将 RDD 经过操作变成的中间结果保存在内存中。根据业务的需求，整个流式计算可以对中间结果进行叠加，或者将中间结果存储到外部设备。本书将在第 10 章对 Spark Streaming 做详细介绍。

3. Spark SQL

Spark SQL 允许开发人员直接处理 RDD，以及查询存储在 Hive、HBase 上的外部数据。Spark SQL 的一个重要特点是其能够统一处理关系表和 RDD，使得开发人员可以轻松地使用 SQL 命令进行外部查询，同时进行更复杂的数据分析。

4. Spark MLlib

Spark MLlib 实现了一些常见的机器学习算法和实用程序，包括分类、回归、聚类、协同过滤、降维及底层优化，并且该算法可以进行扩充。Spark MLlib 降低了机器学习的门槛，开发人员只要具备一定的理论知识就能进行机器学习的工作。本书将在第 11 章对 Spark MLlib 做进一步介绍。

5. Spark GraphX

Spark GraphX是Spark中用于图并行计算的API，可以认为是GraphLab和Pregel在Spark上的重写及优化。与其他分布式图计算框架相比，Spark GraphX最大的贡献是在Spark之上提供了一站式数据解决方案，可以方便且高效地完成图计算的一整套流水作业。

Spark GraphX的核心抽象是Resilient Distributed Property Graph，即一种点和边都带属性的有向多重图。它扩展了Spark RDD的抽象，有Table和Graph两种视图，而只需要一份物理存储。两种视图都有自己独有的操作符，从而使得操作灵活，并提高了执行效率。

需要说明的是，无论是Spark Streaming、Spark SQL、Spark MLlib，还是Spark GraphX，都可以使用Spark Core的API处理问题，它们的方法几乎是通用的，处理的数据也可以共享，从而可以完成不同应用之间数据的无缝集成。

9.5 Spark编程实践

本节将介绍如何实际动手进行RDD的转换与操作，以及如何编写、编译、打包和运行Spark应用程序。

9.5.1 启动Spark Shell

Spark的交互式脚本是一种学习API的简单途径，也是分析数据集交互的有力工具。Spark包含多种运行模式，可使用单机模式，也可以使用分布式模式。为简单起见，本节采用单机模式运行Spark。

无论采用哪种模式，只要启动完成后，就初始化了一个SparkContext对象（SC），同时也创建了一个SparkSQL对象用于SparkSQL操作。进入Scala的交互界面中，就可以进行RDD的转换和行动操作。

进入目录SPARK_HOME/bin下，执行如下命令启动Spark Shell。

```
$ ./spark-shell
```

9.5.2 Spark Shell使用

假定本地文件系统中，文件home/hadoop/SparkData/WordCount/text1的内容如下。

```
hello world
hello My name is john  I love Hadoop programming
```

下面我们基于该文件进行Spark Shell操作。

（1）利用本地文件系统的一个文本文件创建一个新RDD。

```
scala> var textFile = sc.textFile("file://home/Hadoop/SparkData/WordCount/text1");
textFile: org.apache.spark.rdd.RDD[String] = MappedRDD[1] at textFile at
<console>:12
```

（2）执行动作操作，计算文档中有多少行。

```
scala> textFile.count() // RDD中有多少行
17/05/17 22:59:07 INFO spark.SparkContext: Job finished: count at <console>:15, took
5.654325469 s
res1: Long = 2
```

返回结果表明文档中有“2”行。

（3）执行动作操作，获取文档中的第一行内容。

```
scala> textFile.first() // RDD第一行的内容
17/05/17 23:01:25 INFO spark.SparkContext: Job finished: first at <console>:15, took
```

```
0.049004829 s
   res3: String = hello world
```

返回结果表明文档的第一行内容是“hello world”。

（4）转换操作会将一个 RDD 转换成一个新的 RDD。获取包含“hello”的行的代码如下。

```
   scala> var newRDD = textFile.filter(line => line.contains("hello")) // 有多少行含有
hello
   scala> newRDD.ount() // 有多少行含 hello
   17/05/17 23:06:33 INFO spark.SparkContext: Job finished: count at <console>:15, took
0.867975549 s
   res4: Long = 2
```

这段代码首先通过转换操作 filter 形成一个只包括含有“hello”的行的 RDD，然后再通过 count 计算有多少行。

（5）Spark Shell 的 WordCount 实现

```
   scala> val file = sc.textFile("file://home/hendoop/SparkData/WordCount/text1");
   scala>  val count = file.flatMap(line => line.split(" ")).map(word => (word,
1)).reduceByKey(_+_)
   scala> count.collect()
   17/05/17 23:11:46 INFO spark.SparkContext: Job finished: collect at <console>:17,
took 1.624248037 s
   res5: Array[(String, Int)] = Array((hello,2), (world,1), (My,1), (is,1), (love,1),
(I,1), (John,1), (hadoop,1), (name,1), (programming,1))
```

首先使用 sparkContext 类中的 textFile( )读取本地文件，并生成 MappedRDD；然后使用 flatMap( )方法将文件内容按照空格拆分单词，拆分形成 FlatMappedRDD；其次使用 map(word=>(word,1))将拆分的单词形成<单词，1>数据对，此时生成 MappedRDD；最后使用 reduceByKey( )方法对单词的频度进行统计，由此生成 ShuffledRDD，并由 collect 运行作业得出结果。

9.5.3 编写 Java 应用程序

1. 安装 maven

手动安装 maven，可以访问 maven 官方下载 apache-maven-3.3.9-bin.zip。选择安装目录为 /usr/local/maven。

```
   sudo unzip ~/下载/apache-maven-3.3.9-bin.zip -d /usr/local
   cd /usr/local
   sudo mv apache-maven-3.3.9/ ./maven
   sudo chown -R hadoop ./maven
```

2. 编写 Java 应用程序代码

在终端执行以下命令创建一个文件夹 sparkapp2，作为应用程序根目录。

```
   cd ~ #进入用户主文件夹
   mkdir -p ./sparkapp2/src/main/java
```

使用 vim ./sparkapp2/src/main/java/SimpleApp.java 建立一个名为 SimpleApp.java 的文件，代码如下。

```
   *** SimpleApp.java ***/
   import org.apache.spark.api.java.*;
   import org.apache.spark.api.java.function.Function;
   public class SimpleApp {
     public static void main(String[] args) {
        String logFile = "file:///usr/local/spark/README.md"; // Should be some file on
your system
        JavaSparkContext sc = new JavaSparkContext("local", "Simple App",
                     "file:///usr/local/spark/", new String[]{"target/simple-project-
```

```
1.0.jar"});
      JavaRDD<String> logData = sc.textFile(logFile).cache();
      long numAs = logData.filter(new Function<String, Boolean>() {
            public Boolean call(String s) { return s.contains("a"); }
          }).count();

         long numBs = logData.filter(new Function<String, Boolean>() {
             public Boolean call(String s) { return s.contains("b"); }
         }).count();
         System.out.println("Lines with a: " + numAs + ", lines with b: " + numBs);
         }
      }
```

该程序依赖 Spark Java API，因此我们需要通过 maven 进行编译打包。在./sparkapp2 中新建文件 pom.xml(vim ./sparkapp2/pom.xml)，并声明该独立应用程序的信息及与 Spark 的依赖关系，代码如下。

```
<project>
      <groupId>edu.berkeley</groupId>
      <artifactId>simple-project</artifactId>
      <modelVersion>4.0.0</modelVersion>
      <name>Simple Project</name>
      <packaging>jar</packaging>
      <version>1.0</version>
      <repositories>
          <repository>
              <id>Akka repository</id>
              <url>http://repo.akka.io/releases</url>
          </repository>
      </repositories>
      <dependencies>
          <dependency> <!-- Spark dependency -->
              <groupId>org.apache.spark</groupId>
              <artifactId>spark-core_2.11</artifactId>
              <version>2.1.0</version>
          </dependency>
      </dependencies>
   </project>
```

3. 使用 maven 打包 Java 程序

为了保证 maven 能够正常运行，先执行以下命令检查整个应用程序的文件结构。

```
cd ~/sparkapp2
find
```

文件结构如图 9-9 所示。

图 9-9　SimpleApp.java 的文件结构

接着，可以通过以下代码将这整个应用程序打包成 Jar。

```
/usr/local/maven/bin/mvn package
```

如果运行以上命令后出现类似下面的信息，说明 Jar 包生成成功。

```
[INFO] ------------------------------------------------------------------------
[INFO] BUILD SUCCESS
[INFO] ------------------------------------------------------------------------
[INFO] Total time: 6.583 s
[INFO] Finished at: 2017-02-19T15:52:08+08:00
[INFO] Final Memory: 15M/121M
[INFO] ------------------------------------------------------------------------
```

4．通过 spark-submit 运行程序

最后，可以将生成的 Jar 包通过 spark-submit 提交到 Spark 中运行，命令如下。

```
/usr/local/spark/bin/spark-submit --class "SimpleApp" ~/sparkapp2/target/simple-project-1.0.jar
```

最后得到的结果如下。

```
Lines with a: 62, Lines with b: 30
```

9.6 总结

本章首先介绍了 Spark 的基本概念，分析了 Hadoop 存在的缺陷及 Spark 的优势，然后，着重介绍了 Spark 的核心概念，包括 RDD、RDD 的两类操作、RDD 的依赖关系和阶段划分等，接着，对 Spark 的运行机制进行了系统介绍。

本章对 Spark 的生态圈进行了简单介绍。Spark 的核心概念是统一的抽象 RDD，基于 RDD 形成结构一体化、功能多元化的完整的大数据生态系统，它支持内存计算、SQL 即席查询、实时流式计算、机器学习和图计算。

本章最后讲解了 Spark 的基本编程实践，包括 Spark Shell 的安装和使用，以及使用 Java 语言开发独立 Spark 程序。

习 题

1. Hadoop 的主要缺陷是什么？Spark 的主要优势是什么？
2. Spark 的主要使用场景有哪些？
3. 什么是 RDD？它有哪些主要属性？产生 RDD 的主要原因是什么？
4. RDD 有哪几类操作？各自的主要作用是什么？
5. 什么是 Spark 的惰性计算？有什么优势？
6. 什么是 RDD 的血缘关系？Spark 保存 RDD 血缘关系的用途是什么？
7. 什么是 DAG？请举例说明。
8. RDD 的依赖关系有宽依赖和窄依赖两大类，请解释什么是宽依赖，什么是窄依赖。把依赖关系分解为宽依赖和窄依赖的目的是什么？
9. 图 9-10 展示的转换中，哪些是宽依赖？哪些是窄依赖？并解释原因。

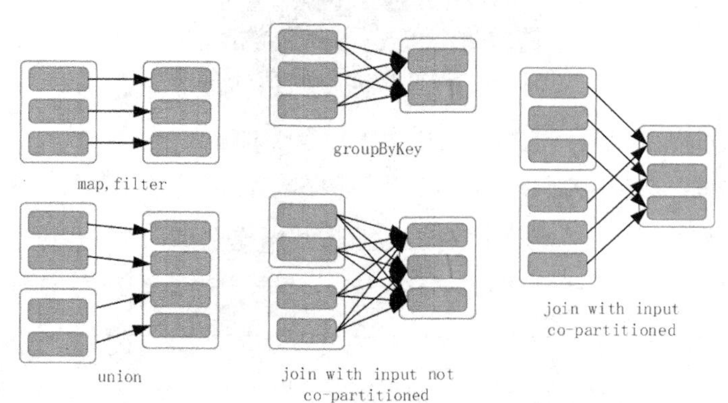

图 9-10　RDD 依赖关系分类

10. Spark是如何把DAG划分成多个阶段的？划分成多个阶段的依据是什么？划分成多个阶段的目的是什么？

11. RDD的缓存的主要目的是什么？有哪几类缓存级别？

12. 请画图描述Spark的运行架构，并解释每一个模块的主要作用。

13. 请画图描述Spark应用的运行流程，并简单描述每一步的任务。

14. 请对图9-11所示的DAG进行阶段划分，并解释阶段划分的原因。

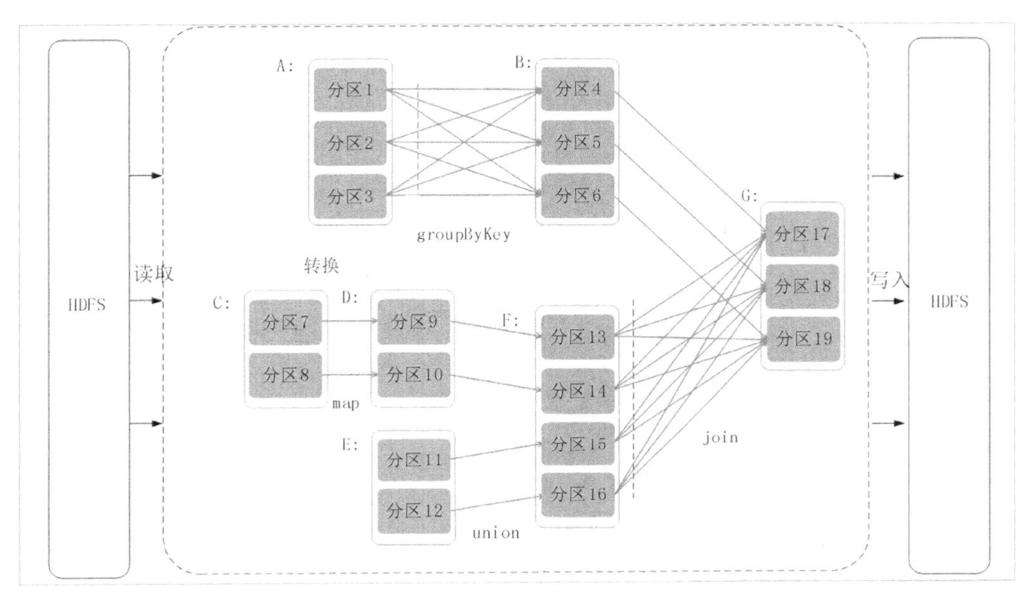

图9-11 根据RDD依赖关系划分阶段

15. 假设rdd1={2，3，3，5}，rdd2={3,4,5}，请写出表9-4中转换操作的结果。

表9-4 转换操作

函数名	作用	示例	结果
map()	将函数应用于RDD的每个元素，返回值是新的RDD	rdd1.map(x=>x+1)	
flatMap()	将函数应用于RDD的每个元素，将元素数据进行拆分，变成迭代器，返回值是新的RDD	rdd1.flatmap(x=>x.to(4))	
filter()	函数会过滤掉不符合条件的元素，返回值是新的RDD	rdd1.filter(x=>x!=5)	
distinct()	将RDD里的元素进行去重操作	rdd1.distinct()	
union()	生成包含两个RDD所有元素的新的RDD	rdd1.union(rdd2)	

续表

函数名	作用	示例	结果
intersection( )	求出两个 RDD 的共同元素	rdd1.intersection(rdd2)	
subtract( )	将原 RDD 里和参数 RDD 里相同的元素去掉	rdd1.subtract(rdd2)	
cartesian( )	求两个 RDD 的笛卡儿积	rdd1.cartesian(rdd2)	

16. 假如 rdd={2，3，3，5}，请写出表 9-5 中行动操作的结果。

表 9-5　行动操作

函数名	作用	示例	结果
collect( )	返回 RDD 的所有元素	rdd.collect( )	
count( )	RDD 里元素的个数	rdd.count()	
countByValue( )	各元素在 RDD 中的出现次数	rdd.countByValu()	
take(num)	从 RDD 中返回 num 个元素	rdd.take(2)	
top(num)	从 RDD 中返回最前面的 num 个元素	rdd.top(2)	
reduce( )	并行整合所有 RDD 数据，如求和操作	rdd.reduce((x,y)=>x+y)	
fold(zero)(func)	和 reduce( )功能一样，但需要提供初始值	rdd.fold(0)((x,y)=>x+y)	

17. 请分别使用 Spark Shell 和 Java 完成求单词计数的任务。

Chapter 10 第 10 章 大数据实时流计算 Spark Streaming

大数据处理包括对海量的静态数据的批处理模式，基于历史数据的交互式查询模式，以及基于实时数据流的实时处理模式。随着实际应用对大数据处理实时性的要求越来越高，如何对海量流数据进行实时计算已经成为大数据领域的一大挑战。MapReduce 计算框架采用离线批处理的计算方式，只能适用于对静态数据的批量计算，并不能适用于处理流数据，所以业界引入了流计算的概念，即针对流数据的实时计算。

本章首先介绍流计算的基本概念，分析 MapReduce 不适合做流计算的原因，然后介绍流计算处理流程和行业应用场景，接着对流计算框架 Spark Streaming 进行介绍，包括其基本概念、工作原理和运行架构，最后介绍 Spark Streaming 的编程模型和编程实践。

10.1 Spark Streaming 简介

Spark Streaming 是 Spark 核心 API 的一个扩展，可以实现高吞吐量的、具备容错机制的实时流数据的处理。它支持从多种数据源获取数据，包括 Kafka、Flume、Twitter、ZeroMQ、Kinesis 以及 TCP Sockets。从数据源获取数据之后，可以使用诸如 map、reduce、join 和 window 等高级函数进行复杂算法的处理，最后还可以将处理结果存储到文件系统、数据库和现场仪表盘中。在 Spark 统一环境的基础上，可以使用 Spark 的其他子框架，如机器学习、图计算等，对流数据进行处理。Spark Streaming 处理的数据流如图 10-1 所示。

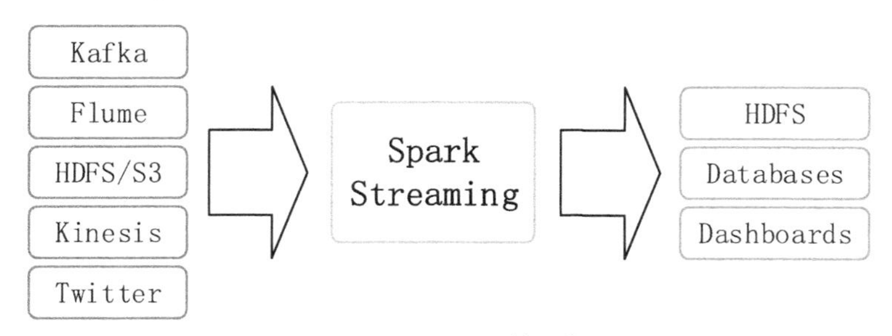

图 10-1　Spark Streaming 处理的数据流示意

与 Spark 的其他子框架一样，Spark Streaming 也是基于核心 Spark 的。Spark Streaming 在内部的处理机制是，接收实时的输入数据流，并根据一定的时间间隔（如 1 秒）拆分成一批批的数据，然后通过 Spark Engine 处理这些批数据，最终得到处理后的一批批结果数据。它的工作原理如图 10-2 所示。

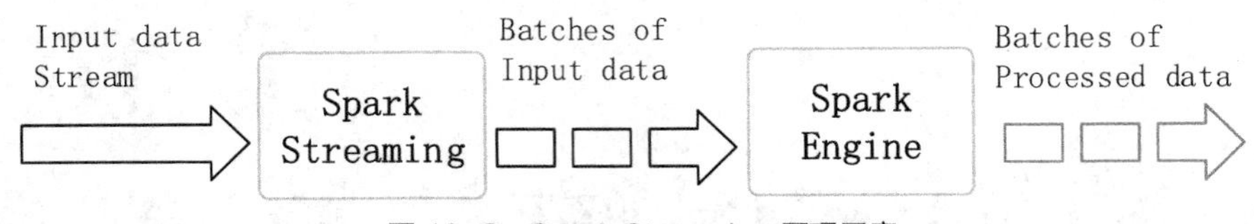

图 10-2　Spark Streaming 原理示意

Spark Streaming 支持一个高层的抽象，叫作离散流（Discretized Stream）或者 DStream，它代表连续的数据流。DStream 既可以利用根据 Kafka、Flume 和 Kinesis 等数据源获取的输入数据流来创建，也可以在其他 DStream 的基础上通过高阶函数获得。在内部，DStream 是由一系列 RDD 组成的。一批数据在 Spark 内核中对应一个 RDD 实例。因此，对应流数据的 DStream 可以看成是一组 RDD，即 RDD 的一个序列。也就是说，在流数据分成一批一批后，会通过一个先进先出的队列，Spark Engine 从该队列中依次取出一个个批数据，并把批数据封装成一个 RDD，然后再进行处理。

下面对 Spark Streaming 的一些常用术语进行说明。

- 离散流（Discretized Stream）或 DStream：Spark Streaming 对内部持续的实时数据流的抽象描述，即处理的一个实时数据流，在 Spark Streaming 中对应于一个 DStream 实例。
- 时间片或批处理时间间隔（Batch Interval）：拆分流数据的时间单元，一般为 500 毫秒或 1 秒。
- 批数据（Batch Data）：一个时间片内所包含的流数据，表示成一个 RDD。
- 窗口（Window）：一个时间段。系统支持对一个窗口内的数据进行计算。
- 窗口长度（Window Length）：一个窗口所覆盖的流数据的时间长度，必须是批处理时间间隔的倍数。
- 滑动步长（Sliding Interval）：前一个窗口到后一个窗口所经过的时间长度。必须是批处理时间间隔的倍数。
- Input DStream ：一个 Input DStream 是一个特殊的 DStream。

10.2　Spark Streaming 的系统架构

本节首先分析传统流处理系统架构存在的问题，然后介绍 Spark Streaming 的系统架构及其工作原理和优势。

10.2.1　传统流处理系统架构

流处理架构的分布式流处理管道执行方式是，首先用数据采集系统接收来自数据源的流数据，然后在集群上并行处理数据，最后将处理结果存放至下游系统。

为了处理这些数据，传统的流处理系统被设计为连续算子模型，其工作方式如图 10-3 所示。系统包含一系列的工作结点，每组结点上运行一至多个连续算子。对于流数据，每个连续算子（Continuous Operator）一次处理一条记录，并且将记录传输给管道中别的算子，源算子（Source Operator）从采集系统接收数据，接着沉算子（Sink Operator）输出到下游系统。

连续算子是一种较为简单、自然的模型。然而，在大数据时代，随着数据规模的不断扩大，以及越来越复杂的实时分析，这个传统的架构面临着严峻的挑战。

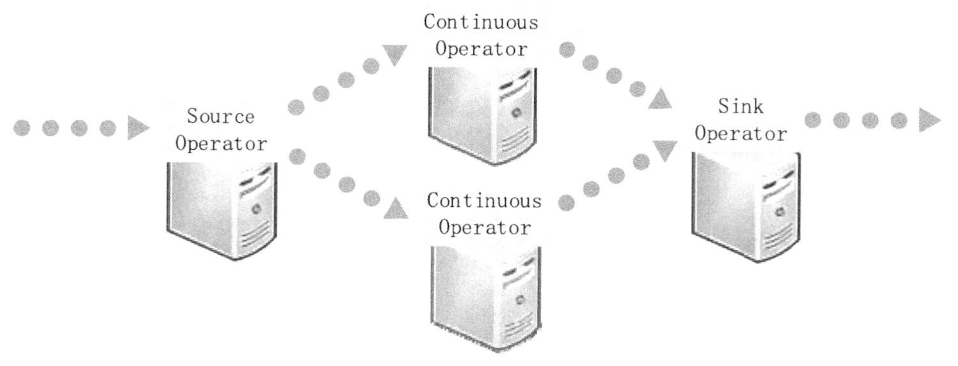

图 10-3　传统流处理系统架构

第一，故障恢复问题。数据越庞大，出现结点故障与结点运行变慢情况的概率也越高。因此，系统要是能够实时给出结果，就必须能够自动修复故障。但是在传统流处理系统中，在这些工作结点静态分配的连续算子要迅速完成这项工作仍然是个挑战。

第二，负载均衡问题。在连续算子系统中，工作结点间的不平衡分配加载会造成部分结点性能的运行瓶颈。这些问题更常见于大规模数据与动态变化的工作量情况下。为了解决这个问题，需要系统必须能够根据工作量动态调整结点间的资源分配。

第三，支持统一的流处理与批处理及交互工作的需求。在许多用例中，与流数据的交互或者与静态数据集的结合是很有必要的。这些都很难在连续算子系统中实现，当系统动态地添加新算子时，并没有为其设计临时查询功能，这样大大地削弱了用户与系统的交互能力。因此需要一个能够集成批处理、流处理与交互查询功能的引擎。

第四，高级分析能力的需求。一些更复杂的工作需要不断学习和更新数据模型，或者利用SQL 查询流数据中最新的特征信息。因此，这些分析任务中需要有一个共同的集成抽象组件，让开发人员更容易地去完成他们的工作。

10.2.2　Spark Streaming 系统架构

Spark Streaming 引入了一个新结构，即 DStream，它可以直接使用 Spark Engine 中丰富的库，并且拥有优秀的故障容错机制。

传统流处理采用的是一次处理一条记录的方式，而 Spark Streaming 采用的是将流数据进行离散化处理，使之能够进行秒级以下的微型批处理。同时，Spark Streaming 的 Receiver 并行接收数据，将数据缓存至 Spark 工作结点的内存中。经过延迟优化后，Spark Engine 对短任务（几十毫秒）能够进行批处理，并且可将结果输出至别的系统中。Spark Streaming 的系统架构如图10-4 所示。值得注意的是，与传统连续算子模型不同，传统模型是静态分配给一个结点进行计算的，而 Spark Task 可基于数据的来源及可用资源情况动态分配给工作结点。这能够更好地实现流处理所需要的两个特性：负载均衡与快速故障恢复。此外，Executor 除了可以处理 Task 外，还可以将数据存在 cache 或者 HDFS 上。

Spark Streaming 中的流数据就是 Spark 的弹性分布式数据集（RDD），是 Spark 中容错数据集的一个基本抽象。正是如此，这些流数据才能使用 Spark 的任意指令与库。

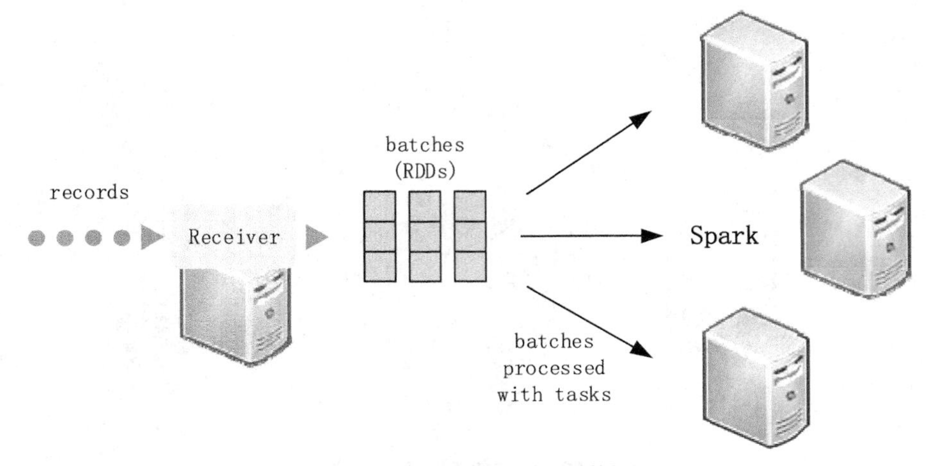

图 10-4　Spark Streaming 系统架构

Spark Streaming 是将流式计算分解成一系列短小的批处理作业。这里的批处理引擎是 Spark Core。Spark Streaming 首先把输入数据按照批段大小（如 1 秒）分成一段一段的数据（DStream），并把每一段数据都转换成 Spark 中的 RDD，然后将 Spark Streaming 中对 DStream 的 Transformation 操作变为 Spark 中对 RDD 的 Transformation 操作，并将操作的中间结果保存在内存中。整个流式计算根据业务的需求可以对中间的结果进行叠加，或者存储到外部设备。图 10-5 显示了 Spark Streaming 的整个计算流程。

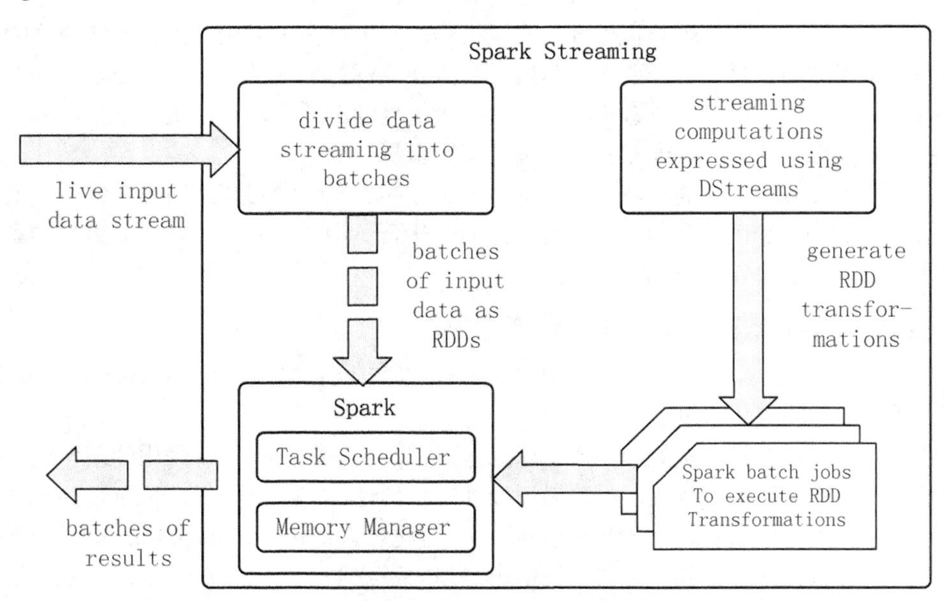

图 10-5　Spark Streaming 计算流程

10.2.3　动态负载均衡

Spark 系统将数据划分为小批量，允许对资源进行细粒度分配。传统的流处理系统采用静态方式分配任务给结点，如果其中的一个分区的计算比别的分区更密集，那么该结点的处理将会遇到性能瓶颈，同时将会减缓管道处理。而在 Spark Streaming 中，作业任务将会动态地平衡分配给各个结点，一些结点会处理数量较少且耗时较长的任务，别的结点将会处理数量更多且耗时更短的任务。静态和动态负载均衡的对比如图 10-6 所示。

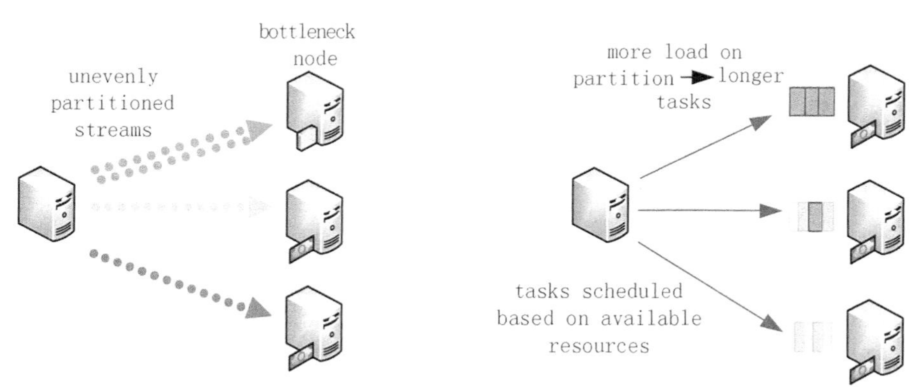

图 10-6　静态和动态负载均衡的对比

10.2.4　容错性

对于流式计算来说，容错性至关重要。首先来介绍 Spark 中 RDD 的容错机制。每一个 RDD 都是一个不可变的分布式可重算的数据集，其记录着确定性的操作血缘关系，所以只要输入数据是可容错的，则任意一个 RDD 的分区都可以利用原始输入数据通过转换操作而重新计算来得到。

对于 Spark Streaming 来说，其 RDD 的血缘关系如图 10-7 所示，图中的每一个椭圆形表示一个 RDD，椭圆形中的每个圆形代表一个 RDD 中的一个 Partition，图中的每一列的多个 RDD 表示一个 DStream，而每一行最后一个 RDD 则表示每一个 Batch Size 所产生的中间结果 RDD。我们可以看到，图 10-7 中的每一个 RDD 都是通过血缘相连接的，RDD 中任意的 Partition 出错，都可以并行地在其他机器上将缺失的 Partition 计算出来。这个容错恢复方式比连续计算模型的效率更高。

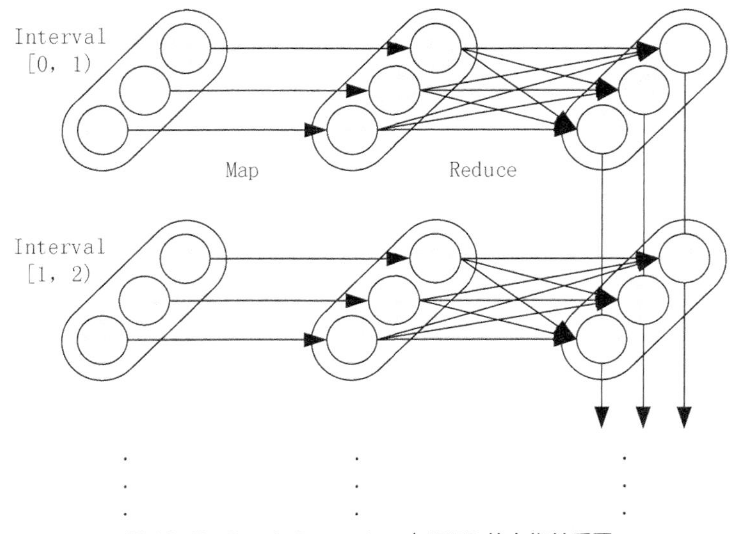

图 10-7　Spark Streaming 中 RDD 的血缘关系图

在结点故障的案例中，传统系统会在别的结点上重启失败的连续算子。为了重新计算丢失的信息，不得不重新运行一遍先前的数据流处理过程。此时，只有一个结点能够处理重新计算，并且整个管道将无法继续进行工作，直至新的结点信息已经恢复到故障前的状态。在 Spark Streaming 中，计算将被拆分成多个小的任务，保证能在任何地方运行而又不影响合并后结果的正确性。因此，失败的任务可以同时重新在集群结点上并行处理，从而均匀地分布在所有重新计算情况下的众多结点中，这样相比于传统方法能够更快地从故障中恢复过来。两种故障恢复方式的比较如图 10-8 所示。

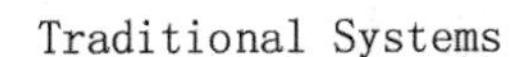

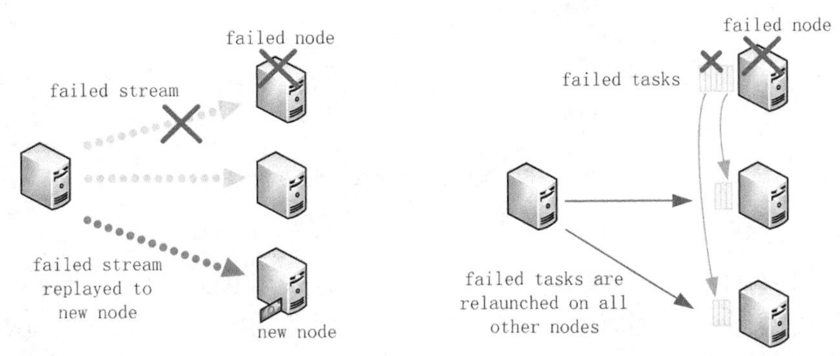

图 10-8　故障恢复方式的比较

10.2.5　实时性、扩展性与吞吐量

Spark Streaming 将流式计算分解成多个 Spark Job，对于每一段数据的处理都会经过 Spark DAG 的图分解过程及 Spark 的任务集的调度过程。对于目前版本的 Spark Streaming 而言，其最小的批次大小的选取为 0.5～2 秒，所以 Spark Streaming 能够满足除对实时性要求非常高（如高频实时交易）之外的所有流式准实时计算场景。

Spark 目前在 EC2 上已能够线性扩展到 100 个结点（每个结点 4Core），可以以数秒的延迟处理 6 GB/秒的数据量，吞吐量可达 60 MB 条记录/秒。图 10-9 是利用 WordCount 和 Grep 两个用例所做的测试，在 Grep 这个测试中，Spark Streaming 中的每个结点的吞吐量是 670 KB 条记录/秒，而 Storm 中的每个结点的吞吐量是 115 KB 条记录/秒。

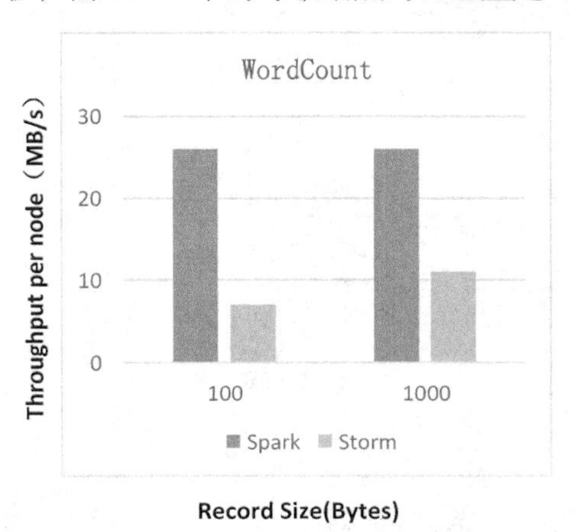

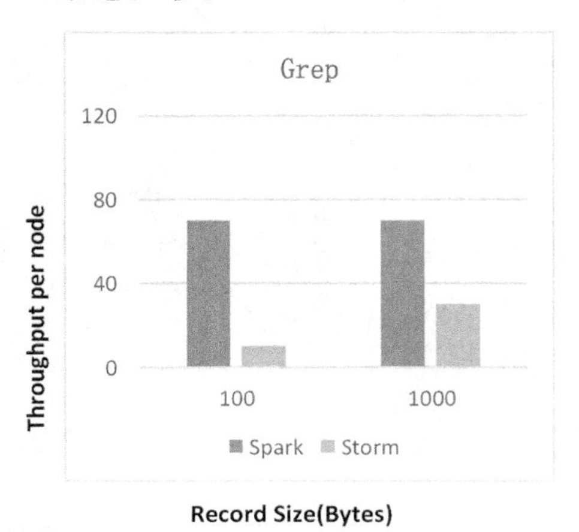

图 10-9　Spark Streaming 与 Storm 吞吐量比较

10.3 编程模型

本节将介绍 Spark Streaming 的编程模型，包括 DStream 的操作流程和使用方法。

10.3.1 DStream 的操作流程

DStream 作为 Spark Streaming 的基础抽象，它代表持续性的数据流。这些数据流既可以通过外部输入源来获取，也可以通过现有的 DStream 的 Transformation 操作来获得。在内部实现上，DStream 由一组时间序列上连续的 RDD 来表示。如图 10-10 所示，每个 RDD 都包含了自己特定时间间隔内的数据流。

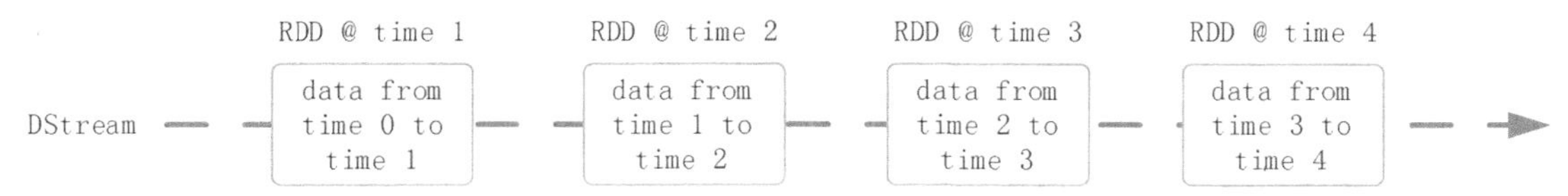

图 10-10　DStream 中在时间轴下生成离散的 RDD 序列

如图 10-11 所示，对 DStream 中数据的各种操作也是映射到内部的 RDD 上来进行的，可以通过 RDD 的 Transformation 生成新的 DStream。这里的执行引擎是 Spark。

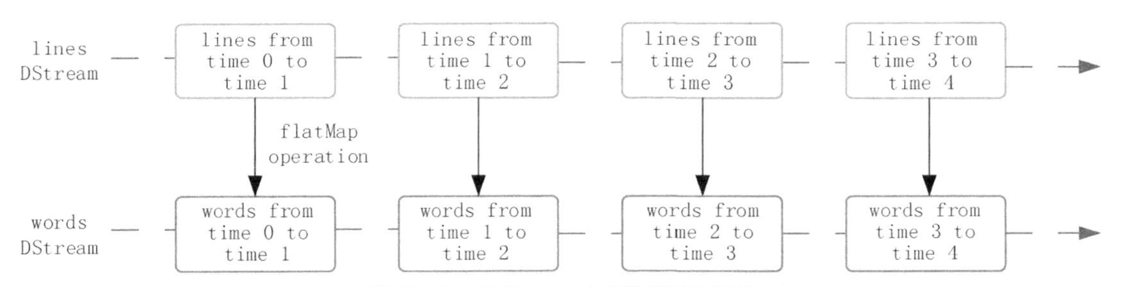

图 10-11　DStream 中的数据操作流程

10.3.2 Spark Streaming 使用

作为构建于 Spark 之上的应用框架，Spark Streaming 承袭了 Spark 的编程风格。本节以 Spark Streaming 官方提供的 WordCount 代码为例来介绍 Spark Streaming 的使用方式。

```
import org.apache.spark._
import org.apache.spark.streaming._
import org.apache.spark.streaming.StreamingContext._
// 创建一个拥有两个工作线程，时间片长度为 1 秒的 StreamContext
// 主结点需要 2 核以免饥饿状态发生
val conf = new SparkConf().setMaster("local[2]").setAppName("NetworkWordCount")
val ssc = new StreamingContext(conf, Seconds(1))
// 创建连接到 hostname:port 的 DStreamCreate ，如 localhost:9999
val lines = ssc.socketTextStream("localhost", 9999)
// 把每一行分解为单词
val words = lines.flatMap(_.split(" "))
import org.apache.spark.streaming.StreamingContext._
// 计数每一个时间片内的单词量
va l pairs = words.map(word => (word, 1))
val wordCounts = pairs.reduceByKey(_ + _)
// 打印该 DStream 生成的每个 RDD 中的前 10 个单词
wordCounts.print()
ssc.start()                    // 启动计算
ssc.awaitTermination ()   // 等待计算完成
```

1．创建 StreamingContext 对象

Spark Streaming 初始化的主要工作是创建 StreamingContext 对象，通过创建函数的参数指明 Master Server，设定应用名称，指定 Spark Streaming 处理数据的时间间隔等。上述代码可设定应用的名称为 NetworkWordCount，处理数据的时间间隔为 1 秒。

2．创建 InputDStream

Spark Streaming 需要指明数据源。该实例指明使用 socketTextStream，也就是以 socket 连接作为数据源读取数据。Spark Streaming 支持多种不同的数据源，包括 Kafka、Flume、HDFS/S3、Kinesis 和 Twitter 等。

3．操作 DStream

对于从数据源得到的 DStream，用户可以对其进行各种操作，该实例所示的操作就是一个典型的 WordCount 执行流程。对于当前时间窗口内从数据源得到的数据，首先进行分割，然后利用 map 和 reduceByKey 方法进行计算，最后使用 print( )方法输出结果。

4．启动 Spark Streaming

之前的所有步骤只是创建了执行流程，程序没有真正连接上数据源，也没有对数据进行任何操作，只是设定好了所有的执行计划，当 ssc.start( )启动后程序才真正进行所有预期的操作。

10.3.3 DStream 的输入源

Spark Streaming 的所有操作都是基于流的，而输入源是这一系列操作的起点。输入 DStream 和 DStream 接收的流都代表输入数据流的来源，Spark Streaming 提供了两种内置数据流来源：基础来源和高级来源。

1．基础来源

基础来源是在 StreamingContext API 中直接可用的来源，如文件系统、Socket（套接字）等。前面的例子已经使用了 ssc.socketTextStream( )方法，即通过 TCP 套接字连接，从文本数据中创建一个 DStream。除了套接字之外，StreamingContext 的 API 还提供了从文件和 Akka actors 中创建 DStreams 作为输入源的方法。

Spark Streaming 提供了 streamingContext.fileStream(dataDirectory)方法，该方法可以从任何文件系统（如 HDFS、S3、NFS 等）的文件中读取数据，然后创建一个 DStream。Spark Streaming 监控 dataDirectory 目录和在该目录下的所有文件的创建处理过程。需要注意的是，文件必须是具有相同的数据格式的，创建的文件必须在 dataDirectory 目录下。对于简单的文本文件，可以使用一个简单的方法 streamingContext.textFileStream(dataDirectory)来读取数据。

Spark Streaming 也可以基于自定义 Actors 的流创建 DStream。通过 Akka actors 接收数据流的使用方法是 streamingContext.actorStream(actorProps, actor-name)。Spark Streaming 使用 streamingContext.queueStream(queueOfRDDs)方法可以创建基于 RDD 队列的 DStream，每个 RDD 队列将被视为 DStream 中的一块数据流进行加工处理。

2．高级来源

高级来源，如 Kafka、Flume、Kinesis、Twitter 等，可以通过额外的实用工具类来创建。高级来源需要外部 non-Spark 库的接口，其中一些有复杂的依赖关系（如 Kafka、Flume）。因此通过这些来源创建 DStreams 需要明确其依赖。例如，如果想创建一个使用 Twitter tweets 的数据的 DStream 流，必须按以下步骤来做。

（1）在 sbt 或 maven 工程里添加 spark-streaming-twitter_2.10 依赖。

（2）开发：导入 TwitterUtils 包，通过 TwitterUtils.createStream 方法创建一个 DStream。

（3）部署：添加所有依赖的 Jar 包，然后部署应用程序。

需要注意的是，这些高级来源一般在 Spark Shell 中不可用，因此基于这些高级来源的应用不能在 Spark Shell 中进行测试。如果必须在 Spark Shell 中使用它们，则需要下载相应的 maven 工程的 Jar 依赖并添加到类路径中。另外，输入 DStream 也可以创建自定义的数据源，需要做的就是实现一个用户定义的接收器。

10.4 DStream 的操作

与 RDD 类似，DStream 也提供了自己的一系列操作方法，这些操作可以分成 3 类：普通的转换操作、窗口转换操作和输出操作。

10.4.1 普通的转换操作

普通的转换操作如表 10-1 所示。

表 10-1 普通的转换操作

Suo	描述
map(func)	源 DStream 的每个元素通过函数 func 返回一个新的 DStream
flatMap(func)	类似于 map 操作，不同的是，每个输入元素可以被映射出 0 或者更多的输出元素
filter(func)	在源 DStream 上选择 func 函数的返回值仅为 true 的元素，最终返回一个新的 DStream
repartition(numPartitions)	通过输入的参数 numPartitions 的值来改变 DStream 的分区大小
union(otherStream)	返回一个包含源 DStream 与其他 DStream 的元素合并后的新 DStream
count()	对源 DStream 内部所含有的 RDD 的元素数量进行计数，返回一个内部的 RDD 只包含一个元素的 DStream
reduce(func)	使用函数 func（有两个参数并返回一个结果）将源 DStream 中每个 RDD 的元素进行聚合操作，返回一个内部所包含的 RDD 只有一个元素的新 DStream
countByValue()	计算 DStream 中每个 RDD 内的元素出现的频次并返回新的 DStream(<*K*,Long>)，其中，*K* 是 RDD 中元素的类型，Long 是元素出现的频次
reduceByKey(func , [numTasks])	当一个类型为<*K*, *V*>键值对的 DStream 被调用的时候，返回类型为<*K*, *V*>键值对的新 DStream，其中每个键的值 *V* 都是使用聚合函数 func 汇总的。可以通过配置 numTasks 设置不同的并行任务数

续表

Suo	描述
join(otherStream , [numTasks])	当被调用类型分别为<K,V>和<K,W>键值对的两个DStream 时，返回一个类型为<K,<V,W>>键值对的新DStream
cogroup(otherStream , [numTasks])	当被调用的两个 DStream 分别含有<K, V>和<K, W>键值对时，返回一个<K, Seq[V], Seq[W]>类型的新的DStream
transform(func)	通过对源 DStream 的每个 RDD 应用 RDD-to-RDD 函数，返回一个新的 DStream，这可以用来在 DStream 中做任意 RDD 操作
updateStateByKey(func)	返回一个新状态的 DStream，其中每个键的新状态是基于前一个状态和其新值通过函数 func 计算得出的。这个方法可以被用来维持每个键的任何状态数据

在表 10-1 列出的操作中，transform(func)方法和 updateStateByKey(func)方法值得再深入地探讨一下。

1．transform (func) 方法

transform 方法及类似的 transformWith(func)方法允许在 DStream 上应用任意 RDD-to-RDD 函数，它们可以被应用于未在 DStream API 中暴露的任何 RDD 操作中。例如，每批次的数据流与另一数据集的连接功能不能直接暴露在 DStream API 中，但可以轻松地使用 transform(func)方法来做到这一点，这使得 DStream 的功能非常强大。例如，可以通过连接预先计算的垃圾邮件信息的输入数据流，来做实时数据清理的筛选。事实上，也可以在 transform(func)方法中使用机器学习和图形计算的算法。

2．updateStateByKey (func) 方法

updateStateByKey(func)方法可以保持任意状态，同时允许不断有新的信息进行更新。要使用此功能，必须进行以下两个步骤。

（1）定义状态：状态可以是任意的数据类型。

（2）定义状态更新函数：用一个函数指定如何使用先前的状态和从输入流中获取的新值更新状态。

用一个例子来说明，假设要进行文本数据流中单词计数。在这里，正在运行的计数是状态而且它是一个整数。更新功能定义如下。

```
def updateFunction(newValues: seq[Int], runningCount: option[Int]):Option[Int] = {
    val newCount = … //给前序 runningCount 添加新值，获取新 count
    Some ( newCount )
}
```

此函数应用于含有键值对的 DStream 中（例如，在前面的单词计数示例中，在 DStream 含有<word,1>键值对）。它会针对里面的每个元素（如 WordCount 中的 Word）调用更新函数，其中，newValues 是最新的值，runningCount 是之前的值。

```
val runningCounts = pairs.updateStateByKey[Int](updateFunction._)
```

10.4.2 窗口转换操作

Spark Streaming 还提供了窗口的计算，它允许通过滑动窗口对数据进行转换，窗口转换操作如表 10-2 所示

表 10-2 窗口转换操作

转换	描述
window(windowLength , slideInterval)	返回一个基于源 DStream 的窗口批次计算得到新的 DStream
countByWindow(windowLength , slideInterval)	返回基于滑动窗口的 DStream 中的元素的数量
reduceByWindow(func , windowLength , slideInterval)	基于滑动窗口对源 DStream 中的元素进行聚合操作，得到一个新的 DStream
reduceByKeyAndWindow(func , windowLength , slideInterval , [numTasks])	基于滑动窗口对<*k*,*v*>键值对类型的 DStream 中的值按 *k* 使用聚合函数 func 进行聚合操作，得到一个新的 DStream
reduceByKeyAndWindow(func , invFunc , windowLength , slideInterval , [numTasks])	一个更高效的实现版本，先对滑动窗口中新的时间间隔内的数据进行增量聚合，再移去最早的同等时间间隔内的数据统计量。例如，计算 *t*+4 秒这个时刻过去 5 秒窗口的 WordCount 时，可以将 *t*+3 时刻过去 5 秒的统计量加上[*t*+3，*t*+4]的统计量，再减去[*t*−2，*t*−1]的统计量，这种方法可以复用中间 3 秒的统计量，提高统计的效率
countByValueAndWindow(windowL ength , slideInterval , [numTasks])	基于滑动窗口计算源 DStream 中每个 RDD 内每个元素出现的频次，并返回 DStream[<*K*, Long>]，其中，*K* 是 RDD 中元素的类型，Long 是元素频次。Reduce 任务的数量可以通过一个可选参数进行配置

在 Spark Streaming 中，数据处理是按批进行的，而数据采集是逐条进行的，因此在 Spark Streaming 中会先设置好批处理间隔，当超过批处理间隔的时候就会把采集到的数据汇总起来成为一批数据交给系统去处理。

对于窗口操作而言，在其窗口内部会有 *N* 个批处理数据，批处理数据的大小由窗口间隔决定，而窗口间隔指的就是窗口的持续时间。在窗口操作中，只有窗口的长度满足了才会触发批数据的处理。除了窗口的长度，窗口操作还有另一个重要的参数，即滑动间隔，它指的是经过多长时间窗口滑动一次形成新的窗口。滑动间隔默认情况下和批次间隔相同，而窗口间隔一般设置得要比它们两个大。在这里必须注意的一点是，滑动间隔和窗口间隔的大小一定得设置为批处理间隔的整数倍。

如图 10-12 所示，批处理间隔是 1 个时间单位，窗口间隔是 3 个时间单位，滑动间隔是 2 个时间单位。对于初始的窗口（time 1～time 3），只有窗口间隔满足了才会触发数据的处理。

这里需要注意，有可能初始的窗口没有被流入的数据撑满，但是随着时间的推进，窗口最终会被撑满。每过 2 个时间单位，窗口滑动一次，这时会有新的数据流入窗口，窗口则移去最早的 2 个时间单位的数据，而与最新的 2 个时间单位的数据进行汇总形成新的窗口（time 3～time 5）。

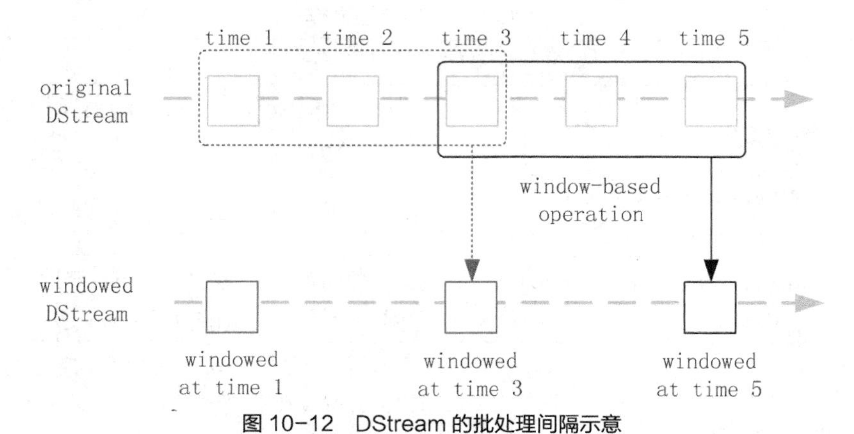

图 10-12　DStream 的批处理间隔示意

对于窗口操作，批处理间隔、窗口间隔和滑动间隔是非常重要的 3 个时间概念，是理解窗口操作的关键所在。

10.4.3　输出操作

Spark Streaming 允许 DStream 的数据被输出到外部系统，如数据库或文件系统。输出操作实际上使 transformation 操作后的数据可以被外部系统使用，同时输出操作触发所有 DStream 的 transformation 操作的实际执行（类似于 RDD 操作）。表 10-3 列出了目前主要的输出操作。

表 10-3　输出操作

转换	描述
print()	在 Driver 中打印出 DStream 中数据的前 10 个元素
saveAsTextFiles(prefix , [suffix])	将 DStream 中的内容以文本的形式保存为文本文件，其中，每次批处理间隔内产生的文件以 prefix-TIME_IN_MS[.suffix]的方式命名
saveAsObjectFiles(prefix , [suffix])	将 DStream 中的内容按对象序列化，并且以 SequenceFile 的格式保存，其中，每次批处理间隔内产生的文件以 prefix-TIME_IN_MS[.suffix]的方式命名
saveAsHadoopFiles(prefix , [suffix])	将 DStream 中的内容以文本的形式保存为 Hadoop 文件，其中，每次批处理间隔内产生的文件以 prefix-TIME_IN_MS[.suffix]的方式命名
foreachRDD(func)	最基本的输出操作，将 func 函数应用于 DStream 中的 RDD 上，这个操作会输出数据到外部系统，例如，保存 RDD 到文件或者网络数据库等。需要注意的是，func 函数是在该 Streaming 应用的 Driver 进程里执行的

dstream.foreachRDD 是一个非常强大的输出操作，它允许将数据输出到外部系统。但是，如何正确高效地使用这个操作是很重要的，下面来讲解如何避免一些常见的错误。

通常情况下，将数据写入到外部系统需要创建一个连接对象（如 TCP 连接到远程服务器），并用它来发送数据到远程系统。出于这个目的，开发者可能在不经意间在 Spark Driver 端创建了连接对象，并尝试使用它保存 RDD 中的记录到 Spark Worker 上，代码如下。

```
dstream.foreachRDD { rdd =>
    val connection = createNewConnection() //在 Driver 上执行
    rdd.foreach { record =>
        connection.send(record) //在 Worker 上执行
    }
}
```

这是不正确的，这需要连接对象进行序列化并从 Driver 端发送到 Worker 上。连接对象很少在不同机器间进行这种操作，此错误可能表现为序列化错误（连接对不可序列化）、初始化错误（连接对象需要在 Worker 上进行初始化）等，正确的解决办法是在 Worker 上创建连接对象。

通常情况下，创建一个连接对象有时间和资源开销。因此，创建和销毁的每条记录的连接对象都可能会导致不必要的资源开销，并显著降低系统整体的吞吐量。一个比较好的解决方案是使用 rdd.foreachPartition 方法创建一个单独的连接对象，然后将该连接对象输出的所有 RDD 分区中的数据使用到外部系统。

还可以进一步通过在多个 RDDs/batch 上重用连接对象进行优化。一个保持连接对象的静态池可以重用在多个批处理的 RDD 上，从而进一步降低了开销。

需要注意的是，在静态池中的连接应该按需延迟创建，这样可以更有效地把数据发送到外部系统。另外需要要注意的是，DStream 是延迟执行的，就像 RDD 的操作是由 Actions 触发一样。默认情况下，输出操作会按照它们在 Streaming 应用程序中定义的顺序逐个执行。

10.4.4 持久化

与 RDD 一样，DStream 同样也能通过 persist()方法将数据流存放在内存中，默认的持久化方式是 MEMORY_ONLY_SER，也就是在内存中存放数据的同时序列化数据的方式，这样做的好处是，遇到需要多次迭代计算的程序时，速度优势十分的明显。而对于一些基于窗口的操作，如 reduceByWindow、reduceByKeyAndWindow，以及基于状态的操作，如 updateStateBykey，其默认的持久化策略就是保存在内存中。

对于来自网络的数据源（Kafka、Flume、Sockets 等），默认的持久化策略是将数据保存在两台机器上，这也是为了容错性而设计的。

10.5 编程实战

本节介绍如何编写 Spark Streaming 应用程序，由简到难讲解使用几个核心概念来解决实际应用问题。

10.5.1 流数据模拟器

在实例演示中模拟实际情况，需要源源不断地接入流数据，为了在演示过程中更接近真实环境，首先需要定义流数据模拟器。该模拟器的主要功能是通过 Socket 方式监听指定的端口号，当外部程序通过该端口进行连接并请求数据时，模拟器将定时将指定的文件数据进行随机获取，并发送给外部程序。

流数据模拟器的代码如下。

```
import java.io.{PrintWriter}
import java.net.ServerSocket
import scala.io.Source

object StreamingSimulation {
  // 定义随机获取整数的方法
  def index(length: Int) = {
    import java.util.Random
    val rdm = new Random
    rdm.nextInt(length)
  }

  def main(args: Array[String]) {
    // 调用该模拟器需要 3 个参数，分别为文件路径、端口号和间隔时间（单位为毫秒）
    if (args.length != 3) {
        System.err.println("Usage: <filename> <port> <millisecond>")
        System.exit(1)
    }

    // 获取指定文件总的行数
    val filename = args(0)
    val lines = Source.fromFile(filename).getLines.toList
    val filerow = lines.length

    // 指定监听某端口，当外部程序请求时建立连接
    val listener = new ServerSocket(args(1).toInt)
    while (true) {
      val socket = listener.accept()
      new Thread() {
        override def run = {
          println("Got client connected from: " + socket.getInetAddress)
          val out = new PrintWriter(socket.getOutputStream(), true)
          while (true) {
            Thread.sleep(args(2).toLong)
            // 当该端口接受请求时，随机获取某行数据发送给对方
            val content = lines(index(filerow))
            println(content)
            out.write(content + '\n')
            out.flush()
          }
          socket.close()
        }
      }.start()
    }
  }
}
```

在 IDEA 开发环境打包配置界面中，首先需要在 Class Path 加入 Jar 包（/app/scala-2.10.4/lib/scala-swing.jar /app/scala-2.10.4/lib/scala-library.jar/app/scala-2.10.4/lib/scala-actors.jar），然后单击“Build”→“Build Artifacts”，选择“Build”或者“Rebuild”动作，最后使用以下命令复制打包文件到 Spark 根目录下。

```
cd /home/hadoop/IdeaProjects/out/artifacts/LearnSpark_jar
cp LearnSpark.jar /app/hadoop/spark-1.1.0/
```

10.5.2 实例 1：读取文件演示

在该实例中，Spark Streaming 将监控某目录中的文件，获取在该间隔时间段内变化的数据，然后通过 Spark Streaming 计算出该时间段内的单词统计计数。

程序代码如下。

```
import org.apache.spark.SparkConf
```

```
import org.apache.spark.streaming.{Seconds, StreamingContext}
import org.apache.spark.streaming.StreamingContext._

object FileWordCount {
  def main(args: Array[String]) {
    val sparkConf = new SparkConf().setAppName("FileWordCount").setMaster
("local[2]")
    // 创建 Streaming 的上下文，包括 Spark 的配置和时间间隔，这里时间间隔为 20 秒
    val ssc = new StreamingContext(sparkConf, Seconds(20))
    // 指定监控的目录，这里为/home/hadoop/temp/
    val lines = ssc.textFileStream("/home/hadoop/temp/")
    // 对指定文件夹中变化的数据进行单词统计并且打印
    val words = lines.flatMap(_.split(" "))
    val wordCounts = words.map(x => (x, 1)).reduceByKey(_ + _)
    wordCounts.print()
      // 启动 Streaming
    ssc.start()
    ssc.awaitTermination()
  }
}
```

运行代码的步骤共有三步。

第一步：创建 Streaming 监控目录。

创建/home/hadoop/temp 为 Spark Streaming 监控的目录，在该目录中定时添加文件，然后由 Spark Streaming 统计出新添加的文件中的单词个数。

第二步：使用以下命令启动 Spark 集群。

```
$cd /app/hadoop/spark-1.1.0
$sbin/start-all.sh
```

第三步：在 IDEA 中运行 Streaming 程序。

在 IDEA 中运行该实例，由于该实例没有输入参数故不需要配置参数，在运行日志中将定时打印时间戳。如果在监控目录中加入文件，则输出时间戳的同时将输出该时间段内新添加的文件的单词统计个数。

10.5.3 实例 2：网络数据演示

在该实例中将由流数据模拟器以 1 秒的频度发送模拟数据，Spark Streaming 通过 Socket 接收流数据并每 20 秒运行一次来处理接收到的数据，处理完毕后打印该时间段内数据出现的频度，即在各处理段时间内的状态之间并无关系。

程序代码如下。

```
import org.apache.spark.{SparkContext, SparkConf}
import org.apache.spark.streaming.{Milliseconds, Seconds, StreamingContext}
import org.apache.spark.streaming.StreamingContext._
import org.apache.spark.storage.StorageLevel

object NetworkWordCount {
  def main(args: Array[String]) {
    val conf = new SparkConf().setAppName("NetworkWordCount").setMaster("local[2]")
    val sc = new SparkContext(conf)
    val ssc = new StreamingContext(sc, Seconds(20))
   // 通过 Socket 获取数据，需要提供 Socket 的主机名和端口号，数据保存在内存和硬盘中
  val lines = ssc.socketTextStream(args(0),args(1).toInt,StorageLevel.MEMORY_AND_
DISK_SER)
    // 对读入的数据进行分割、计数
    val words = lines.flatMap(_.split(","))
    val wordCounts = words.map(x => (x, 1)).reduceByKey(_ + _)
    wordCounts.print()
    ssc.start()
    ssc.awaitTermination()
  }
```

```
}
```

运行代码的步骤共有四步。

第一步：启动流数据模拟器。

启动流数据模拟器，模拟器 Socket 的端口号为 9999，频度为 1 秒。在该实例中将定时发送 /home/hadoop/upload/class7 目录下的 people.txt 数据文件，其中，people.txt 数据的内容如下。

```
1 Michael
2 Andy
3 Justin
4
```

启动流数据模拟器的命令如下。

```
$cd /app/hadoop/spark-1.1.0
$java -cp LearnSpark.jar class7.StreamingSimulation \
/home/hadoop/upload/class7/people.txt 9999 1000
```

在没有程序连接时，该程序处于阻塞状态。

第二步：在 IDEA 中运行 Streaming 程序。

在 IDEA 中运行该实例，需要配置连接 Socket 的主机名和端口号，在这里配置主机名为 hadoop1，端口号为 9999。

第三步：观察模拟器发送情况。

IDEA 中的 Spark Streaming 程序与模拟器建立连接，当模拟器检测到外部连接时开始发送测试数据，数据是随机在指定的文件中获取的一行数据，时间间隔为 1 秒。图 10-13 是一个模拟器发送情况的截图。

```
hadoop1 | hadoop2 | hadoop3
[hadoop@hadoop1 spark-1.1.0]$ java -cp LearnSpark.jar class7.StreamingSimulation /home/hadoop
load/class7/people.txt 9999 1000
Got client connected from: /192.168.10.111
Andy
Michael
Justin
Andy
Andy
Justin
Andy
Michael
Justin
Michael
Michael
Justin
Justin
Justin
```

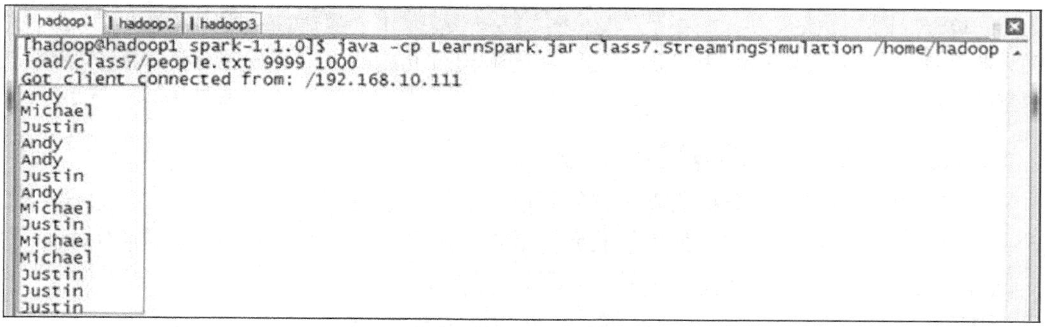

图 10-13　模拟器发送情况的截图

第四步：观察统计结果。

在 IDEA 的运行窗口中，可以观测到统计结果。通过分析可知，Spark Streaming 每段时间内的单词数为 20，正好是 20 秒内每秒发送数量的总和。

```
-------------------------------------------
Time: 14369195400000ms
-------------------------------------------
(Andy, 2)
(Michael, 9)
(Justin, 9)
```

10.5.4　实例 3：Stateful 演示

该实例为 Spark Streaming 状态操作，由流数据模拟器以 1 秒的频度发送模拟数据，Spark Streaming 通过 Socket 接收流数据并每 5 秒运行一次来处理接收到的数据，处理完毕后打印程序启动后单词出现的频度，也就是说，每次输出的结果不仅仅是统计该时段内接收到的数据，还包括前面所有时段的数据。相比较实例 2，在该实例中，各时间段内的状态之间是相关的。

程序代码如下。

```
import org.apache.log4j.{Level, Logger}
import org.apache.spark.{SparkContext, SparkConf}
import org.apache.spark.streaming.{Seconds, StreamingContext}
import org.apache.spark.streaming.StreamingContext._

object StatefulWordCount {
  def main(args: Array[String]) {
    if (args.length != 2) {
        System.err.println("Usage: StatefulWordCount <filename> <port> ")
        System.exit(1)
    }
    Logger.getLogger("org.apache.spark").setLevel(Level.ERROR)
    Logger.getLogger("org.eclipse.jetty.server").setLevel(Level.OFF)
    // 定义更新状态方法，参数 values 为当前批次单词频度，state 为以往批次单词频度
    val updateFunc = (values: Seq[Int], state: Option[Int]) => {
     val currentCount = values.foldLeft(0)(_ + _)
     val previousCount = state.getOrElse(0)
     Some(currentCount + previousCount)
    }
    val conf = new SparkConf().setAppName("StatefulWordCount").setMaster
("local[2]")
    val sc = new SparkContext(conf)
    // 创建 StreamingContext，Spark Steaming 运行时间间隔为 5 秒
    val ssc = new StreamingContext(sc, Seconds(5))
    // 定义 checkpoint 目录为当前目录
    ssc.checkpoint(".")
    // 获取从 Socket 发送过来的数据
    val lines = ssc.socketTextStream(args(0), args(1).toInt)
    val words = lines.flatMap(_.split(","))
    val wordCounts = words.map(x => (x, 1))
    // 使用 updateStateByKey 来更新状态，统计单词总的次数
    val stateDstream = wordCounts.updateStateByKey[Int](updateFunc)
    stateDstream.print()
    ssc.start()
    ssc.awaitTermination()
  }
}
```

启动数据流模拟器和在 IDEA 启动应用程序的方法与实例 2 相同。

在 IDEA 的运行窗口中查看运行情况，可以观察到第一次统计的单词总数为 0，第二次为 5，第 N 次为 $5(N-1)$，即统计的单词总数为程序运行单词数的总和。

```
-------------------------------------------
Time: 14369196110000ms
-------------------------------------------

-------------------------------------------
Time: 14369196150000ms
-------------------------------------------
(Andy, 2)
(Michael, 1)
(Justin, 2)
```

10.5.5 实例 4：窗口演示

该实例为 Spark Streaming 窗口操作，由流数据模拟器以 1 秒的频度发送模拟数据，Spark Streaming 通过 Socket 接收流数据并每 10 秒运行一次来处理接收到的数据，处理完毕后打印程序启动后单词出现的频度。相比前面的实例，Spark Streaming 窗口统计是通过 reduceByKeyAndWindow()方法实现的，在该方法中需要指定窗口时间长度和滑动时间间隔。

程序代码如下。

```
import org.apache.log4j.{Level, Logger}
import org.apache.spark.{SparkContext, SparkConf}
import org.apache.spark.storage.StorageLevel
import org.apache.spark.streaming._
import org.apache.spark.streaming.StreamingContext._

object WindowWordCount {
  def main(args: Array[String]) {
    if (args.length != 4) {
      System.err.println("Usage: WindowWorldCount <filename> <port>
<windowDuration> <slideDuration>")
      System.exit(1)
    }
    Logger.getLogger("org.apache.spark").setLevel(Level.ERROR)
    Logger.getLogger("org.eclipse.jetty.server").setLevel(Level.OFF)
    val conf = new SparkConf().setAppName("WindowWordCount").setMaster("local[2]")
    val sc = new SparkContext(conf)
     // 创建 StreamingContext
    val ssc = new StreamingContext(sc, Seconds(5))
     // 定义 checkpoint 目录为当前目录
    ssc.checkpoint(".")
    // 通过 Socket 获取数据，需提供 Socket 的主机名和端口号，数据保存在内存和硬盘中
    val lines = ssc.socketTextStream(args(0), args(1).toInt, StorageLevel.MEMORY_
ONLY_SER)
    val words = lines.flatMap(_.split(","))
    // windows 操作，第一种方式为叠加处理，第二种方式为增量处理
    val wordCounts = words.map(x => (x , 1)).reduceByKeyAndWindow((a:Int,b:Int) =>
(a + b), Seconds(args(2).toInt), Seconds(args(3).toInt))
  //val wordCounts = words.map(x => (x , 1)).reduceByKeyAndWindow(_+_, _-_, Seconds
(args(2).toInt), Seconds(args(3).toInt))
    wordCounts.print()
    ssc.start()
    ssc.awaitTermination()
  }
}
```

启动数据流模拟器和在 IDEA 启动应用程序的方法与实例 2 相同。

在 IDEA 的运行窗口中，可以观察到第一次统计的单词总数为 4，第二次为 14，第 N 次为 $10(N-1)+4$，即统计的单词总数为程序运行单词数的总和。

```
-------------------------------------------
Time: 14369196740000ms
-------------------------------------------
 (Andy, 1)
 (Michael, 2)
 (Justin, 1)

-------------------------------------------
Time: 14369196750000ms
-------------------------------------------
 (Andy, 4)
 (Michael, 5)
 (Justin, 5)
```

10.6 总结

本章首先介绍了 Spark Streaming 的基本概念，分析了传统流处理系统架构存在的缺陷以及 Spark Streaming 系统架构的优势；然后着重介绍了 Spark Streaming 的工作原理和执行模型，并分析了其动态负载均衡性、容错性、实时性、扩展性和吞吐量等；接着介绍了 Spark Streaming 的编程模型和操作类型，包括 DStream 的普通转换操作、窗口转换操作和输出操作等；最后讲

解了 Spark Streaming 基本的编程实践。

习　题

1. 什么是 Spark Streaming？

2. 请画图描述并解释 Spark Streaming 的内部处理机制和工作原理。

3. 请解释与 Spark Streaming 相关的术语。

离散流（DStream）；批数据（Batch Data）；时间片（Batch Interval）；窗口长度（Window Length）；滑动时间间隔（Slide Interval）。

4. 传统流处理系统架构的主要缺陷是什么？

5. 请描述 Spark Streaming 的系统架构，并进行解释。

6. 请画图描述并解释 Spark Streaming 的计算流程。

7. 请阐述 Spark Streaming 的容错能力。

8. 请描述 DStream 中的数据操作流程。

9. DStream 的输入源有哪些？请举例说明。

10. 请描述下述 DStream 普通转换操作的作用。

```
window( windowLength , slideInterval ); transform(func); updateByKey(func)
```

11. 请描述下述 DStream 窗口转换操作的作用。

```
map(func); flatMap(func); union(otherStream);
countByWindow( windowLength , slideInterval );
reduceByWindow( func , windowLength , slideInterval ) ;
reduceByKeyAndWindow( func , windowLength , slideInterval );
reduceByKeyAndWindow( func , invFunc , windowLength , slideInterval );
countByValueAndWindow( windowLength , slideInterval , [ numTasks ]) ;
```

12. 假定图 10-14 中的批处理的时间间隔是 1 秒，则窗口间隔是多少？滑动间隔是多少？

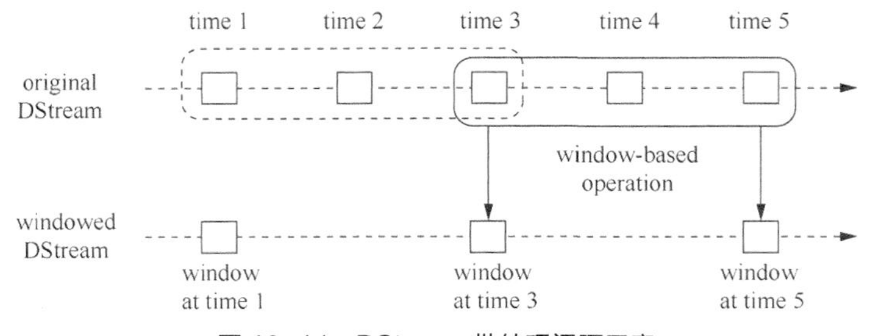

图 10-14　DStream 批处理间隔示意

13. 请编写完成单词计数任务的程序。Spark Streaming 将监控某目录中的文件，获取在间隔时间段内变化的数据，然后通过 Spark Streaming 计算出该时间段内的单词统计数。

第四部分

大数据挖掘篇

第11章 大数据挖掘

Chapter 11

海量的数据只是数据，并不能直接为企业的决策服务。快速增长的海量数据，已经远远地超过了人们的理解能力，人们很难理解大堆数据中蕴涵的知识。数据挖掘的主要目的就是为了实现数据的价值。尽管过去有些企业已经意识到了数据挖掘的重要性，但是近年来大数据技术的新发展才使得充分利用大数据的价值成为可能。

本章首先介绍数据挖掘和大数据挖掘的基本概念，然后讲解数据挖掘算法的类型，并分别对每类数据挖掘算法进行讲解，最后通过使用 Spark MLlib 来实现具体实例，以说明各个数据挖掘算法的使用场景。

11.1 数据挖掘概述

本节将对数据挖掘的基本概念进行介绍，包括数据挖掘的定义、数据挖掘的价值类型和数据挖掘算法的类型等。

11.1.1 什么是数据挖掘

数据挖掘是从大量的、不完全的、有噪声的、模糊的、随机的实际数据中，提取出蕴涵在其中的，人们事先不知道的，但是具有潜在有用性的信息和知识的过程。用来进行数据挖掘的数据源必须是真实的和大量的，并且可能不完整和包括一些干扰数据项。发现的信息和知识必须是用户感兴趣和有用的。一般来讲，数据挖掘的结果并不要求是完全准确的知识，而是发现一种大的趋势。

数据挖掘可简单地理解为通过对大量数据的操作，发现有用的知识的过程。它是一门涉及面很广的交叉学科，包括机器学习、数理统计、神经网络、数据库、模式识别、粗糙集、模糊数学等相关技术。就具体应用而言，数据挖掘是一个利用各种分析工具在海量数据中发现模型和数据间关系的过程，这些模型和关系可以用来做预测。

数据挖掘的知识发现，不是要去发现放之四海而皆准的真理，也不是要去发现崭新的自然科学定理和纯数学公式，更不是什么机器定理证明。实际上，所有发现的知识都是相对的，是有特定前提和约束条件，面向特定领域的，同时还要能够易于被用户理解，最好能用自然语言表达所发现的结果。

数据挖掘其实是一类深层次的数据分析方法。数据分析本身已经有很多年的历史，只不过在过去，数据收集和分析的目的是用于科学研究。另外，由于当时计算能力的限制，对大数据量进行分析的复杂数据分析方法受到了很大限制。现在，由于各行业业务自动化的实现，商业领域产生了大量的业务数据，这些数据不再是为了分析的目的而收集的，而是由于纯机会的商业运作而产生的。分析这些数据也不再是单纯为了研究的需要，更主要是为商业决策提供真正有价值的信息，进而获得利润。但所有企业面临的一个共同问题是，企业数据量非常大，而其中真正有价值的信息却很少，对大量的数据进行深层分析，进而获得有利于商业运作、提高竞争力的信息，就像从矿石中淘金一样，数据挖掘也因此而得名。

11.1.2 数据挖掘的价值类型

数据挖掘就是在海量的数据中找到有价值的数据，为企业经营决策提供依据。价值通常包括相关性、趋势和特征。

1．相关性

相关性分析是指对两个或多个具备相关性的变量元素进行分析，从而衡量两个变量因素的相关密切程度。元素之间需要存在一定的联系或者概率才可以进行相关性分析。相关性不等于因果性，所涵盖的范围和领域几乎覆盖了我们所见到的各个方面。相关性分析用于确定数据之间的变化情况，即其中一个属性或几个属性的变化是否会对其他属性造成影响，影响有多大。图 11-1 就是几种常见的相关性的示例。

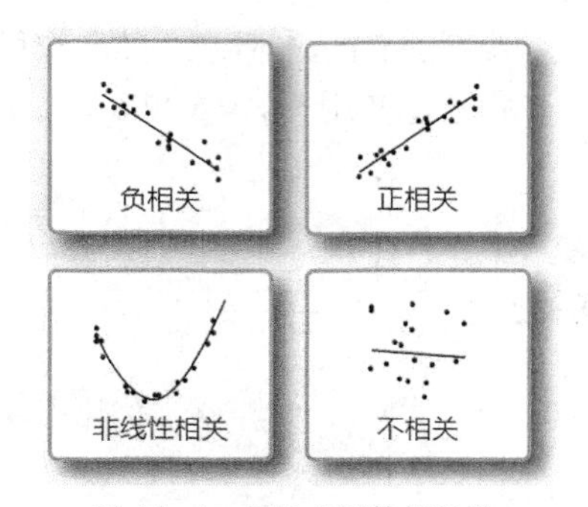

图 11-1 属性之间的相关性

2．趋势

趋势分析是指将实际达到的结果，与不同时期财务报表中同类指标的历史数据进行比较，从而确定财务状况、经营成果和现金流量的变化趋势和变化规律的一种分析方法。可以通过折线图预测数据的走向和趋势，也可以通过环比、同比的方式对比较的结果进行说明，如图 11-2 所示。

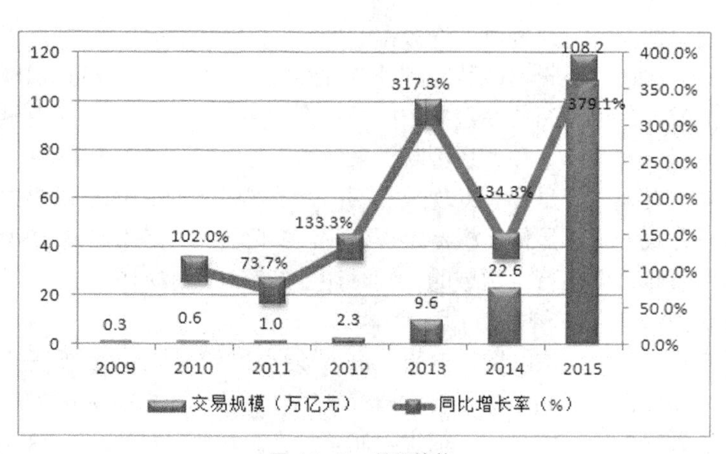

图 11-2 发展趋势

3．特征

特征分析是指根据具体分析的内容寻找主要对象的特征。例如，互联网类数据挖掘就是找出用户的各方面特征来对用户进行画像，并根据不同的用户给用户群打相应的标签。如图 11-3 所示。

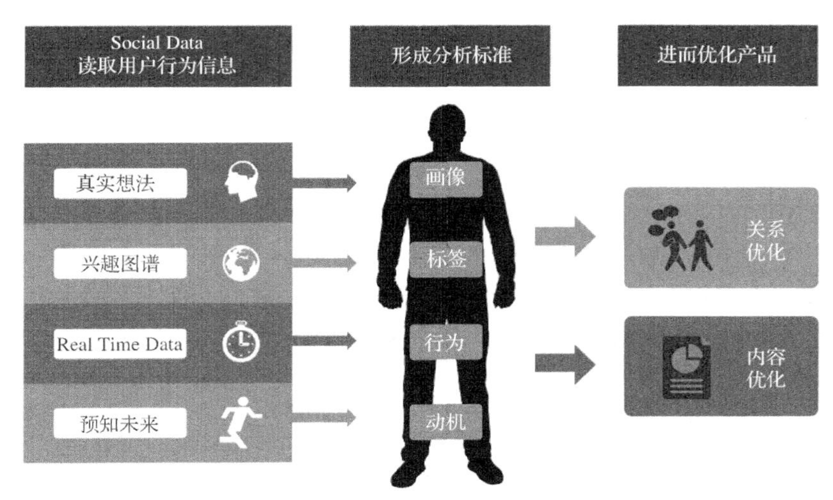

图 11-3　用户特征画像

11.1.3　数据挖掘算法的类型

在大数据挖掘中，我们的目标是如何用有一个（或多个）简单而有效的算法或算法的组合来提取有价值的信息，而不是去追求算法模型的完美。常用的数据挖掘算法一般分为两大类：有监督的学习和无监督的学习，如图 11-4 所示。

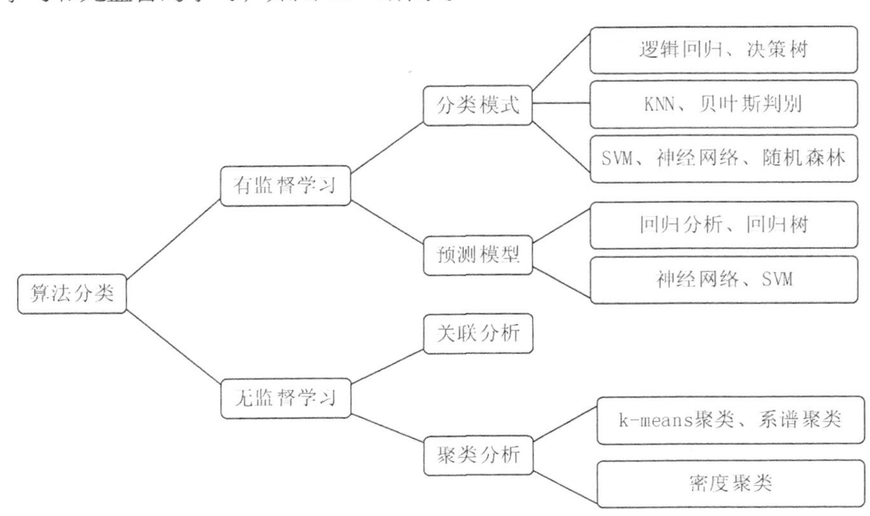

图 11-4　常用数据挖掘算法的类型

有监督的学习是基于归纳的学习，是通过对大量已知分类或输出结果的数据进行训练，建立分类或预测模型，用来分类未知实例或预测输出结果的未来值。无监督学习方法是在学习训练之前，对没有预定义好分类的实例按照某种相似性度量方法，计算实例之间的相似程度，并将最为相似的实例聚类在一组，解释每组的含义，从中发现聚类的意义。

11.2 Spark MLlib 简介

MLlib 是 Spark 的机器学习库，旨在简化机器学习的工程实践工作，并方便扩展到更大规模。MLlib 由一些通用的学习算法和工具组成，包括分类、回归、聚类、协同过滤、降维等，同时还包括底层的优化原语和高层的管道 API。

本节将对 Spark MLlib 进行简单介绍，在介绍数据挖掘算法时，将使用 Spark MLlib 提供的算法进行实例讲解。

11.2.1 Spark MLlib 的构成

Spark 是基于内存计算的，天然适应于数据挖掘的迭代式计算，但是对于普通开发者来说，实现分布式的数据挖掘算法仍然具有极大的挑战性。因此，Spark 提供了一个基于海量数据的机器学习库 MLlib，它提供了常用数据挖掘算法的分布式实现功能。开发者只需要有 Spark 基础并且了解数据挖掘算法的原理，以及算法参数的含义，就可以通过调用相应的算法的 API 来实现基于海量数据的挖掘过程。

MLlib 由 4 部分组成：数据类型，数学统计计算库，算法评测和机器学习算法。

（1）数据类型：向量、带类别的向量、矩阵等。

（2）数学统计计算库：基本统计量、相关分析、随机数产生器、假设检验等。

（3）算法评测：AUC、准确率、召回率、F-Measure 等。

（4）机器学习算法：分类算法、回归算法、聚类算法、协同过滤等。

具体来讲，分类算法和回归算法包括逻辑回归、SVM、朴素贝叶斯、决策树和随机森林等算法；用于聚类算法包括 k-means 和 LDA 算法；协同过滤算法包括交替最小二乘法（ALS）算法。

11.2.2 Spark MLlib 的优势

相比于基于 Hadoop MapReduce 实现的机器学习算法（如 Hadoop Manhout），Spark MLlib 在机器学习方面具有一些得天独厚的优势。首先，机器学习算法一般都有由多个步骤组成迭代计算的过程，机器学习的计算需要在多次迭代后获得足够小的误差或者足够收敛时才会停止。如果迭代时使用 Hadoop MapReduce 计算框架，则每次计算都要读/写磁盘及完成任务的启动等工作，从而会导致非常大的 I/O 和 CPU 消耗。而 Spark 基于内存的计算模型就是针对迭代计算而设计的，多个迭代直接在内存中完成，只有在必要时才会操作磁盘和网络，所以说，Spark MLlib 正是机器学习的理想的平台。其次，Spark 具有出色而高效的 Akka 和 Netty 通信系统，通信效率高于 Hadoop MapReduce 计算框架的通信机制。

在 Spark 官方首页中展示了 Logistic Regression 算法在 Spark 和 Hadoop 中运行的性能比较，可以看出 Spark 比 Hadoop 要快 100 倍以上。

11.3 分类和预测

分类和预测是两种使用数据进行预测的方式，可用来确定未来的结果。分类是用于预测数据对象的离散类别的，需要预测的属性值是离散的、无序的；预测则是用于预测数据对象的连续取值的，需要预测的属性值是连续的、有序的。例如，在银行业务中，根据贷款申请者的信息来判断贷款者是属于“安全”类还是“风险”类，这是数据挖掘中的分类任务；而分析给贷款人的贷款量就是数据挖掘中的预测任务。

本节将对常用的分类与预测方法进行介绍，其中有些算法是只能用来进行分类或者预测的，但是有些算法是既可以用来进行分类，又可以进行预测的。

11.3.1 分类的基本概念

分类算法反映的是如何找出同类事物的共同性质的特征型知识和不同事物之间的差异性特征知识。分类是通过有指导的学习训练建立分类模型，并使用模型对未知分类的实例进行分类。分类输出属性是离散的、无序的。

分类技术在很多领域都有应用。当前，市场营销的很重要的一个特点就是强调客户细分。采用数据挖掘中的分类技术，可以将客户分成不同的类别。例如，可以通过客户分类构造一个分类模型来对银行贷款进行风险评估；设计呼叫中心时可以把客户分为呼叫频繁的客户、偶然大量呼叫的客户、稳定呼叫的客户、其他，来帮助呼叫中心寻找出这些不同种类客户之间的特征，这样的分类模型可以让用户了解不同行为类别客户的分布特征。其他分类应用还有文献检索和搜索引擎中的自动文本分类技术，安全领域的基于分类技术的入侵检测等。

分类就是通过对已有数据集（训练集）的学习，得到一个目标函数 f（模型），来把每个属性集 x 映射到目标属性 y（类）上（y 必须是离散的）。分类过程是一个两步的过程：第一步是模型建立阶段，或者称为训练阶段；第二步是评估阶段。

1．训练阶段

训练阶段的目的是描述预先定义的数据类或概念集的分类模型。该阶段需要从已知的数据集中选取一部分数据作为建立模型的训练集，而把剩余的部分作为检验集。通常会从已知数据集中选取 2/3 的数据项作为训练集，1/3 的数据项作为检验集。

训练数据集由一组数据元组构成，假定每个数据元组都已经属于一个事先指定的类别。训练阶段可以看成为学习一个映射函数的过程，对于一个给定元组 x，可以通过该映射函数预测其类别标记。该映射函数就是通过训练数据集，所得到的模型（或者称为分类器），如图 11-5 所示。该模型可以表示为分类规则、决策树或数学公式等形式。

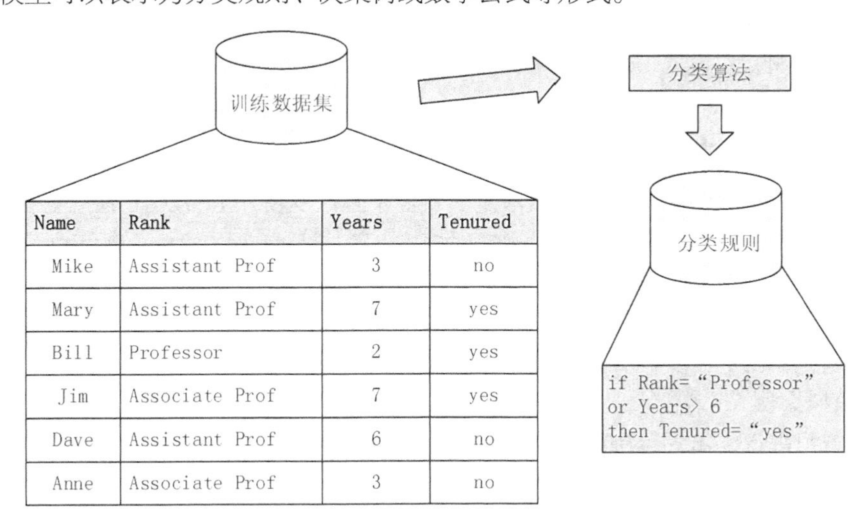

Name	Rank	Years	Tenured
Mike	Assistant Prof	3	no
Mary	Assistant Prof	7	yes
Bill	Professor	2	yes
Jim	Associate Prof	7	yes
Dave	Assistant Prof	6	no
Anne	Associate Prof	3	no

图 11-5 分类算法的训练阶段

2．评估阶段

在评估阶段，需要使用第一阶段建立的模型对检验集数据元组进行分类，从而评估分类模型的预测准确率，如图 11-6 所示。分类器的准确率是分类器在给定测试数据集上正确分类的检验元组所占的百分比。如果认为分类器的准确率是可以接受的，则使用该分类器对类别标记未知的数据元组进行分类。

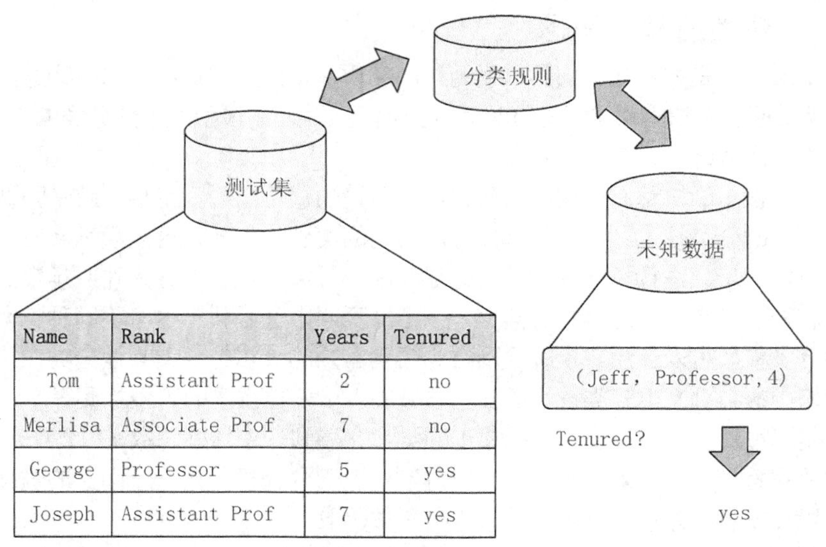

Name	Rank	Years	Tenured
Tom	Assistant Prof	2	no
Merlisa	Associate Prof	7	no
George	Professor	5	yes
Joseph	Assistant Prof	7	yes

图 11-6　分类算法的评估阶段

11.3.2　预测的基本概念

预测模型与分类模型类似，可以看作一个映射或者函数 $y=f(x)$，其中，x 是输入元组，输出 y 是连续的或有序的值。与分类算法不同的是，预测算法所需要预测的属性值是连续的、有序的，分类所需要预测的属性值是离散的、无序的。

数据挖掘的预测算法与分类算法一样，也是一个两步的过程。测试数据集与训练数据集在预测任务中也应该是独立的。预测的准确率是通过 y 的预测值与实际已知值的差来评估的。

预测与分类的区别是，分类是用来预测数据对象的类标记，而预测则是估计某些空缺或未知值。例如，预测明天上证指数的收盘价格是上涨还是下跌是分类，但是，如果要预测明天上证指数的收盘价格是多少就是预测。

11.3.3　决策树算法

决策树（Decision Tree，DT）分类法是一个简单且广泛使用的分类技术。决策树是一个树状预测模型，它是由结点和有向边组成的层次结构。树中包含 3 种结点：根结点、内部结点和叶子结点。决策树只有一个根结点，是全体训练数据的集合。树中的一个内部结点表示一个特征属性上的测试，对应的分支表示这个特征属性在某个值域上的输出。一个叶子结点存放一个类别，也就是说，带有分类标签的数据集合即为实例所属的分类。

1．决策树案例

使用决策树进行决策的过程就是，从根结点开始，测试待分类项中相应的特征属性，并按照其值选择输出分支，直到到达叶子结点，将叶子结点存放的类别作为决策结果。

图 11-7 是一个预测一个人是否会购买电脑的决策树。利用这棵树，可以对新记录进行分类。从根结点（年龄）开始，如果某个人的年龄为中年，就直接判断这个人会买电脑，如果是青少年，则需要进一步判断是否是学生，如果是老年，则需要进一步判断其信用等级。

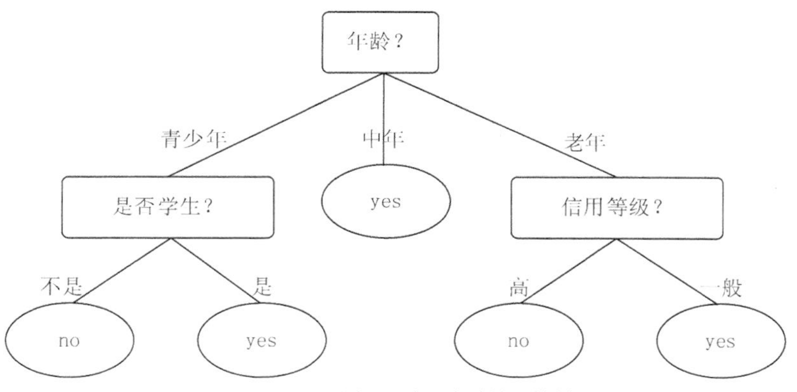

图 11-7 预测是否购买电脑的决策树

假设客户甲具备以下 4 个属性：年龄 20、低收入、是学生、信用一般。通过决策树的根结点判断年龄，判断结果为客户甲是青少年，符合左边分支，再判断客户甲是否是学生，判断结果为用户甲是学生，符合右边分支，最终用户甲落在“yes”的叶子结点上。所以预测客户甲会购买电脑。

2．决策树的建立

决策树算法有很多，如 ID3、C4.5、CART 等。这些算法均采用自上而下的贪婪算法建立决策树，每个内部结点都选择分类效果最好的属性来分裂结点，可以分成两个或者更多的子结点，继续此过程直到这棵决策树能够将全部的训练数据准确地进行分类，或所有属性都被用到为止。

（1）特征选择

按照贪婪算法建立决策树时，首先需要进行特征选择，也就是使用哪个属性作为判断结点。选择一个合适的特征作为判断结点，可以加快分类的速度，减少决策树的深度。特征选择的目标就是使得分类后的数据集比较纯。如何衡量一个数据集的纯度？这里就需要引入数据纯度概念——信息增益。

信息是个很抽象的概念。人们常常说信息很多，或者信息较少，但却很难说清楚信息到底有多少。1948 年，信息论之父 Shannon 提出了“信息熵”的概念，才解决了对信息的量化度量问题。通俗来讲，可以把信息熵理解成某种特定信息的出现概率。信息熵表示的是信息的不确定度，当各种特定信息出现的概率均匀分布时，不确定度最大，此时熵就最大。反之，当其中的某个特定信息出现的概率远远大于其他特定信息的时候，不确定度最小，此时熵就很小。

所以，在建立决策树的时候，希望选择的特征能够使分类后的数据集的信息熵尽可能变小，也就是不确定性尽量变小。当选择某个特征对数据集进行分类时，分类后的数据集的信息熵会比分类前的小，其差值表示为信息增益。信息增益可以衡量某个特征对分类结果的影响大小。

ID3 算法使用信息增益作为属性选择度量方法，也就是说，针对每个可以用来作为树结点的特征，计算如果采用该特征作为树结点的信息增益。然后选择信息增益最大的那个特征作为下一个树结点。

（2）剪枝

在分类模型建立的过程中，很容易出现过拟合的现象。过拟合是指在模型学习训练中，训练样本达到非常高的逼近精度，但对检验样本的逼近误差随着训练次数呈现出先下降后上升的现象。过拟合时训练误差很小，但是检验误差很大，不利于实际应用。

决策树的过拟合现象可以通过剪枝进行一定的修复。剪枝分为预先剪枝和后剪枝两种。预先剪枝是指，在决策树生长过程中，使用一定条件加以限制，使得在产生完全拟合的决策树之前就停止生长。预先剪枝的判断方法也有很多，例如，信息增益小于一定阈值的时候通过剪枝使决策树停止生长。但如何确定一个合适的阈值也需要一定的依据，阈值太高会导致模型拟合不足，阈值太低又导致模型过拟合。后剪枝是指，在决策树生长完成之后，按照自底向上的方式修剪决策树。后剪枝有两种方式，一种是用新的叶子结点替换子树，该结点的预测类由子树数据集中的多数类决定，另一种是用子树中最常使用的分支代替子树。

预先剪枝可能会过早地终止决策树的生长，而后剪枝一般能够产生更好的效果。但后剪枝在子树被剪掉后，决策树生长过程中的一部分计算就被浪费了。

3. Spark MLlib 决策树算法

Spark MLlib 支持连续型和离散型的特征变量，也就是既支持预测也支持分类。

在 Spark MLlib 中，建立决策树时是按照信息增益选择划分特征的，它采用前向剪枝的方法来防止过拟合，当任意一个以下情况发生时，Spark MLlib 的决策树结点就终止划分，形成叶子结点。

（1）树高度达到指定的最大高度 maxDepth。

（2）当前结点的所有属性分裂带来的信息增益都小于指定的阈值 minInfoGain。

（3）结点分割出的子结点的最少样本数量小于阈值 minInstancesPerNode。

Spark MLlib 的决策树算法是由 DecisionTree 类实现的，该类支持二元或多标签分类，并且还支持预测。用户通过配置参数 Strategy 来说明是进行分类，还是进行预测，以及使用什么方法进行分类。

（1）Spark MLlib 的 DecisionTree 的训练函数

DecisionTree 调用 trainClassifier 方法进行分类训练，参数如下所示。

```
def trainClassifier(
    input: RDD[LabeledPoint],
    numClasses: Int,
    categoricalFeaturesInfo: Map[Int, Int],
    impurity: String,
    maxDepth: Int,
    maxBins: Int): DecisionTreeModel
```

该训练函数将返回一个决策树模型，函数各个参数的含义如下。

- Input 表示输入数据集，每个 RDD 元素代表一个数据点，每个数据点都包含标签和数据特征，对分类来讲，标签的值是{0, 1, ⋯, numClasses−1}。
- numClasses 表示分类的数量，默认值是 2。
- categoricalFeaturesInfo 存储离散性属性的映射关系，例如，（5→4）表示数据点的第 5 个特征是离散性属性，有 4 个类别，取值为{0,1,2,3}。
- impurity 表示信息纯度的计算方法，包括 Gini 参数或信息熵。
- maxDepth 表示树的最大深度。
- maxBins 表示每个结点的分支的最大值。

（2）Spark MLlib 的 DecisionTree 的预测函数

DecisionTreeModel.predict 方法可以接收不同格式的数据输入参数，包括向量、RDD，返回的是计算出来的预测值。该方法的 API 如下。

```
def predict(features: Vector): Double
```

```
def predict(features: RDD[Vector]): RDD[Double]
```

其中，第一种预测方法是接收一个数据点，输入参数是一个描述输入数据点的特征向量，返回的是输入数据点的预测值；第二种预测方法可以接收一组数据点，输入参数是一个RDD，RDD中的每一个元素都是描述一个数据点的特征向量，该方法对每个数据点的预测值以RDD的方式返回。

4．Spark MLlib决策树算法实例

实例：导入训练数据集，使用ID3决策树建立分类模型，采用信息增益作为选择分裂特征的纯度参数，最后使用构造好的决策树，对两个数据样本进行分类预测。

该实例使用的数据存放在dt.data文档中，提供了6个点的特征数据和与其对应的标签，数据如下所示。

```
1 1:1 2:0 3:0 4:1
0 1:1 2:0 3:1 4:1
0 1:0 2:1 3:0 4:0
1 1:1 2:1 3:0 4:0
1 1:1 2:0 3:0 4:0
1 1:1 2:1 3:0 4:0
```

数据文件的每一行是一个数据样本，其中，第1列为其标签，后面4列为数据样本的4个特征值，格式为（key：value）。

实现的代码如下所示。

```
import org.apache.spark.mllib.tree.DecisionTree
import org.apache.spark.mllib.util.MLUtils
import org.apache.spark.{SparkConf, SparkContext}

object DecisionTreeByEntropy {
 def main(args: Array[String]) {
   val conf = new SparkConf().setMaster("local[4]")
        .setAppName ( "DecisionTreeByEntropy ")
   val sc = new SparkContext(conf)
   // 上载和分解数据
   val data = MLUtils.loadLibSVMFile(sc, ("/home/hadoop/exercise/dt.data"))
   val numClasses = 2 //设定分类数量
   val categoricalFeaturesInfo = Map[Int, Int]() //设定输入格式
   val impurity = "entropy" //设定信息增益的计算方式
   val maxDepth = 5 //设定树的最大高度
   val maxBins = 3 //设定分裂数据集的最大个数
   //建立模型并打印结果
   val model = DecisionTree.trainClassifier(data, numClasses,
   categoricalFeaturesInfo,  impurity, maxDepth, maxBins)
   println("model.depth:" + model.depth)
   println("model.numNodes:" + model.numNodes)
   println("model.topNode:" + model.topNode)
   //从数据集中抽取两个数据样本进行预测并打印结果
   val labelAndPreds = data.take(2).map { point =>
    val prediction = model.predict(point.features)
    (point.label, prediction)
   }
   labelAndPreds.foreach(println)
   sc.stop
 }
}
```

运行以上代码将输出构建的决策分类树的信息，包括树的高度、结点数和树的根结点的详细信息，以及两个样本的实际值和预测值。具体信息如下。

```
model.depth:2
model.numNodes:5
model.topNode:id = 1, isLeaf = false, predict = 1.0 (prob = 0.6666666666666666),
```

```
        impurity = 0.9182958340544896, split = Some(Feature = 0, threshold = 0.0,
        featureType = Continuous, categories = List()),
        stats = Some(gain = 0.31668908831502096, impurity = 0.9182958340544896,
        left impurity = 0.0, right impurity = 0.7219280948873623)
    (1.0,1.0)
    (0.0,0.0)
```

5．算法优缺点

决策树是非常流行的分类算法。一般情况下，不需要任何领域知识或参数设置，它就可以处理高维数据。它对知识的表示是直观的，并且具有描述性，非常容易理解，有助于人工分析。用决策树进行学习和分类的步骤非常简单，效率高。决策树只需要一次构建，就可以反复使用，但每一次预测的最大计算次数不能超过决策树的深度。

一般来讲，决策树具有较好的分类准确率，但是决策树的成功应用可能依赖于所拥有的建模数据。

11.3.4 朴素贝叶斯算法

朴素贝叶斯（Naive Bayes）算法是一种十分简单的分类算法。它的基础思想是，对于给出的待分类项，求解在此项出现的条件下各个类别出现的概率，哪个最大，就认为此待分类项属于哪个类别。

1．贝叶斯公式

朴素贝叶斯分类算法的核心是贝叶斯公式，即 $P(B|A)=P(A|B)P(B)/P(A)$。换个表达形式会更清晰一些，即 P(类别|特征)$=P$(特征|类别)P(类别)$/P$(特征)。

如果 X 是一个待分类的数据元组，由 n 个属性描述，H 是一个假设，如 X 属于类 C，则分类问题中，计算概率 $P(H|X)$的含义是，已知元组 X 的每个元素对应的属性值，求出 X 属于 C 类的概率。

例如，X 的属性值为 age=25，income=\$5 000，H 对应的假设是，X 会买电脑。

- $P(H|X)$：表示在已知某客户信息 age=25，income=\$5 000 的条件下，该客户会买电脑的概率。
- $P(H)$：表示对于任何给定的客户信息，该客户会购买电脑的概率。
- $P(X|H)$：表示已知客户会买电脑，那么该客户的属性值为 age=25，income=\$5 000 的概率。
- $P(X)$：表示在所有的客户信息集合中，客户的属性值为 age=25，income=\$5 000 的概率。

2．工作原理

（1）设 D 为样本训练集，每一个样本 X 都是由 n 个属性值组成的，即 $X=(x_1,x_2,\cdots,x_n)$，对应的属性集为 $A_1,A_2,A_3,\cdots,A_n$。

（2）假设有 m 个类标签，即 $C_1,C_2,\cdots,C_m$。对于某待分类元素 X，朴素分类器会把 $P(C_i|X)$ $(i=1,2,\cdots,m)$值最大的类标签 C_i 作为 X 的类别。因此目标就是找出 $P(C_i|X)$中的最大值（$P(C_i|X)=P(X|C_i)P(C_i)/P(X)$）。

（3）如果 n 的值特别大，也就是说样本元组有很多属性，那么对于 $P(X|C_i)$的计算会相当复杂。所以朴素贝叶斯算法做了一个假设，即对于样本元组中的每个属性，由于它们都互相条件独立，因此有 $P(X|C_i)=P(x_1|C_i)P(x_2|C_i)\cdots P(x_n|C_i)$。由于 $P(X_i|C_i)$可以从训练集中计算出来，所以训练样本空间中，属于类 C_i 并且对应属性 A_i 的概率等于 x_i 的数目除以样本空间中属于类 C_i 的样本数目。

（4）为了预测 X 所属的类标签，可以根据前面的步骤算出每一个类标签C_i对应的$P(X|C_i)P(C_i)$值，当某一个类标签 C_i，对于任意 j（$1\leq j\leq m, j\neq i$），都有 $P(X|C_i)P(C_i)>P(X|C_j)P(C_j)$时，则认为 X属于类标签 C_i。

3．Spark MLlib 朴素贝叶斯算法

Spark MLlib 的朴素贝叶斯算法主要是计算每个类别的先验概率，各类别下各个特征属性的条件概率的，其分布式实现方法是对样本进行聚合操作，统计所有标签出现的次数、对应特征之和；聚合操作后，可以通过聚合结果计算先验概率、条件概率，得到朴素贝叶斯分类模型。预测时，根据模型的先验概率、条件概率，计算每个样本属于每个类别的概率，最后取最大项作为样本的类别。

Spark MLlib 支持 Multinomial Naive Bayes 和 Bernoulli Naive Bayes。Multinomial Naive Bayes 主要用于文本的主题分类，分析时会考虑单词出现的次数，即词频，而 Binarized Multinomial Naive Bayes 不考虑词频，只考虑这个单词有没有出现，主要用于文本情绪分析。可以通过参数指定算法使用哪个模型。

Spark MLlib 的 Native Bayes 调用 train 方法进行分类训练，其参数如下所示。

```
def train(
  input: RDD[LabeledPoint],
  lambda: double,
  modelType: String): NativeBayesModel
```

该训练函数将返回一个朴素贝叶斯模型，函数各个参数的含义如下。

- input 表示输入数据集，每个 RDD 元素代表一个数据点，每个数据点包含标签和数据特征，对分类来讲，标签的值是{0, 1, ···, numClasses−1}。
- lambda 是一个加法平滑参数，默认值是 1.0。
- modelType 用于指定是使用 Multinomial Native Bayes 还是 Bernoulli Native Bayes 算法模型，默认是 Multinomial Naive Bayes。

Spark MLlib 的 Native Bayes 的预测函数 NativeBayesModel.predict 方法与 DecisionTree 的预测函数一样，可以接收不同的数据输入参数，包向量、RDD，返回的是计算出来的预测值。

4．Spark MLlib 朴素贝叶斯算法实例

以表 11-1 的购买电脑样本数据作为训练数据集，使用 Multinomial Native Bayes 建立分类模型，然后使用构造好的分类模型，对一个数据样本进行分类预测。

表 11-1　购买电脑样本数据

age	income	student	credit_rating	buys_computer
≤30	high	no	fair	no
≤30	high	no	excellent	no
31～40	high	no	fair	yes
>40	medium	no	fair	yes
>40	low	yes	fair	yes
>40	low	yes	excellent	no
31～40	low	yes	excellent	yes
≤30	medium	no	fair	no

续表

age	income	student	credit_rating	buys_computer
≤30	low	yes	fair	yes
>40	medium	yes	fair	yes
≤30	medium	yes	excellent	yes
31～40	medium	no	excellent	yes
31～40	high	yes	fair	yes
>40	medium	no	excellent	no

该实例使用的数据存放在sample_computer.data文档中，数据文件的每一行是一个数据样本，其中，第1列为其标签，后面4列为数据样本的4个特征值。标签与特征值以“,”分割，特征值之间用空格分隔，如下所示。

```
buys_computer, age income student credit_rating
```

其中，buys_computer的取值为，no为0，yes为1；age的取值为，≤30为0，31～40为1，>40为2；income的取值为，low为0，medium为1，high为2；student的取值为，no为0，yes为1，credit_rating的取值为，fair为0，excellent为1。

对应于表11-1的数据的前3行数据如下。

```
0, 0 2 0 0
0, 0 2 0 1
1, 1 2 0 0
```

实现的代码如下所示。

```
import org.apache.spark.mllib.classification.{NaiveBayes,NaiveBayesModel}
import org.apache.spark.mllib.linalg.Vectors
import org.apache.spark.mllib.regression.LabeledPoint
import org.apache.spark.{SparkContext,SparkConf}

object NaiveBayes {
     def main(args: Array[String]): Unit = {
     val conf = new SparkConf().setMaster("local").setAppName("NaiveBayes")
     val sc = new SparkContext(conf)
     val path = "../data/sample_computer.data"
     val data = sc.textFile(path)
     val parsedData =data.map {
         line =>
             val parts =line.split(',')
             LabeledPoint(parts(0).toDouble,Vectors.dense(parts(1).split('')
                         .map(_.toDouble)))
     }
     //样本划分train和test数据样本60%用于train
     val splits = parsedData.randomSplit(Array(0.6,0.4),seed = 11L)
     val training =splits(0)
     val test =splits(1)
     //获得训练模型，第一个参数为数据，第二个参数为平滑参数，默认为1
     val model =NaiveBayes.train(training,lambda = 1.0)
     //对测试样本进行测试
     val predictionAndLabel= test.map(p => (model.predict(p.features),p.label))
     //对模型进行准确度分析
     val accuracy =1.0 *predictionAndLabel.filter(x => x._1 == x._2).count()
/test.count()
     //打印一个预测值
     println("NaiveBayes精度----->" + accuracy)
     println("假如age<=30,income=medium, student=yes,credit_rating=fair, 是否购买电
脑:" + model.predict(Vectors.dense(0.0,2.0,0.0,1.0)))
```

```
//保存 model
      val ModelPath = "../model/NaiveBayes_model.obj"
      model.save(sc,ModelPath)
      }
}
```


5. 算法优缺点

朴素贝叶斯算法的主要优点就是算法逻辑简单，易于实现；同时，分类过程的时空开销小，只会涉及二维存储。

理论上，朴素贝叶斯算法与其他分类方法相比，具有最小的误差率。但是实际上并非总是如此，这是因为朴素贝叶斯模型假设属性之间相互独立，这个假设在实际应用中往往是不成立的，在属性个数比较多或者属性之间相关性较大时，分类效果不好，而在属性相关性较小时，朴素贝叶斯算法的性能最为良好。

11.3.5 回归分析

回归分析的基本概念是用一群变量预测另一个变量的方法。通俗点来讲，就是根据几件事情的相关程度来预测另一件事情发生的概率。回归分析的目的是找到一个联系输入变量和输出变量的最优模型。

回归方法有许多种，可通过 3 种方法进行分类：自变量的个数、因变量的类型和回归线的形状。

（1）依据相关关系中自变量的个数不同进行分类，回归方法可分为一元回归分析法和多元回归分析法。在一元回归分析法中，自变量只有一个，而在多元回归分析法中，自变量有两个以上。

（2）按照因变量的类型，回归方法可分为线性回归分析法和非线性回归分析法。

（3）按照回归线的形状分类时，如果在回归分析中，只包括一个自变量和一个因变量，且二者的关系可用一条直线近似表示，则这种回归分析称为一元线性回归分析；如果回归分析中包括两个或两个以上的自变量，且因变量和自变量之间是非线性关系，则称为多元非线性回归分析。

1. 线性回归

线性回归是世界上最知名的建模方法之一。在线性回归中，数据使用线性预测函数来建模，并且未知的模型参数也是通过数据来估计的。这些模型被叫作线性模型。在线性模型中，因变量是连续型的，自变量可以是连续型或离散型的，回归线是线性的。

（1）一元线性回归

回归分析的目的是找到一个联系输入变量和输出变量的最优模型。更确切地讲，回归分析是确定变量 Y 与一个或多个变量 X 之间的相互关系的过程。Y 通常叫作响应输出或因变量，X_i 叫作输入、回归量、解释变量或自变量。线性回归最适合用直线（回归线）去建立因变量 Y 和一个或多个自变量 X 之间的关系，如图 11-8 所示。可以用以下公式来表示。

$$Y=a+b\times X+e$$

其中，a 为截距，b 为回归线的斜率，e 是误差项。

要找到回归线，就是要确定回归系数 a 和 b。假定变量 Y 的方差是一个常量，可以用最小二乘法来计算这些系数，使实际数据点和估计回归直线之间的误差最小，只有把误差做到最小时得出的参数，才是我们最需要的参数。这些残差平方和常常被称为回归直线的误差平方和，用 SSE 来表示，如下。

$$SSE = \sum_{i=1}^{m} e_i^2 = \sum_{i=1}^{m} (y_i - y_i')^2 = \sum_{i=1}^{m} (y_i - \alpha - \beta x_i)^2$$

如图 11-9 所示，回归直线的误差平方和就是所有样本中的 y_i值与回归线上的点中的 y_i的差的平方的总和。

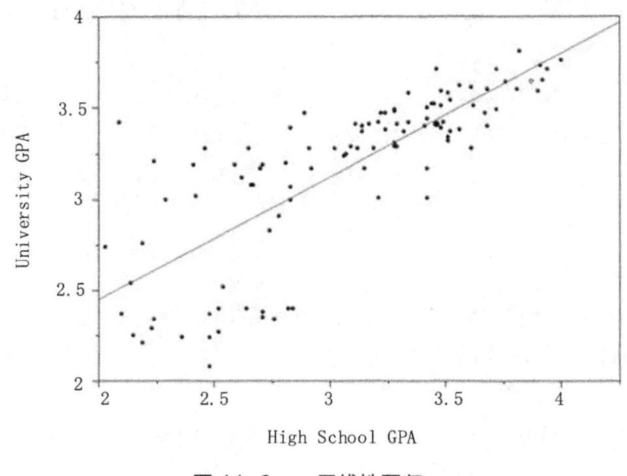

图 11-8　一元线性回归

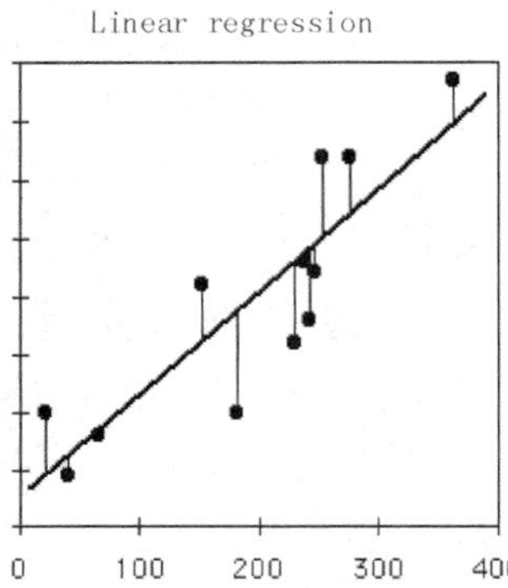

图 11-9　回归直线的误差平方和示意

（2）多元线性回归

多元线性回归是单元线性回归的扩展，涉及多个预测变量。响应变量 Y 的建模为几个预测变量的线性函数，可通过一个属性的线性组合来进行预测，其基本的形式如下。

$$f(x)=w_1x_1+w_2x_2+w_3x_3+\cdots+w_dx_d+b$$

线性回归模型的解释性很强，模型的权值向量十分直观地表达了样本中每一个属性在预测中的重要度。例如，要预测今天是否会下雨，并且已经基于历史数据学习到了模型中的权重向量和截距 b，则可以综合考虑各个属性来判断今天是否会下雨。

$$f(x)=0.4*x_1+0.4*x_2+0.2*x_3+1$$

其中，x_1表示风力，x_2表示湿度，x_3表示空气质量。

在训练模型时，要让预测值尽量逼近真实值，做到误差最小，而均方误差就是表达这种误差的一种方法，所以求解多元线性回归模型，就是求解使均方误差最小化时对应的参数。

（3）线性回归的优缺点

线性回归是回归任务最常用的算法之一。它的最简单的形式是用一个连续的超平面来拟合数据集，例如，当仅有两个变量时就用一条直线来进行拟合。如果数据集内的变量存在线性关系，拟合程度就相当高。

线性回归的理解和解释都非常直观，还能通过正则化来避免过拟合。此外，线性回归模型很容易通过随机梯度下降法来更新数据模型。但是，线性回归在处理非线性关系时非常糟糕，在识别复杂的模式上也不够灵活，而添加正确的相互作用项或多项式又极为棘手且耗时。

2．Spark MLlib 的 SGD 线性回归算法

Spark MLlib 的 SGD 线性回归算法是由 LinearRegressionWithSGD 类实现的，该类是基于无正规化的随机梯度下降算法，使用由（标签，特征序列）组成的 RDD 来训练线性回归模型的。每一对（标签，特征序列）描述一组特征，以及这些特征所对应的标签。算法按照指定的步长进行迭代，迭代的次数由参数说明，每次迭代时，用来计算下降梯度的样本数也是由参数给出的。

Spark MLlib 中的 SGD 线性回归算法的实现类 LinerRegressionWithSGD 具有以下变量。

```
class LinerRegressionWithRGD private (
    private var stepSize: Double,
    private var numIterations: Int,
    private var miniBatchFraction: Double)
```

（1）Spark MLlib 的 LinerRegressionWithRGD 构造函数

使用默认值构造 Spark MLlib 的 LinerRegressionWithRGD 实例的接口如下。

{stepSize: 1.0, numIterations: 100, miniBatchFraction: 1.0}。

参数的含义解释如下。

- stepSize 表示每次迭代的步长。
- numIterations 表示方法单次运行需要迭代的次数。
- miniBatchFraction 表示计算下降梯度时所使用样本数的比例。

（2）Spark MLlib 的 LinerRegressionWithRGD 训练函数

Spark MLlib 的 LinerRegressionWithRGD 训练函数 LinerRegressionWithRGD.train 方法有很多重载方法，这里展示其中参数最全的一个来进行说明。LinerRegressionWithRGD.train 方法预览如下。

```
def train(
  input: RDD[LabeledPoint],
  numIterations: Int,
  stepSize: Double,
  miniBatchFraction: Double,
  initialWeights: Vector): LinearRegressionModel
```

参数 numIterations、stepSize 和 miniBatchFraction 的含义与构造函数相同，另外两个参数的含义如下。

- input 表示训练数据的 RDD，每一个元素由一个特征向量和与其对应的标签组成。
- initialWeights 表示一组初始权重，每个对应一个特征。

3. Spark MLlib 的 SGD 线性回归算法实例

该实例使用数据集进行模型训练，可通过建立一个简单的线性模型来预测标签的值，并且可通过计算均方差来评估预测值与实际值的吻合度。本实例使用 LinearRegressionWithSGD 算法建立预测模型的步骤如下。

（1）装载数据。数据以文本文件的方式进行存放。

（2）建立预测模型。设置迭代次数为 100，其他参数使用默认值，进行模型训练形成数据模型。

（3）打印预测模型的系数。

（4）使用训练样本评估模型，并计算训练错误值。

该实例使用的数据存放在 lrws_data.txt 文档中，提供了 67 个数据点，每个数据点为 1 行，每行由 1 个标签值和 8 个特征值组成，每行的数据格式如下。

```
标签值，特征 1 特征 2 特征 3 特征 4 特征 5 特征 6 特征 7 特征 8
```

其中，第一个值为标签值，用“,”与特征值分开，特征值之间用空格分隔。前 5 行的数据如下。

```
    -0.4307829,-1.63735562648104 -2.00621178480549 -1.86242597251066 -1.02470580167082
-0.522940888712441 -0.863171185425945 -1.04215728919298 -0.864466507337306
    -0.1625189,-1.98898046126935 -0.722008756122123 -0.787896192088153
-1.02470580167082 -0.522940888712441 -0.863171185425945 -1.04215728919298
-0.864466507337306
    -0.1625189,-1.57881887548545 -2.1887840293994 1.36116336875686 -1.02470580167082
-0.522940888712441 -0.863171185425945 0.342627053981254 -0.155348103855541
    -0.1625189,-2.16691708463163 -0.807993896938655 -0.787896192088153
-1.02470580167082 -0.522940888712441 -0.863171185425945 -1.04215728919298
-0.864466507337306
    0.3715636,-0.507874475300631 -0.458834049396776 -0.250631301876899
-1.02470580167082 -0.522940888712441 -0.863171185425945 -1.04215728919298
-0.864466507337306
```

在本实例中，将数据的每一列视为一个特征指标，使用数据集建立预测模型。实现的代码如下。

```
    import java.text.SimpleDateFormat
    import java.util.Date
    import org.apache.log4j.{Level, Logger}
    import org.apache.spark.mllib.linalg.Vectors
    import org.apache.spark.mllib.regression.{LinearRegressionWithSGD, LabeledPoint}
    import org.apache.spark.{SparkContext, SparkConf}
    /**
      * 计算回归曲线的MSE
      * 对多组数据进行模型训练，然后再利用模型来预测具体的值
      * 公式：f(x)=a1*x1+a2*x2+a3*x3+……
      */
    object LinearRegression2 {
      //屏蔽不必要的日志
      Logger.getLogger("org.apache.spark").setLevel(Level.WARN)
      Logger.getLogger("org.apache.eclipse.jetty.server").setLevel(Level.OFF)
      //程序入口
      val conf = new SparkConf().setAppName(LinearRegression2).setMaster("local[1]")
      val sc = new SparkContext(conf)
      def main(args: Array[String]) {
        //获取数据集路径
        val data = sc.textFile(("/home/hadoop/exercise/lpsa2.data", 1)
        //处理数据集
        val parsedData = data.map{ line =>
          val parts = line.split(",")
          LabeledPoint(parts(0).toDouble, Vectors.dense(parts(1).split(' ').map
(_.toDouble)))
        }
        //建立模型
        val numIterations = 100
        val model = LinearRegressionWithSGD.train(parsedData, numIterations, 0.1)
        //获取真实值与预测值
        val valuesAndPreds = parsedData.map { point =>
          //对系数进行预测
          val prediction = model.predict(point.features)
          (point.label, prediction)  //（实际值，预测值）
        }
        //打印权重
        var weights = model.weights
        println("model.weights" + weights)
        //存储到文档
        val isString = new SimpleDateFormat("yyyyMMddHHmmssSSS").format(new Date())
        val path = "("/home/hadoop/exercise/" + isString + "/results"
    valuesAndPreds.saveAsTextFile(path)
    //计算均方误差
        val MSE = valuesAndPreds.map {case(v, p) => math.pow((v - p), 2)}
          .reduce(_ + _) / valuesAndPreds.count
        println("训练的数据集的均方误差是 " + MSE)
        sc.stop()
      }
    }
```

运行程序会打印回归公式的系数和训练的数据集的均方误差值。将每一个数据点的预测值，存放在结果文件中，数据项的格式为（实际值，预测值）。

4．逻辑回归

逻辑回归是用来找到事件成功或事件失败的概率的。首先要明确一点，只有当目标变量是分类变量时，才会考虑使用逻辑回归方法，并且主要用于两种分类问题。

（1）逻辑回归举例

医生希望通过肿瘤的大小 x_1、长度 x_2、种类 x_3 等特征来判断病人的肿瘤是恶性肿瘤还是良性肿瘤，这时目标变量 y 就是分类变量（0 表示良性肿瘤，1 表示恶性肿瘤）。线性回归是通过一些 x 与 y 之间的线性关系来进行预测的，但是此时由于 y 是分类变量，它的取值只能是 0、1，或者 0、1、2 等，而不能是负无穷到正无穷，所以引入了一个 sigmoid 函数，即 $\Sigma(z)=\dfrac{1}{1+\mathrm{e}^{z}}$，此时 x 的输入可以是负无穷到正无穷，输出 y 总是[0,1]，并且当 x=0 时，y 的值为 0.5，如图 11-10（a）所示。

x=0 时，y=0.5，这是决策边界。当要确定肿瘤是良性还是恶性时，其实就是要找出能够分开这两类样本的边界，也就是决策边界，如图 11-10（b）所示。

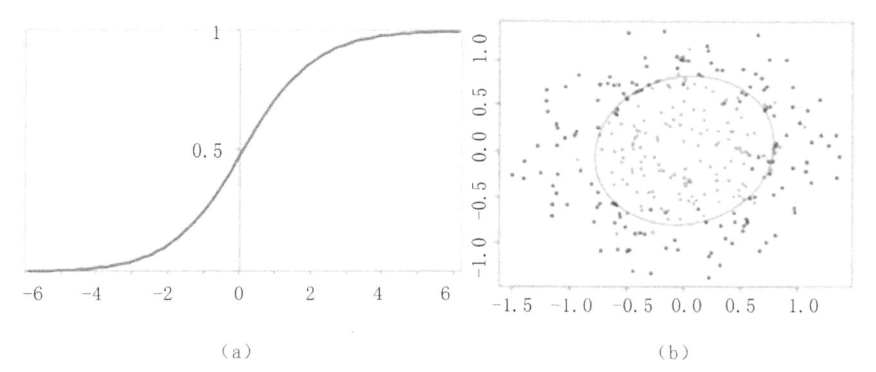

图 11-10　sigmoid 函数曲线图和决策边界示意

（2）逻辑回归函数

在分类情形下，经过学习之后的逻辑回归分类器其实就是一组权值（$w_0,w_1,w_2,\cdots,w_m$）。当测试样本集中的测试数据来到时，将这一组权值按照与测试数据线性加和的方式，求出一个 z 值，即 $z=w_0+w_1\times x_1+w_2\times x_2+\cdots+w_m\times x_m$，其中，$x_1,x_2,\cdots,x_m$ 是样本数据的各个特征，维度为 m。之后按照 sigmoid 函数的形式求出 $\Sigma(z)$，即 $\Sigma(z)=\dfrac{1}{1+\mathrm{e}^{z}}$。逻辑回归函数的意义如图 11-11 所示。

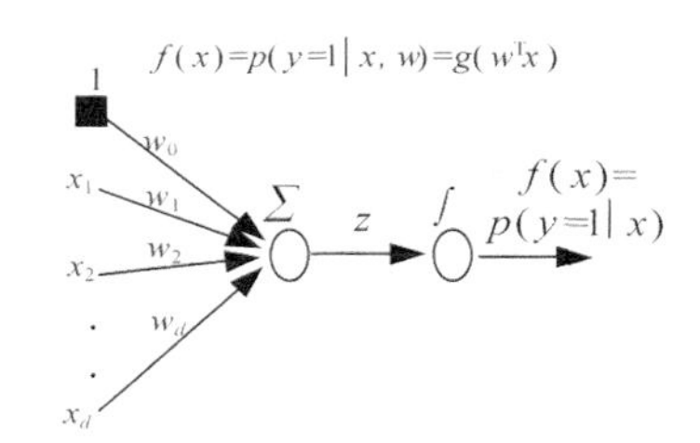

图 11-11　逻辑回归函数的意义示意

由于 sigmoid 函数的定义域是（−inf,inf），而值域为(0,1)，因此最基本的逻辑回归分类器适合对二分目标进行分类。方法是，利用 sigmoid 函数的特殊数学性质，将结果映射到(0,1)中，设定一个概率阈值（不一定非是 0.5），大于这个阈值则分类为 1，小于则分类为 0。

求解逻辑回归模型参数的常用方法之一是，采用最大似然估计的对数形式构建函数，再利用梯度下降函数来进行求解。

（3）逻辑回归的优缺点

逻辑回归特别适合用于分类场景，尤其是因变量是二分类的场景，如垃圾邮件判断，是否患某种疾病，广告是否点击等。逻辑回归的优点是，模型比线性回归更简单，好理解，并且实现起来比较方便，特别是大规模线性分类时。

逻辑回归的缺点是需要大样本量，因为最大似然估计在低样本量的情况下不如最小二乘法有效。逻辑回归对模型中自变量的多重共线性较为敏感，需要对自变量进行相关性分析，剔除线性相关的变量，以防止过拟合和欠拟合。

11.3.6 小结

分类与预测问题是数据挖掘领域中最重要的应用问题之一。对被分类对象赋予离散型的标签就是分类；在连续域范围内计算未知的映射值就是预测。本节重点介绍了几类典型的分类和预测模型，包括决策树、朴素贝叶斯、KNN、人工神经网络、支持向量机和回归分析算法等。在实际应用中，针对不同的分类和预测问题的特点，可以根据实际情况选择最合适的算法。

11.4 聚类分析

聚类分析是指将数据对象的集合分组为由类似的对象组成的多个类的分析过程。

11.4.1 基本概念

聚类（Clustering）就是一种寻找数据之间内在结构的技术。聚类把全体数据实例组织成一些相似组，而这些相似组被称作簇。处于相同簇中的数据实例彼此相同，处于不同簇中的实例彼此不同。聚类技术通常又被称为无监督学习，与监督学习不同的是，在簇中那些表示数据类别的分类或者分组信息是没有的。

数据之间的相似性是通过定义一个距离或者相似性系数来判别的。图 11-12 显示了一个按照数据对象之间的距离进行聚类的示例，距离相近的数据对象被划分为一个簇。

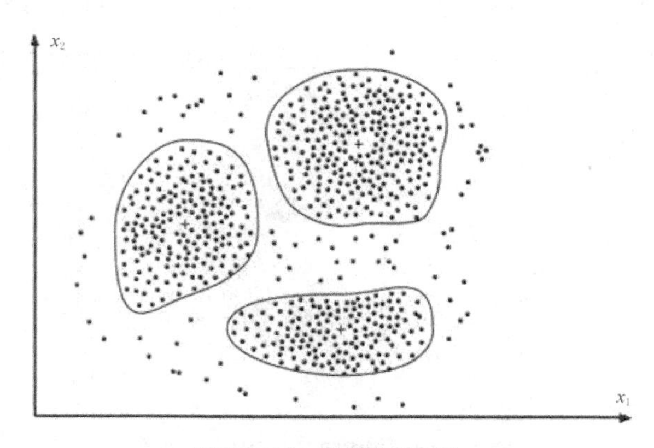

图 11-12 聚类分析示意

聚类分析可以应用在数据预处理过程中，对于复杂结构的多维数据可以通过聚类分析的方法对数据进行聚集，使复杂结构数据标准化。聚类分析还可以用来发现数据项之间的依赖关系，从而去除或合并有密切依赖关系的数据项。聚类分析也可以为某些数据挖掘方法（如关联规则、粗糙集方法），提供预处理功能。

在商业上，聚类分析是细分市场的有效工具，被用来发现不同的客户群，并且它通过对不同的客户群的特征的刻画，被用于研究消费者行为，寻找新的潜在市场。在生物上，聚类分析被用来对动植物和基因进行分类，以获取对种群固有结构的认识。在保险行业上，聚类分析可以通过平均消费来鉴定汽车保险单持有者的分组，同时可以根据住宅类型、价值、地理位置来鉴定城市的房产分组。在互联网应用上，聚类分析被用来在网上进行文档归类。在电子商务上，聚类分析通过分组聚类出具有相似浏览行为的客户，并分析客户的共同特征，从而帮助电子商务企业了解自己的客户，向客户提供更合适的服务。

11.4.2 聚类分析方法的类别

目前存在大量的聚类算法，算法的选择取决于数据的类型、聚类的目的和具体应用。聚类算法主要分为 5 大类：基于划分的聚类方法、基于层次的聚类方法、基于密度的聚类方法、基于网格的聚类方法和基于模型的聚类方法。

1．基于划分的聚类方法

基于划分的聚类方法是一种自顶向下的方法，对于给定的 n 个数据对象的数据集 D，将数据对象组织成 k（$k \leq n$）个分区，其中，每个分区代表一个簇。图 11-12 就是基于划分的聚类方法的示意图。

基于划分的聚类方法中，最经典的就是 k-平均（k-means）算法和 k-中心（k-medoids）算法，很多算法都是由这两个算法改进而来的。

基于划分的聚类方法的优点是，收敛速度快，缺点是，它要求类别数目 k 可以合理地估计，并且初始中心的选择和噪声会对聚类结果产生很大影响。

2．基于层次的聚类方法

基于层次的聚类方法是指对给定的数据进行层次分解，直到满足某种条件为止。该算法根据层次分解的顺序分为自底向上法和自顶向下法，即凝聚式层次聚类算法和分裂式层次聚类算法。

（1）自底向上法。首先，每个数据对象都是一个簇，计算数据对象之间的距离，每次将距离最近的点合并到同一个簇。然后，计算簇与簇之间的距离，将距离最近的簇合并为一个大簇。不停地合并，直到合成了一个簇，或者达到某个终止条件为止。簇与簇的距离的计算方法有最短距离法、中间距离法、类平均法等，其中，最短距离法是将簇与簇的距离定义为簇与簇之间数据对象的最短距离。自底向上法的代表算法是 AGNES（AGglomerative NESing）算法。

（2）自顶向下法。该方法在一开始所有个体都属于一个簇，然后逐渐细分为更小的簇，直到最终每个数据对象都在不同的簇中，或者达到某个终止条件为止。自顶向下法的代表算法是 DIANA（DIvisive ANAlysis）算法。

图 11-13 是基于层次的聚类算法的示意图，上方是显示的是 AGNES 算法的步骤，下方是 DIANA 算法的步骤。这两种方法没有优劣之分，只是在实际应用的时候要根据数据特点及想要的簇的个数，来考虑是自底而上更快还是自顶而下更快。

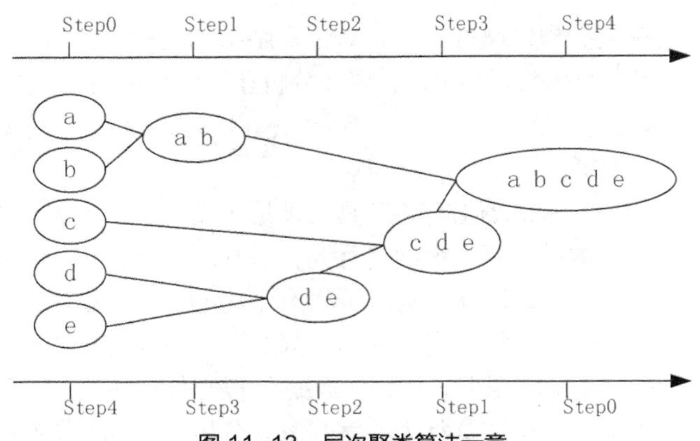

图 11-13　层次聚类算法示意

基于层次的聚类算法的主要优点包括，距离和规则的相似度容易定义，限制少，不需要预先制定簇的个数，可以发现簇的层次关系。基于层次的聚类算法的主要缺点包括，计算复杂度太高，奇异值也能产生很大影响，算法很可能聚类成链状。

3．基于密度的聚类方法

基于密度的聚类方法的主要目标是寻找被低密度区域分离的高密度区域。与基于距离的聚类算法不同的是，基于距离的聚类算法的聚类结果是球状的簇，而基于密度的聚类算法可以发现任意形状的簇。

基于密度的聚类方法是从数据对象分布区域的密度着手的。如果给定类中的数据对象在给定的范围区域中，则数据对象的密度超过某一阈值就继续聚类。这种方法通过连接密度较大的区域，能够形成不同形状的簇，而且可以消除孤立点和噪声对聚类质量的影响，以及发现任意形状的簇，如图 11-14 所示。基于密度的聚类方法中最具代表性的是 DBSAN 算法、OPTICS 算法和 DENCLUE 算法。

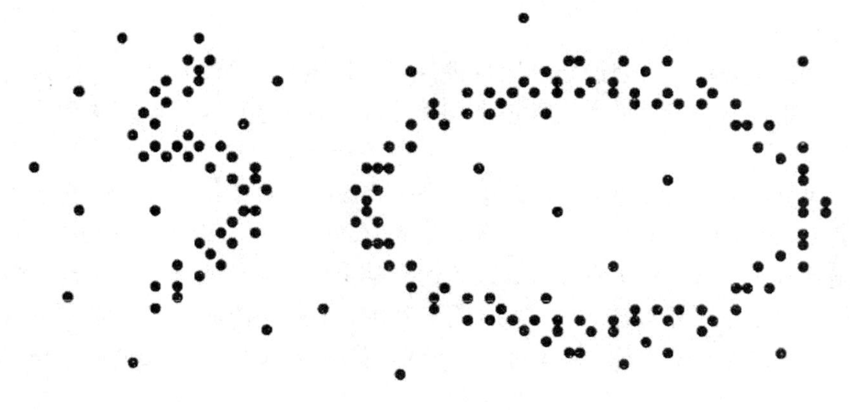

图 11-14　密度聚类算法示意

4．基于网格的聚类方法

基于网格的聚类方法将空间量化为有限数目的单元，可以形成一个网格结构，所有聚类都在网格上进行。基本思想就是将每个属性的可能值分割成许多相邻的区间，并创建网格单元的集合。每个对象落入一个网格单元，网格单元对应的属性空间包含该对象的值，如图 11-15 所示。

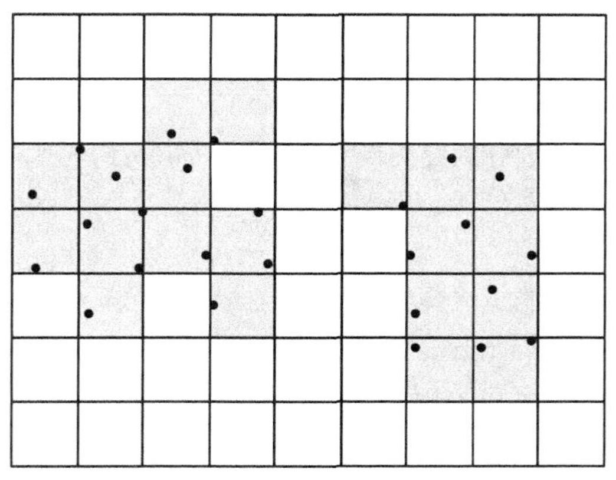

图 11-15 基于网格的聚类算法示意

基于网格的聚类方法的主要优点是处理速度快，其处理时间独立于数据对象数，而仅依赖于量化空间中的每一维的单元数。这类算法的缺点是只能发现边界是水平或垂直的簇，而不能检测到斜边界。另外，在处理高维数据时，网格单元的数目会随着属性维数的增长而成指数级增长。

5．基于模型的聚类方法

基于模型的聚类方法是试图优化给定的数据和某些数学模型之间的适应性的。该方法给每一个簇假定了一个模型，然后寻找数据对给定模型的最佳拟合。假定的模型可能是代表数据对象在空间分布情况的密度函数或者其他函数。这种方法的基本原理就是假定目标数据集是由一系列潜在的概率分布所决定的。

图 11-16 对基于划分的聚类方法和基于模型的聚类方法进行了对比。左侧给出的结果是基于距离的聚类方法，核心原则就是将距离近的点聚在一起；右侧给出的基于概率分布模型的聚类方法，这里采用的概率分布模型是有一定弧度的椭圆。图 11-16 中标出了两个实心的点，这两点的距离很近，在基于距离的聚类方法中，它们聚在一个簇中，但基于概率分布模型的聚类方法则将它们分在不同的簇中，这是为了满足特定的概率分布模型。

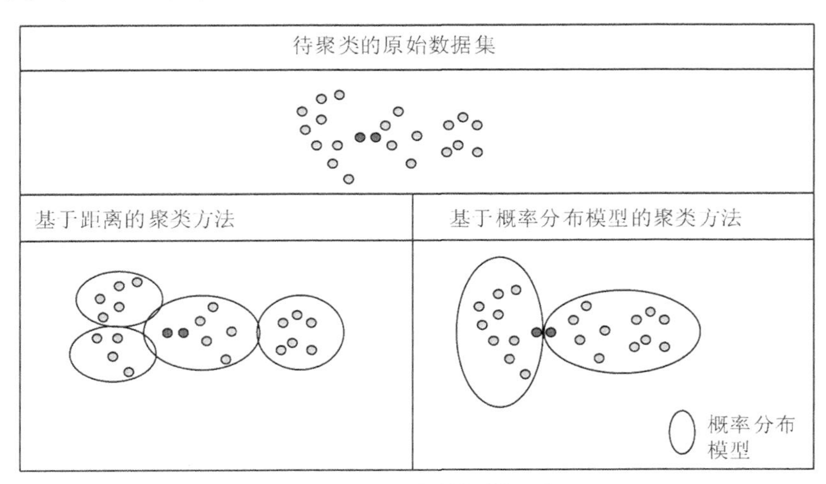

图 11-16 聚类方法对比示意

在基于模型的聚类方法中，簇的数目是基于标准的统计数字自动决定的，噪声或孤立点也是通过统计数字来分析的。基于模型的聚类方法试图优化给定的数据和某些数据模型之间的适应性。

11.4.3 k-means 聚类算法

k-means 算法是一种基于划分的聚类算法，它以 k 为参数，把 n 个数据对象分成 k 个簇，使簇内具有较高的相似度，而簇间的相似度较低。

1. 基本思想

k-means 算法是根据给定的 n 个数据对象的数据集，构建 k 个划分聚类的方法，每个划分聚类即为一个簇。该方法将数据划分为 k 个簇，每个簇至少有一个数据对象，每个数据对象必须属于而且只能属于一个簇；同时要满足同一簇中的数据对象相似度高，不同簇中的数据对象相似度较小。聚类相似度是利用各簇中对象的均值来进行计算的。

k-means 算法的处理流程如下。首先，随机地选择 k 个数据对象，每个数据对象代表一个簇中心，即选择 k 个初始中心；对剩余的每个对象，根据其与各簇中心的相似度（距离），将它赋给与其最相似的簇中心对应的簇；然后重新计算每个簇中所有对象的平均值，作为新的簇中心。不断重复这个过程，直到准则函数收敛，也就是簇中心不发生明显的变化。通常采用均方差作为准则函数，即最小化每个点到最近簇中心的距离的平方和。

新的簇中心计算方法是计算该簇中所有对象的平均值，也就是分别对所有对象的各个维度的值求平均值，从而得到簇的中心点。例如，一个簇包括以下 3 个数据对象{(6,4,8), (8,2,2), (4, 6, 2)}，则这个簇的中心点就是((6+8+4)/3,(4+2+6)/3,(8+2+2)/3)=(6,4,4)。

k-means 算法使用距离来描述两个数据对象之间的相似度。距离函数有明式距离、欧氏距离、马式距离和兰氏距离，最常用的是欧氏距离。

k-means 算法是当准则函数达到最优或者达到最大的迭代次数时即可终止。当采用欧氏距离时，准则函数一般为最小化数据对象到其簇中心的距离的平方和，即 $\min\sum_{i=1}^{k}\sum_{x\in C_i}\text{dist}(c_i,x)^2$ 。

其中，k 是簇的个数，c_i 是第 i 个簇的中心点，$\text{dist}(c_i,x)$ 为 x 到 c_i 的距离。

2. Spark MLlib 中的 k-means 算法

Spark MLlib 中的 k-means 算法的实现类 KMeans 具有以下参数。

```
class KMeans private (
    private var k: int,
    private var maxIterations: Int,
    private var runs: Int,
    private var initializationMode: String,
    private var initializationSteps: Int,
    private var epsilon: Double,
    private var seed: Long) extends Serializable with Logging
```

（1）MLlib 的 k-means 构造函数

使用默认值构造 MLlib 的 k-means 实例的接口如下。

```
{k: 2, maxIterations: 20, runs: 1, initializationMode: KMeans.K_MEANS_PARALLEL,
InitializationSteps: 5, epsilon: le-4, seed: random}。
```

参数的含义解释如下。

- k 表示期望的聚类的个数。
- maxIterations 表示方法单次运行的最大迭代次数。
- runs 表示算法被运行的次数。k-means 算法不保证能返回全局最优的聚类结果，所以在目标数据集上多次跑 k-means 算法，有助于返回最佳聚类结果。

- initializationMode 表示初始聚类中心点的选择方式，目前支持随机选择或者 K_MEANS_PARALLEL 方式，默认是 K_MEANS_PARALLEL。
- initializationSteps 表示 K_MEANS_PARALLEL 方法中的步数。
- epsilon 表示 k-means 算法迭代收敛的阈值。
- seed 表示集群初始化时的随机种子。

通常应用时，都会先调用 KMeans.train 方法对数据集进行聚类训练，这个方法会返回 KMeansModel 类实例，然后可以使用 KMeansModel.predict 方法对新的数据对象进行所属聚类的预测。

（2）MLlib 中的 k-means 训练函数

MLlib 中的 k-means 训练函数 KMeans.train 方法有很多重载方法，这里以参数最全的一个来进行说明。KMeans.train 方法如下。

```
def train(
    data:RDD[Vector],
    k: Int
    maxIterations: Int
    runs: Int
    initializationMode: String,
    seed: Long): KMeansModel = {
        new KMeans().setK(k)
          .setMaxIterations(maxIterations)
          .setRuns(runs)
          .setInitializatinMode(initializationMode)
          .setSeed(seed)
          .run(data)
    }
```

方法中各个参数的含义与构造函数相同，这里不再重复。

（3）MLlib 中的 k-means 的预测函数

MLlib 中的 k-means 的预测函数 KMeansModel.predict 方法接收不同格式的数据输入参数，可以是向量或者 RDD，返回的是输入参数所属的聚类的索引号。KMeansModel.predict 方法的 API 如下。

```
def predict(point: Vector): Int
def predict(points: RDD[Vector]): RDD[int]
```

第一种预测方法只能接收一个点，并返回其所在的簇的索引值；第二个预测方法可以接收一组点，并把每个点所在簇的值以 RDD 方式返回。

3. MLlib 中的 k-means 算法实例

实例：导入训练数据集，使用 k-means 算法将数据聚类到两个簇当中，所需的簇个数会作为参数传递到算法中，然后计算簇内均方差总和（WSSSE），可以通过增加簇的个数 k 来减小误差。

本实例使用 k-means 算法进行聚类的步骤如下。

（1）装载数据，数据以文本文件的方式进行存放。

（2）将数据集聚类，设置类的个数为 2 和迭代次数为 20，进行模型训练形成数据模型。

（3）打印数据模型的中心点。

（4）使用误差平方之和来评估数据模型。

（5）使用模型测试单点数据。

（6）进行交叉评估 1 时，返回结果；进行交叉评估 2 时，返回数据集和结果。

该实例使用的数据存放在 kmeans_data.txt 文档中，提供了 6 个点的空间位置坐标，数据如下所示。

```
0.0 0.0 0.0
0.1 0.1 0.1
0.2 0.2 0.2
9.0 9.0 9.0
9.1 9.1 9.1
9.2 9.2 9.2
```

每行数据描述了一个点，每个点有 3 个数字描述了其在三维空间的坐标值。将数据的每一列视为一个特征指标，对数据集进行聚类分析。实现的代码如下所示。

```
import org.apache.log4j.{Level, Logger}
import org.apache.spark.{SparkConf, SparkContext}
import org.apache.spark.mllib.clustering.KMeans
import org.apache.spark.mllib.linalg.Vectors

object Kmeans {
  def main(args: Array[String]) {
      // 设置运行环境
     val conf = new SparkConf().setAppName("Kmeans").setMaster("local[4]")
     val sc = new SparkContext(conf)
     // 装载数据集
     val data = sc.textFile("/home/hadoop/exercise/kmeans_data.txt", 1)
     val parsedData = data.map(s => Vectors.dense(s.split(' ').map(_.toDouble)))
     // 将数据集聚类，设置类的个数为 2，迭代次数为 20，进行模型训练形成数据模型
     val numClusters = 2
     val numIterations = 20
     val model = KMeans.train(parsedData, numClusters, numIterations)
     // 打印数据模型的中心点
     println("Cluster centers:")
     for (c <- model.clusterCenters) {
        println("  " + c.toString)
     }
     // 使用误差平方之和来评估数据模型
     val cost = model.computeCost(parsedData)
     println("Within Set Sum of Squared Errors = " + cost)
     // 使用模型测试单点数据
  println("Vectors 0.2 0.2 0.2 is belongs to clusters:" +
          model.predict(Vectors.dense("0.2 0.2 0.2".split(' ').map(_.toDouble))))
  println("Vectors 0.25 0.25 0.25 is belongs to clusters:" +
          model.predict(Vectors.dense("0.25 0.25 0.25".split(' ').map(_.toDouble))))
  println("Vectors 8 8 8 is belongs to clusters:" +
          model.predict(Vectors.dense("8 8 8".split(' ').map(_.toDouble))))
    // 交叉评估 1，只返回结果
    val testdata = data.map(s => Vectors.dense(s.split(' ').map(_.toDouble)))
    val result1 = model.predict(testdata)
    result1.saveAsTextFile("/home/hadoop/upload/class8/result_kmeans1")
    // 交叉评估 2，返回数据集和结果
    val result2 = data.map {
      line =>
        val linevectore = Vectors.dense(line.split(' ').map(_.toDouble))
        val prediction = model.predict(linevectore)
        line + " " + prediction
    }.saveAsTextFile("/home/hadoop/upload/class8/result_kmeans2")
    sc.stop()
  }
}
```

运行代码后，在运行窗口中可以看到计算出的数据模型，以及找出的两个簇中心点：(9.1，9.1，9.1)和(0.1，0.1，0.1)；并使用模型对测试点进行分类，可求出它们分别属于簇 1、1、0。

同时，在/home/hadoop/spark/mllib/exercise 目录中有两个输出目录：result_kmeans1 和 result_kmeans2。在交叉评估 1 中只输出了 6 个点分别属于簇 0、0、0、1、1、1；在交叉评估 2

中输出了数据集和每个点所属的簇。

4．算法优缺点

k-means 聚类算法是一种经典算法，该算法简单高效，易于理解和实现；算法的时间复杂度低，为 $O(tkm)$，其中，t 为迭代次数，k 为簇的数目，m 为记录数，n 为维数，并且 $t<<m$，$k<<n$。

k-means 算法也有许多不足的地方。第一，该算法需要人为事先确定簇的个数，k 的选择往往会是一个比较困难的问题。第二，该算法对初始值的设置很敏感，算法的结果与初始值的选择有关。第三，该算法对噪声和异常数据非常敏感。如果某个异常值具有很大的数值，则会严重影响数据分布。第四，该算法不能解决非凸形状的数据分布聚类问题。第五，该算法主要用于发现圆形或者球形簇，不能识别非球形的簇。

11.4.4 DBSCAN 聚类算法

DBSCAN（Density-Based Spatial Clustering of Application with Noise）算法是一种典型的基于密度的聚类方法。它将簇定义为密度相连的点的最大集合，能够把具有足够密度的区域划分为簇，并可以在有噪音的空间数据集中发现任意形状的簇。

1．基本概念

DBSCAN 算法中有两个重要参数：Eps 和 MinPts。Eps 是定义密度时的邻域半径，MinPts 为定义核心点时的阈值。

在 DBSCAN 算法中将数据点分为以下 3 类。

（1）核心点：如果一个对象在其半径 Eps 内含有超过 MinPts 数目的点，则该对象为核心点。

（2）边界点：如果一个对象在其半径 Eps 内含有点的数量小于 MinPts，但是该对象落在核心点的邻域内，则该对象为边界点。

（3）噪音点：如果一个对象既不是核心点也不是边界点，则该对象为噪音点。

通俗地讲，核心点对应稠密区域内部的点，边界点对应稠密区域边缘的点，而噪音点对应稀疏区域中的点。在图 11-17 中，假设 MinPts=5，Eps 如图中箭头线所示，则点 A 为核心点，点 B 为边界点，点 C 为噪音点。点 A 因为在其 Eps 邻域内含有 7 个点，超过了 Eps=5，所以是核心点；点 B 和点 C 因为在其 Eps 邻域内含有点的个数均少于 5，所以不是核心点；点 B 因为落在了点 A 的 Eps 邻域内，所以点 B 是边界点；点 C 因为没有落在任何核心点的邻域内，所以是噪音点。

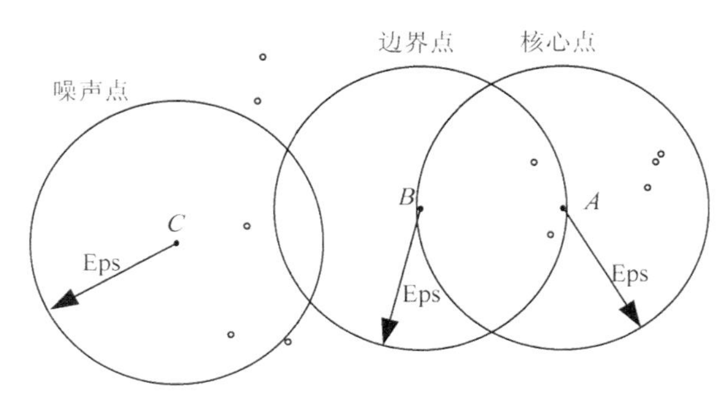

图 11-17　DBSCAN 算法数据点类型示意

进一步来讲，DBSCAN 算法还涉及以下一些概念。

（1）Eps 邻域：简单来讲就是与点的距离小于等于 Eps 的所有的点的集合。

（2）直接密度可达：如果点 p 在核心点 q 的 Eps 邻域内，则称数据对象 p 从数据对象 q 出发是直接密度可达的。

（3）密度可达：如果存在数据对象链 $p_1,p_2,\cdots,p_n$，p_{i+1} 是从 p_i 关于 Eps 和 MinPts 直接密度可达的，则数据对象 p_n 是从数据对象 p_1 关于 EpsMinPts 密度可达的。

（4）密度相连：对于对象 p 和对象 q，如果存在核心对象样本 o，使数据对象 p 和对象 q 均从 o 密度可达，则称 p 和 q 密度相连。显然，密度相连具有对称性。

（5）密度聚类簇：由一个核心点和与其密度可达的所有对象构成一个密度聚类簇。

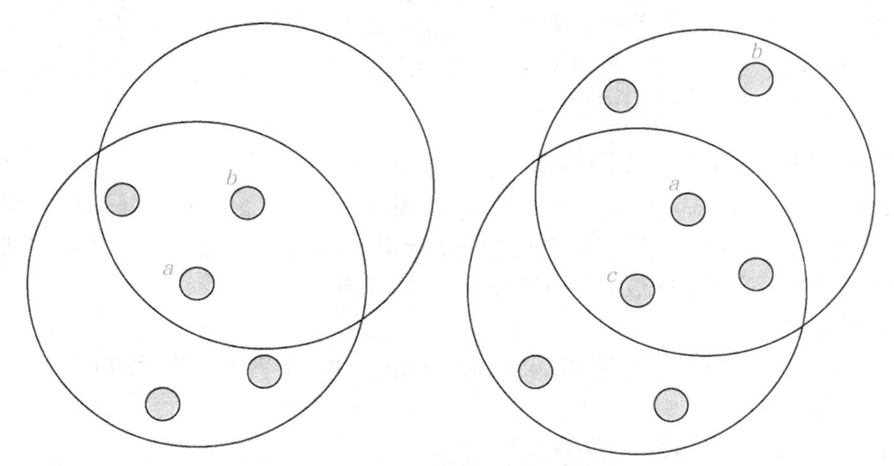

图 11-18　直接密度可达和密度可达示意

在图 11-18 中，点 a 为核心点，点 b 为边界点，并且因为 a 直接密度可达 b；但是 b 不直接密度可达 a（因为 b 不是一个核心点）。因为 c 直接密度可达 a，a 直接密度可达 b，所以 c 密度可达 b。但是因为 b 不直接密度可达 a，所以 b 不密度可达 c，但是 b 和 c 密度相连。

2．算法描述

DBSCAN 算法对簇的定义很简单，由密度可达关系导出的最大密度相连的样本集合，即为最终聚类的一个簇。DBSCAN 算法的簇里面可以有一个或者多个核心点。如果只有一个核心点，则簇里其他的非核心点样本都在这个核心点的 Eps 邻域里；如果有多个核心点，则簇里的任意一个核心点的 Eps 邻域中一定有一个其他的核心点，否则这两个核心点无法密度可达。这些核心点的 Eps 邻域里所有的样本的集合组成一个 DBSCAN 聚类簇。

DBSCAN 算法的描述如下。

输入：数据集，邻域半径 Eps，邻域中数据对象数目阈值 MinPts；

输出：密度联通簇。

处理流程如下。

（1）从数据集中任意选取一个数据对象点 p；

（2）如果对于参数 Eps 和 MinPts，所选取的数据对象点 p 为核心点，则找出所有从 p 密度可达的数据对象点，形成一个簇；

（3）如果选取的数据对象点 p 是边缘点，选取另一个数据对象点；

（4）重复（2）、（3）步，直到所有点被处理。

DBSCAN 算法的计算复杂的度为 $O(n^2)$，n 为数据对象的数目。这种算法对于输入参数 Eps 和 MinPts 是敏感的。

3．算法实例

下面给出一个样本数据集，如表 11-2 所示，并对其实施 DBSCAN 算法进行聚类，取 Eps=3，MinPts=3。

表 11-2　DSCAN 算法样本数据集

p1	p2	p3	p4	p5	p6	p7	p8	p9	p10	p11	p12	p13
1	2	2	4	5	6	6	7	9	1	3	5	3
2	1	4	3	8	7	9	9	5	12	12	12	3

数据集中的样本数据在二维空间内的表示如图 11-19 所示。

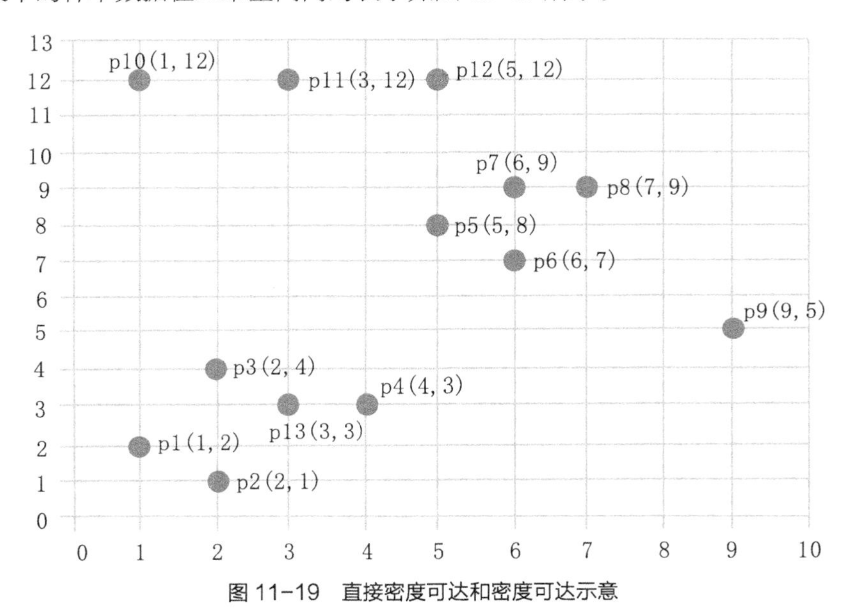

图 11-19　直接密度可达和密度可达示意

第一步，顺序扫描数据集的样本点，首先取到 p1(1,2)。

（1）计算 p1 的邻域，计算出每一点到 p1 的距离，如 d(p1,p2)=sqrt(1+1) =1.414。

（2）根据每个样本点到 p1 的距离，计算出 p1 的 Eps 邻域为{p1, p2, p3, p13}。

（3）因为 p1 的 Eps 邻域含有 4 个点，大于 MinPts(3)，所以，p1 为核心点。

（4）以 p1 为核心点建立簇 C1，即找出所有从 p1 密度可达的点。

（5）p1 邻域内的点都是 p1 直接密度可达的点，所以都属于 C1。

（6）寻找 p1 密度可达的点，p2 的邻域为{p1, p2, p3, p4, p13}，因为 p1 密度可达 p2，p2 密度可达 p4，所以 p1 密度可达 p4，因此 p4 也属于 C1。

（7）p3 的邻域为{p1, p2, p3, p4, p13}，p13 的邻域为{p1, p2, p3, p4, p13}，p3 和 p13 都是核心点，但是它们邻域的点都已经在 C1 中。

（8）p4 的邻域为{p3, p4, p13}，为核心点，其邻域内的所有点都已经被处理。

（9）此时，以 p1 为核心点出发的那些密度可达的对象都全部处理完毕，得到簇 C1，包含点{p1, p2, p3, p13, p4}。

第二步，继续顺序扫描数据集的样本点，取到 p5(5,8)。

（1）计算 p5 的邻域，计算出每一点到 p5 的距离，如 d(p1,p8)=sqrt(4+1) =2.236。

（2）根据每个样本点到 p5 的距离，计算出 p5 的 Eps 邻域为{p5, p6, p7, p8}。

（3）因为 p5 的 Eps 邻域含有 4 个点，大于 MinPts(3)，所以，p5 为核心点。

（4）以 p5 为核心点建立簇 C2，即找出所有从 p5 密度可达的点，可以获得簇 C2，包含点{p5, p6, p7, p8}。

第三步，继续顺序扫描数据集的样本点，取到 p9(9,5)。

（1）计算出 p9 的 Eps 邻域为{p9}，个数小于 MinPts(3)，所以 p9 不是核心点；

（2）对 p9 处理结束。

第四步，继续顺序扫描数据集的样本点，取到 p10(1,12)。

（1）计算出 p10 的 Eps 邻域为{p10, p11}，个数小于 MinPts(3)，所以 p10 不是核心点。

（2）对 p10 处理结束。

第五步，继续顺序扫描数据集的样本点，取到 p11(3,12)。

（1）计算出 p11 的 Eps 邻域为{p11, p10, p12}，个数等于 MinPts(3)，所以 p11 是核心点。

（2）从 p12 的邻域为{p12,p11}，不是核心点。

（3）以 p11 为核心点建立簇 C3，包含点{p11, p10, p12}。

第六步，继续扫描数据的样本点，p12、p13 都已经被处理过，算法结束。

4．算法优缺点

和传统的 k-means 算法相比，DBSCAN 算法不需要输入簇数 k，而且可以发现任意形状的聚类簇，同时，在聚类时可以找出异常点。

DBSCAN 算法的主要优点如下。

（1）可以对任意形状的稠密数据集进行聚类，而 k-means 之类的聚类算法一般只适用于凸数据集。

（2）可以在聚类的同时发现异常点，对数据集中的异常点不敏感。

（3）聚类结果没有偏倚，而 k-means 之类的聚类算法的初始值对聚类结果有很大影响。

DBSCAN 算法的主要缺点如下。

（1）样本集的密度不均匀、聚类间距差相差很大时，聚类质量较差，这时用 DBSCAN 算法一般不适合。

（2）样本集较大时，聚类收敛时间较长，此时可以对搜索最近邻时建立的 KD 树或者球树进行规模限制来进行改进。

（3）调试参数比较复杂时，主要需要对距离阈值 Eps，邻域样本数阈值 MinPts 进行联合调参，不同的参数组合对最后的聚类效果有较大影响。

（4）对于整个数据集只采用了一组参数。如果数据集中存在不同密度的簇或者嵌套簇，则 DBSCAN 算法不能处理。为了解决这个问题，有人提出了 OPTICS 算法。

（5）DBSCAN 算法可过滤噪声点，这同时也是其缺点，这造成了其不适用于某些领域，如对网络安全领域中恶意攻击的判断。

11.4.5　小结

聚类分析是一类重要的无监督学习数据挖掘方法。聚类分析方法包括基于划分的聚类方法、基于分层的聚类方法、基于密度的聚类方法、基于网格的聚类方法和基于模型的聚类方法。在基于划分的方法中，本节重点介绍了 k-means 方法，这类算法在执行聚类分析之前需要提前设定 k 值，对于中小规模球形簇分布的数据聚类效果相对较好。在基于分层的聚类方法中，本节讨论了自底向上的凝聚式层次聚类方法 AGNES，这类算法不仅可以获得最终的聚类簇，还能发现簇之间的层次关系，有利于发现链状簇。基于密度的聚类方法把簇看作被低密度区域分割开的高密度对象区域，可以发现任意形状的簇，本节描述了 DBSCAN 算法。基于密度的聚类方法调试参数时比较复杂，不同的参数组合对最后的聚类效果有较大影响。基于网格的方法将对象空间划分为有限数目的网格单元以形成网格结构，所有的聚类都是在网格上完成的。基于模型的聚类方法就是假设每个聚类数据属于某种模型，寻找符合模型规律的数据对象，从而完成聚类。

11.5 关联分析

关联分析是指从大量数据中发现项集之间有趣的关联和相关联系。关联分析的一个典型例子是购物篮分析。在大数据时代，关联分析是最常见的数据挖掘任务之一。

11.5.1 概述

关联分析是一种简单、实用的分析技术，是指发现存在于大量数据集中的关联性或相关性，从而描述一个事物中某些属性同时出现的规律和模式。关联分析可从大量数据中发现事物、特征或者数据之间的，频繁出现的相互依赖关系和关联关系。这些关联并不总是事先知道的，而是通过数据集中数据的关联分析获得的。

关联分析对商业决策具有重要的价值，常用于实体商店或电商的跨品类推荐，购物车联合营销，货架布局陈列，联合促销，市场营销等，来达到关联项互相销量提升，改善用户体验，减少上货员与用户投入时间，寻找高潜用户的目的。

通过对数据集进行关联分析可得出形如“由于某些事件的发生而引起另外一些事件的发生”之类的规则，例如，“67%的顾客在购买啤酒的同时也会购买尿布”，因此通过合理的啤酒和尿布的货架摆放或捆绑销售可提高超市的服务质量和效益；“‘C#语言’课程优秀的同学，在学习‘数据结构’时为优秀的可能性达 88%”，那么就可以通过强化“C#语言”的学习来提高教学效果。

关联分析的一个典型例子是购物篮分析。通过发现顾客放入其购物篮中的不同商品之间的联系，可分析顾客的购买习惯。通过了解哪些商品频繁地被顾客同时购买，可以帮助零售商制定营销策略。其他的应用还包括价目表设计、商品促销、商品的排放和基于购买模式的顾客划分等。例如，洗发水与护发素的套装；牛奶与面包间临摆放；购买该产品的用户又买了那些其他商品等。

除了上面提到的一些商品间存在的关联现象外，在医学方面，研究人员希望能够从已有的成千上万份病历中找到患某种疾病的病人的共同特征，从寻找出更好的预防措施。另外，通过对用户银行信用卡账单的分析也可以得到用户的消费方式，这有助于对相应的商品进行市场推广。关联分析的数据挖掘方法已经涉及了人们生活的很多方面，为企业的生产和营销及人们的生活提供了极大的帮助。

11.5.2 基本概念

通过频繁项集挖掘可以发现大型事务或关系数据集中事物与事物之间有趣的关联，进而帮助商家进行决策，以及设计和分析顾客的购买习惯。例如，表 11-3 是一个超市的几名顾客的交易信息，其中，TID 代表交易号，Items 代表一次交易的商品。

表 11-3　关联分析样本数据集

TID	Items
001	Cola, Egg, Ham
002	Cola, Diaper, Beer
003	Cola, Diaper, Beer, Ham
004	Diaper, Beer

通过对这个交易数据集进行关联分析，可以找出关联规则，即{Diaper}→{Beer}。它代表的意义是，购买了 Diaper 的顾客会购买 Beer。这个关系不是必然的，但是可能性很大，这就已经足够用来辅助商家调整 Diaper 和 Beer 的摆放位置了，例如，通过摆放在相近的位置，或进行捆绑促销来提高销售量。

关联分析常用的一些基本概念如下。

- 事务：每一条交易数据称为一个事务，例如，表 11-3 包含了 4 个事务。
- 项：交易的每一个物品称为一个项，如 Diaper、Beer 等。
- 项集：包含零个或多个项的集合叫作项集，如{Beer, Diaper}、{Beer, Cola, Ham}。
- k-项集：包含 *k* 个项的项集叫作 k-项集，例如，{Cola, Beer, Ham}叫作 3-项集。
- 支持度计数：一个项集出现在几个事务当中，它的支持度计数就是几。例如，{Diaper, Beer}出现在事务 002、003 和 004 中，所以它的支持度计数是 3。
- 支持度：支持度计数除于总的事务数。例如，上例中总的事务数为 4，{Diaper, Beer}的支持度计数为 3，所以对{Diaper, Beer}的支持度为 75%，这说明有 75%的人同时买了 Diaper 和 Beer。
- 频繁项集：支持度大于或等于某个阈值的项集就叫作频繁项集。例如，阈值设为 50%时，因为{Diaper, Beer}的支持度是 75%，所以它是频繁项集。
- 前件和后件：对于规则{A}→{B}，{A}叫作前件，{B}叫作后件。
- 置信度：对于规则{A}→{B}，它的置信度为{A, B}的支持度计数除以{A}的支持度计数。例如，规则{Diaper}→{Beer}的置信度为 3/3，即 100%，这说明买了 Diaper 的人 100%也买了 Beer。
- 强关联规则：大于或等于最小支持度阈值和最小置信度阈值的规则叫作强关联规则。通常意义上说的关联规则都是指强关联规则。关联分析的最终目标就是要找出强关联规则。

11.5.3　关联分析步骤

一般来说，对于一个给定的交易事务数据集，关联分析就是指通过用户指定最小支持度和最小置信度来寻求强关联规则的过程。关联分析一般分为两大步：发现频繁项集和发现关联规则。

1．发现频繁项集

发现频繁项集是指通过用户给定的最小支持度，寻找所有频繁项集，即找出不少于用户设定的最小支持度的项目子集。事实上，这些频繁项集可能具有包含关系。例如，项集{Diaper, Beer, Cola}就包含了项集{Diaper, Beer}。一般地，只需关心那些不被其他频繁项集所包含的所谓最大频繁项集的集合。发现所有的频繁项集是形成关联规则的基础。

由事物数据集产生的频繁项集的数量可能非常大，因此，从中找出可以推导出其他所有的频繁项集的、较小的、具有代表性的项集将是非常有用的。

- 闭项集：如果项集 X 是闭的，而且它的直接超集都不具有和它相同的支持度计数，则 X 是闭项集。
- 频繁闭项集：如果项集 X 是闭的，并且它的支持度大于或等于最小支持度阈值，则 X 是频繁闭项集。
- 最大频繁项集：如果项集 X 是频繁项集，并且它的直接超集都不是频繁的，则 X 为最大频繁项集。

最大频繁项集都是闭的，因为任何最大频繁项集都不可能与它的直接超集具有相同的支持度计数。最大频繁项集有效地提供了频繁项集的紧凑表示。换句话说，最大频繁项集形成了可以导出所有频繁项集的最小项集的集合。

2．发现关联规则

发现关联规则是指通过用户给定的最小置信度，在每个最大频繁项集中寻找置信度不小于用户设定的最小置信度的关联规则。

相对于第一步来讲，第二步的任务相对简单，因为它只需要在已经找出的频繁项集的基础上列出所有可能的关联规则。由于所有的关联规则都是在频繁项集的基础上产生的，已经满足了支持度阈值的要求，所以第二步只需要考虑置信度阈值的要求，只有那些大于用户给定的最小置信度的规则才会被留下来。

11.5.4 Apriori 关联分析算法

Apriori 算法是挖掘产生关联规则所需频繁项集的基本算法，也是最著名的关联分析算法之一。

1．Apriori 算法

Apriori 算法使用了逐层搜索的迭代方法，即用 k−项集探索（k+1）−项集。为提高按层次搜索并产生相应频繁项集的处理效率，Apriori 算法利用了一个重要性质，该性质还能有效缩小频繁项集的搜索空间。

Apriori 性质：一个频繁项集的所有非空子集也必须是频繁项集。即假如项集 A 不满足最小支持度阈值，即 A 不是频繁的，则如果将项集 B 添加到项集 A 中，那么新项集（$A \cup B$）也不可能是频繁的。

Apriori 算法简单来说主要有以下几个步骤。

（1）通过单遍扫描数据集，确定每个项的支持度。一旦完成这一步，就可得到所有频繁 1−项集的集合 F1。

（2）使用上一次迭代发现的频繁（k−1）−项集，产生新的候选 k−项集。

（3）为了对候选项集的支持度计数，再次扫描一遍数据库，使用子集函数确定包含在每一个交易 t 中的所有候选 k−项集。

（4）计算候选项集的支持度计数后，算法将删除支持度计数小于支持度阈值的所有候选项集。

（5）重复步骤（2）、（3）、（4），当没有新的频繁项集产生时，算法结束。

Apriori 算法是个逐层算法，它使用“产生——测试”策略来发现频繁项集。在由（k−1）−项集产生 k−项集的过程中，新产生的 k−项集先要确定它的所有的（k−1）−项真子集都是频繁的，如果有一个不是频繁的，那么它可以从当前的候选项集中去掉。

产生候选项集的方法有以下几种。

（1）蛮力法：从 2–项集开始以后所有的项集都是从 1–项集完全拼出来的。例如，3–项集由 3 个 1–项集拼出，要列出所有的可能性。然后再按照剪枝算法剪枝，即确定当前的项集的所有（k–1）–项集是否都是频繁的。

（2）$F_{k-1}*F_1$ 法：由 1–项集和（k–1）–项集生成 k–项集，然后再剪枝。这种方法是完全的，因为每一个频繁 k–项集都是由一个频繁（k–1）–项集和一个频繁 1–项集产生的。由于顺序的关系，这种方法会产生大量重复的频繁 k–项集。

（3）$F_{k-1}* F_{k-1}$ 法：由两个频繁（k–1）–项集生成候选 k–项集，但是两个频繁（k–1）–项集的前 k–2 项必须相同，最后一项必须相异。由于每个候选项集都是由一对频繁（k–1）–项集合并而成的，所以需要附加的候选剪枝步骤来确保该候选的其余 k–2 个子集是频繁的。

2．由频繁项集产生关联规则

一旦从事务数据集中找出频繁项集，就可以直接由它们产生强关联规则，即满足最小支持度和最小置信度的规则。计算关联规则的置信度并不需要再次扫描事物数据集，因为这两个项集的支持度计数已经在频繁项集产生时得到。

假设有频繁项集 Y，X 是 Y 的一个子集，那么如果规则 $X \to Y \to X$ 不满足置信度阈值，则形如 $X1 \to Y-X1$ 的规则一定也不满足置信度阈值，其中，$X1$ 是 X 的子集。根据该性质，假设由频繁项集$\{a,b,c,d\}$产生关联规则，关联规则$\{b,c,d\} \to \{a\}$具有低置信度，则可以丢弃后件包含 a 的所有关联规则，如$\{c,d\} \to \{a,b\}$，$\{b,d\} \to \{a,c\}$等。

3．算法优缺点

Apriori 算法作为经典的频繁项集产生算法，使用先验性质，大大提高了频繁项集逐层产生的效率，它简单易理解，数据集要求低。但是随着应用的深入，它的缺点也逐渐暴露出来，主要的性能瓶颈有以下两点。

（1）多次扫描事务数据集，需要很大的 I/O 负载。对每次 k 循环，对候选集 C_k 中的每个元素都必须通过扫描数据集一次来验证其是否加入 L_k。

（2）可能产生庞大的候选集。候选项集的数量是呈指数级增长的，如此庞大的候选项集对时间和空间都是一种挑战。

11.5.5　FP–Tree 关联分析算法

2000 年，Han Jiawei 等人提出了基于频繁模式树（Frequent Pattern Tree，FP–Tree）的发现频繁模式的算法 FP–Growth。其思想是构造一棵 FP–Tree，把数据集中的数据映射到树上，再根据这棵 FP–Tree 找出所有频繁项集。

FP–Growth 算法是指，通过两次扫描事务数据集，把每个事务所包含的频繁项目按其支持度降序压缩存储到 FP–Tree 中。在以后发现频繁模式的过程中，不需要再扫描事务数据集，而仅在 FP–Tree 中进行查找即可。通过递归调用 FP–Growth 的方法可直接产生频繁模式，因此在整个发现过程中也不需产生候选模式。由于只对数据集扫描两次，因此 FP–Growth 算法克服了 Apriori 算法中存在的问题，在执行效率上也明显好于 Apriori 算法。

1．FP–Tree 的构造

为了减少 I/O 次数，FP–Tree 算法引入了一些数据结构来临时存储数据。这个数据结构包括 3 部分：项头表、FP–Tree 和结点链接，如图 11–20 所示。

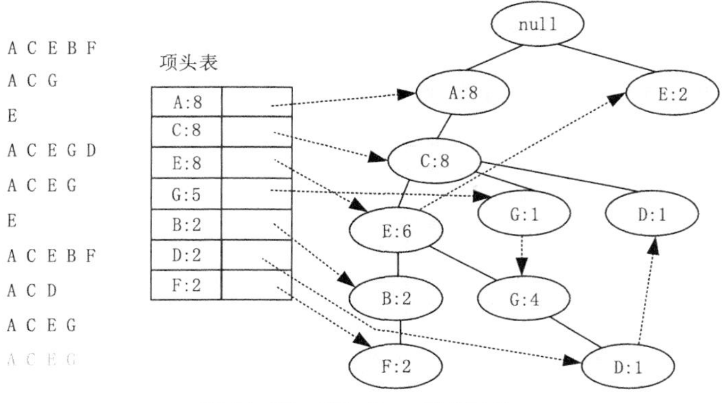

图 11-20 FP-Tree 数据结构

第一部分是一个项头表，记录了所有的频繁 1-项集出现的次数，按照次数降序排列。例如，在图 11-20 中，A 在所有 10 组数据中出现了 8 次，因此排在第一位。第二部分是 FP-Tree，它将原始数据集映射到了内存中的一颗 FP-Tree。第三部分是结点链表。所有项头表里的频繁 1-项集都是一个结点链表的头，它依次指向 FP-Tree 中该频繁 1-项集出现的位置。这样做主要是方便项头表和 FP-Tree 之间的联系查找和更新。

（1）项头表的建立

建立 FP-Tree 需要首先建立项头表。第一次扫描数据集，得到所有频繁 1-项集的计数。然后删除支持度低于阈值的项，将频繁 1-项集放入项头表，并按照支持度降序排列。第二次扫描数据集，将读到的原始数据剔除非频繁 1-项集，并按照支持度降序排列。

在这个例子中有 10 条数据，首先第一次扫描数据并对 1-项集计数，发现 F、O、I、L、J、P、M、N 都只出现一次，支持度低于阈值（20%），因此它们不会出现在项头表中。将剩下的 A、C、E、G、B、D、F 按照支持度的大小降序排列，组成了项头表。

接着第二次，扫描数据，对每条数据剔除非频繁 1-项集，并按照支持度降序排列。例如，数据项 A、B、C、E、F、O 中的 O 是非频繁 1-项集，因此被剔除，只剩下了 A、B、C、E、F。按照支持度的顺序排序，它变成了 A、C、E、B、F，其他的数据项以此类推。将原始数据集里的频繁 1-项集进行排序是为了在后面的 FP-Tree 的建立时，可以尽可能地共用祖先结点。

经过两次扫描，项头表已经建立，排序后的数据集也已经得到了，如图 11-21 所示。

数据	项头表 支持度大于20%	排序后的数据集
A B C E F O	A:8	A C E B F
A C G	C:8	A C G
E I	E:8	E
A C D E G	G:5	A C E G D
A C E G L	B:2	A C E G
E J	D:2	E
A B C E F P	F:2	A C E B F
A C D		A C D
A C E G M		A C E G
A C E G M		A C E G

图 11-21 FP-Tree 项头表示意

（2）FP-Tree 的建立

有了项头表和排序后的数据集，就可以开始 FP-Tree 的建立了。开始时 FP-Tree 没有数据，建立 FP-Tree 时要一条条地读入排序后的数据集，并将其插入 FP-Tree。插入时，排序靠前的结点是祖先结点，而靠后的是子孙结点。如果有共用的祖先，则对应的公用祖先结点计数加 1。插入后，如果有新结点出现，则项头表对应的结点会通过结点链表链接上新结点。直到所有的数据都插入到 FP-Tree 后，FP-Tree 的建立完成。

下面来举例描述 FP-Tree 的建立过程。首先，插入第一条数据 A、C、E、B、F，如图 11-22 所示。此时 FP-Tree 没有结点，因此 A、C、E、B、F 是一个独立的路径，所有结点的计数都为 1，项头表通过结点链表链接上对应的新增结点。

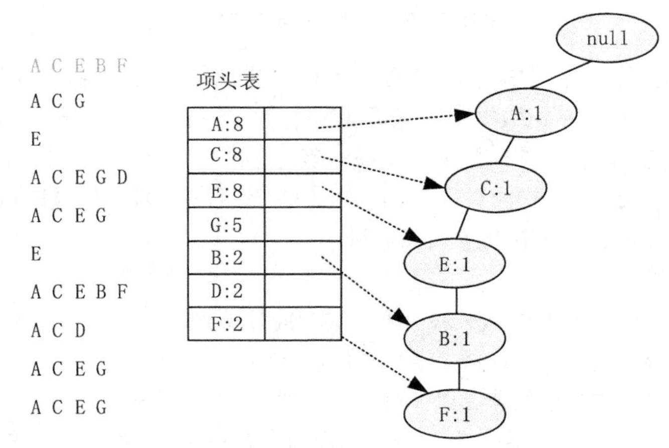

图 11-22　FP-Tree 的构造示意 1

接着插入数据 A、C、G，如图 11-23 所示。由于 A、C、G 和现有的 FP-Tree 可以有共有的祖先结点序列 A、C，因此只需要增加一个新结点 G，将新结点 G 的计数记为 1，同时 A 和 C 的计数加 1 成为 2。当然，对应的 G 结点的结点链表要更新。

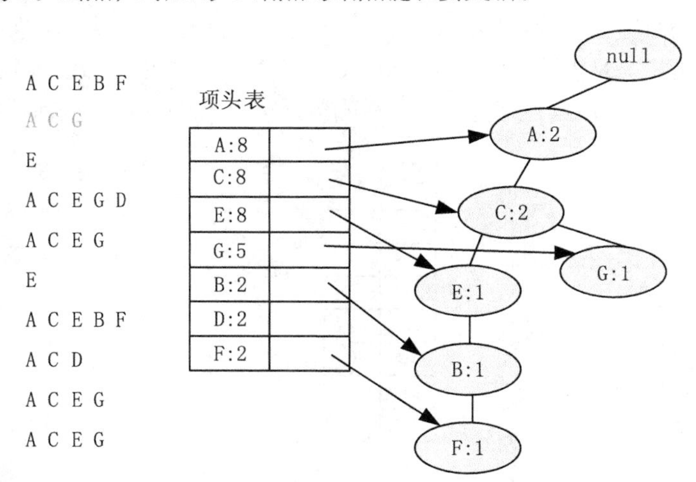

图 11-23　FP-Tree 的构造示意 2

用同样的办法可以更新后面 8 条数据，最后构成的 FP-Tree，如图 11-20 所示。由于原理类似，就不再逐步描述。

2．FP-Tree 的挖掘

下面讲解如何从 FP-Tree 挖掘频繁项集。基于 FP-Tree、项头表及结点链表，首先要从项头表的底部项依次向上挖掘。对于项头表对应于 FP-Tree 的每一项，要找到它的条件模式基。条件模式基是指以要挖掘的结点作为叶子结点所对应的 FP 子树。得到这个 FP 子树，将子树中每个结点的计数设置为叶子结点的计数，并删除计数低于支持度的结点。基于这个条件模式基，就可以递归挖掘得到频繁项集了。

还是以上面的例子来进行讲解。先从最底部的 F 结点开始，寻找 F 结点的条件模式基，由于 F 在 FP-Tree 中只有一个结点，因此候选就只有图 11-24 左边所示的一条路径，对应{A:8,C:8,E:6,B:2, F:2}。接着将所有的祖先结点计数设置为叶子结点的计数，即 FP 子树变成{A:2,C:2,E:2,B:2, F:2}。

条件模式基可以不写叶子结点，因此最终的 F 的条件模式基如图 11-24 右边所示。基于条件模式基，很容易得到 F 的频繁 2-项集为{A:2,F:2}，{C:2,F:2}，{E:2,F:2}，{B:2,F:2}。递归合并 2-项集，可得到频繁 3-项集为{A:2,C:2,F:2}，{A:2,E:2,F:2}，{A:2,B:2,F:2}，{C:2,E:2, F:2}，{C:2,B:2, F:2}，{E:2,B:2, F:2}。递归合并 3-项集，可得到频繁 4-项集为{A:2,C:2,E:2,F:2}，{A:2,C:2,B:2,F:2}，{C:2,E:2,B:2,F:2}。一直递归下去，得到最大的频繁项集为频繁 5-项集，为{A:2,C:2,E:2,B:2,F:2}。

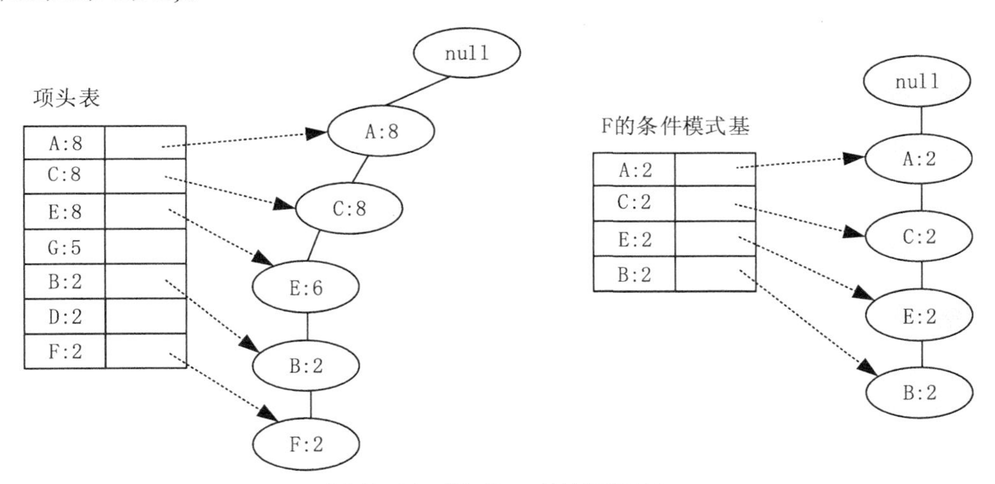

图 11-24　FP-Tree 的挖掘示意 1

F 结点挖掘完后，可以开始挖掘 D 结点。D 结点比 F 结点复杂一些，因为它有两个叶子结点，因此首先得到的 FP 子树如图 11-25 左边所示。接着将所有的祖先结点计数设置为叶子结点的计数，即变成{A:2, C:2,E:1 G:1,D:1, D:1}。此时，E 结点和 G 结点由于在条件模式基里面的支持度低于阈值，所以被删除，最终，去除了低支持度结点和叶子结点后的 D 结点的条件模式基为{A:2, C:2}。通过它，可以很容易得到 D 结点的频繁 2-项集为{A:2,D:2}，{C:2,D:2}。递归合并 2-项集，可得到频繁 3-项集为{A:2,C:2,D:2}。D 结点对应的最大的频繁项集为频繁 3-项集。

用同样的方法可以递归挖掘到 B 的最大频繁项集为频繁 4-项集{A:2, C:2, E:2,B:2}。继续挖掘，可以递归挖掘到 G 的最大频繁项集为频繁 4-项集{A:5, C:5, E:4,G:4}，E 的最大频繁项集为频繁 3-项集{A:6, C:6, E:6}，C 的最大频繁项集为频繁 2-项集{A:8, C:8}。由于 A 的条件模式基为空，因此可以不用去挖掘了。

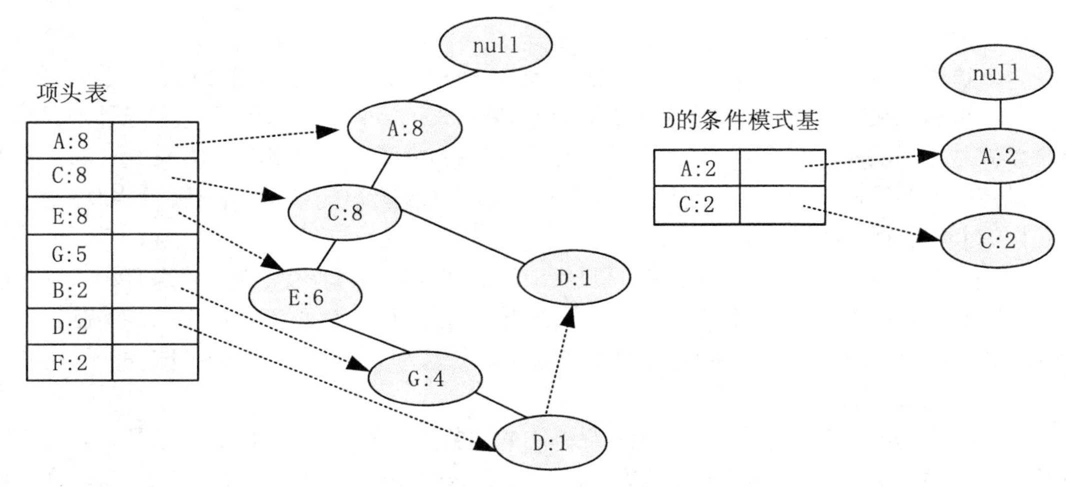

图 11-25 FP-Tree 的挖掘示意 2

至此得到了所有的频繁项集，如果只是要最大的频繁 k-项集，则从上面的分析可以看到，最大的频繁项集为 5-项集，包括{A:2, C:2, E:2,B:2,F:2}。

3. MLlib 的 FP-Growth 算法实例

Spark MLlib 中 FP-Growth 算法的实现类 FPGrowth 具有以下参数。

```
class FPGrowth private (
     private var minSupport: Double,
     private var numPartitions: Int) extends Logging with Serializable
```

变量的含义如下。

- minSupport 为频繁项集的支持度阈值，默认值为 0.3。
- numPartitions 为数据的分区个数，也就是并发计算的个数。

首先，通过调用 FPGrowth.run 方法构建 FP-Growth 树，树中将会存储频繁项集的数据信息，该方法会返回 FPGrowthModel；然后，调用 FPGrowthModel.generateAssociationRules 方法生成置信度高于阈值的关联规则，以及每个关联规则的置信度。

实例：导入训练数据集，使用 FP-Growth 算法挖掘出关联规则。该实例使用的数据存放在 fpg.data 文档中，提供了 6 个交易样本数据集。样本数据如下所示。

```
r z h k p
z y x w v u t s
s x o n r
x z y m t s q e
z
x z y r q t p
```

数据文件的每一行是一个交易记录，包括了该次交易的所有物品代码，每个字母表示一个物品，字母之间用空格分隔。

实现的代码如下所示。

```
import org.apache.spark.mllib.fpm.FPGrowth
import org.apache.spark.{SparkConf, SparkContext}

object FP_GrowthTest {
  def main(args:Array[String]){
    val conf = new SparkConf().setAppName("FPGrowthTest").setMaster("local[4]")
    val sc = new SparkContext(conf)
  //设置参数
    val minSupport=0.2    //最小支持度
```

```
    val minConfidence=0.8    //最小置信度
    val numPartitions=2   //数据分区数
    //取出数据
    val data = sc.textFile("data/mllib/fpg.data")
    //把数据通过空格分割
    val transactions=data.map(x=>x.split(" "))
    transactions.cache()
    //创建一个 FPGrowth 的算法实列
    val fpg = new FPGrowth()
    fpg.setMinSupport(minSupport)
    fpg.setNumPartitions(numPartitions)

    //使用样本数据建立模型
    val model = fpg.run(transactions)
    //查看所有的频繁项集，并且列出它出现的次数
    model.freqItemsets.collect().foreach(itemset=>{
     println( itemset.items.mkString("[", ",", "]")+","+itemset.freq)
    })
    //通过置信度筛选出推荐规则
    //antecedent 表示前项，consequent 表示后项
    //confidence 表示规则的置信度
    model.generateAssociationRules(minConfidence).collect().foreach(rule=>{
         println(rule.antecedent.mkString(",")+"-->"+
          rule.consequent.mkString(",")+"-->"+ rule.confidence)
    })
    //查看规则生成的数量
    println(model.generateAssociationRules(minConfidence).collect().length)
  }
```

运行结果会打印频繁项集和关联规则。

部分频繁项集如下。

```
[t], 3
[t, x], 3
[t, x, z], 3
[t, z], 3
[s], 3
[s, t], 2
[s, t, x], 2
[s, t, x, z], 2
[s, t, z], 2
[s, x], 2
[s, x, z], 2
```

部分关联规则如下。

```
s, t, x --> z --> 1.0
s, t, x --> y --> 1.0
q, x --> t --> 1.0
q, x --> y --> 1.0
q, x --> z --> 1.0
q, y, z --> t --> 1.0
q, y, z --> x --> 1.0
t, x, z --> y --> 1.0
q, x, z --> t --> 1.0
q, x, z --> y --> 1.0
```

11.5.6 小结

关联分析是数据挖掘的重要方法之一，它可用来得到有价值的关联规则。关联分析可通过频繁项集挖掘发现大量数据交易中存在的关联规则，从而发现事务间的关系，进而帮助商家决策。本节首先重点介绍了关联规则的基本概念，然后描述了基于 Apriori 算法的关联分析方法。为了克服 Apriori 算法在复杂度和效率方面的缺陷，本节进一步介绍了基于 FP-Tree 的频繁模式挖掘方法。

11.6 总结

本章主要对数据挖掘，特别是各类数据挖掘算法进行了基本介绍，首先介绍了数据挖掘的基本概念，讨论了大数据挖掘与传统数据挖掘的差别，然后分别对各类大数据挖掘算法进行了比较详细的介绍，包括分类和预测、聚类分析和关联分析，并通过算法实例对各个算法进行阐述，从而可以使大家更好地理解算法的基本思想和处理流程。

本章对 Spark MLlib 的几个典型机器学习算法的使用方法进行了描述，并通过实例进行了演示，包括 k-means 聚类算法、线性回归算法、决策树算法和 FP-Growth 关联分析算法。

习 题

1. 什么是知识？什么是数据挖掘？数据挖掘的价值主要有哪几类？
2. 大数据挖掘与传统数据挖掘的主要区别是什么？
3. 数据挖掘算法的主要类型有哪些？各自的典型算法有哪些？
4. 什么是预测？什么是分类？它们之间的关系是什么？
5. 分类的过程一般包含几步？各自的主要任务是什么？
6. 某银行想通过数据挖掘发现客户的贷款风险高还是低，请问应该使用哪类算法？
7. 某银行想知道给一个客户的合适的贷款量范围，请问应该使用哪类算法？
8. 什么是决策树？它的主要用途是什么？
9. 建立决策树的主要难点是进行特征选择，请问进行特征选择的目标是什么？应该如何进行特征选择？
10. 什么是信息熵，什么是信息增益？它们的用途是什么？
11. 什么是过度拟合？过度拟合带来的主要问题是什么？
12. 朴素贝叶斯分类算法的基础思想是什么？
13. 请解释贝叶斯公司中每一个概率的含义，即 $P(B|A)=P(A|B)P(B)/P(A)$。
14. 朴素贝叶斯分类算法假设样本元组中的每个属性都是互相条件独立的。该假设的含义是什么？为什么要进行该假设？
15. 根据表 11-1 的购买电脑样本数据，请使用朴素贝叶斯分类算法来预测具有以下属性的客户是否会购买电脑：X={age<=30,income=medium,student=yes,credit_rating=fair}。
16. KNN 分类算法的基本思想是什么？它为什么适合对有类域交叉或重叠较多的数据进行分类？
17. 什么是回归？什么是线性回归？回归分析的目的是什么？
18. 什么是逻辑回归？其主要用途是什么？
19. 什么是聚类分析？它的主要应用有哪些？
20. 聚类分析主要有哪几大类别？
21. 什么是基于划分的聚类方法？其主要特点是什么？有哪些典型的算法？
22. 什么是基于层次的聚类方法？其主要特点是什么？有哪些典型的算法？
23. 什么是基于密度的聚类方法？其主要特点是什么？有哪些典型的算法？
24. 什么是基于网格的聚类方法？其主要特点是什么？
25. 什么是基于模型的聚类方法？其主要特点是什么？

26. 什么是 k-means 聚类算法？其主要处理流程是什么？

27. 假设有一组 9 名球员，他们中每个人在本赛季的进球数分别为 5、10、30、25、18、27、15、24、12，请使用 k-means 算法根据他们的进球数把他们分成 3 个组。

28. AGNES 聚类算法的基本思想是什么？其基本处理流程是什么？

29. 表 11-4 为取自 5 个省份的居民生活消费水平状况的数据样本，请分别使用 AGNES 算法对它们进行聚类。

表 11-4 关联分析样本数据集

样本编号	特征 *d*1	特征 *d*2	特征 *d*3	特征 *d*4	特征 *d*5	特征 *d*6	特征 *d*7	特征 *d*8
*X*1	7.9	39.79	8.49	12.94	19.27	11.05	2.04	13.29
*X*2	7.68	50.37	11.35	13.30	19.25	14.59	2.75	14.87
*X*3	9.42	27.93	8.2	8.14	16.17	9.42	1.55	9.76
*X*4	9.16	27.98	9.01	9.32	15.99	9.10	1.82	11.35
*X*5	10.06	28.64	10.52	10.05	16.18	8.39	1.96	10.81

30. 在基于密度算法的 DBSCAN 方法中，什么是核心点？什么是边界点？什么是噪音点？图 11-26 中的 *a*、*b*、*c*、*d* 各为哪类点？

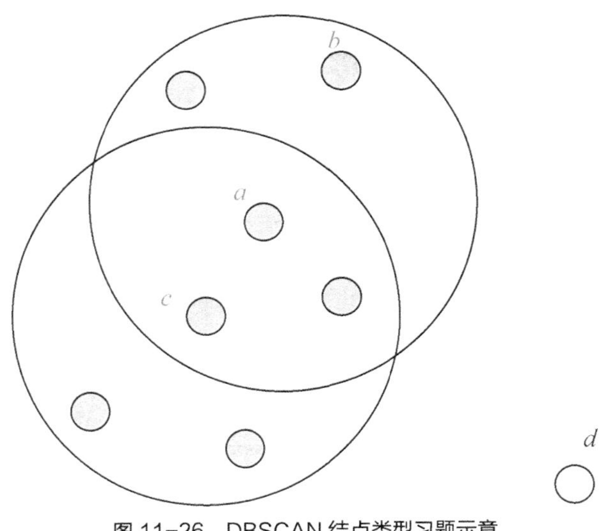

图 11-26 DBSCAN 结点类型习题示意

31. 什么是 Eps 邻域？什么是直接密度可达？什么是密度可达？什么是密度相连？在图 11-26 中，*a* 到 *b* 是直接密度可达吗？*b* 到 *a* 是直接密度可达吗？*c* 到 *a* 是直接密度可达吗？*c* 到 *b* 是密度可达吗？*b* 到 *c* 是密度可达吗？*b* 到 *c* 是密度相连吗？

32. 请使用 DBSAN 算法对图 11-27 中的数据点进行聚类。

33. 哪类算法适合于发现球形簇？哪类算法适合于发现链状簇？哪类算法适合发现圈状簇？哪类算法适合于发现重叠簇？

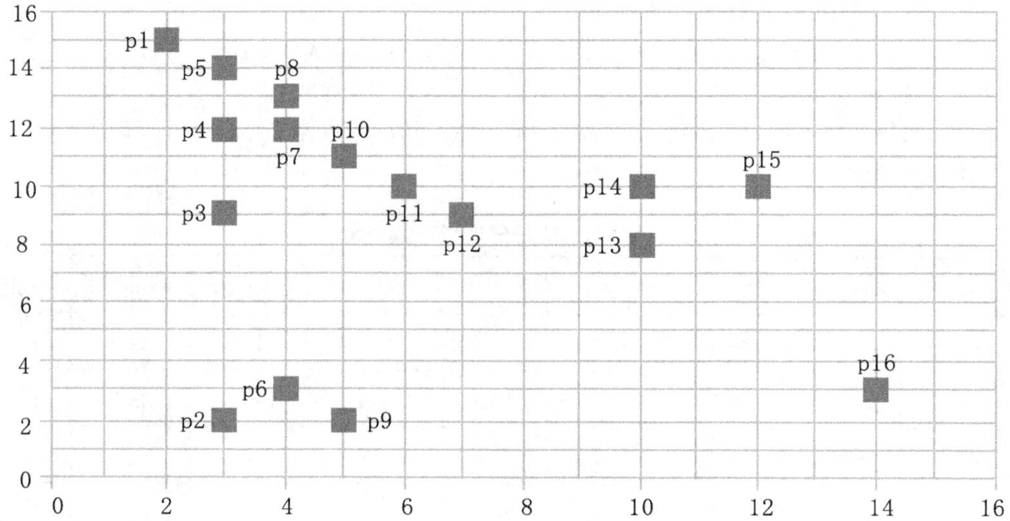

图 11-27　DBSCAN 实例习题示意

34. 什么是关联分析？关联分析的典型应用场景有哪些？

35. 对于关联分析来讲，什么是支持度计数？什么是支持度？什么是频繁项集？什么是置信度？

36. 请根据图 11-28 所示的事务数据集，完成下述计算。

（1）{面包，牛奶}项集的支持度是多少？{尿布，可乐}项集的支持度是多少？

（2）{尿布}→{啤酒}规则的置信度是多少？{啤酒}→{尿布}规则的置信度是多少？

（3）如果用户设定的支持度阈值为 60%，那么有哪些频繁项集？

如果用户设定的置信度为 70%，那么有哪些关联规则？

TID	项
1	面包，牛奶
2	面包，尿布，啤酒，鸡蛋
3	牛奶，尿布，啤酒，可乐
4	面包，牛奶，尿布，啤酒
5	面包，牛奶，尿布，可乐

图 11-28　关联算法习题事务集

37. Apriori 关联分析算法的基本思想是什么？Apriori 算法的性质是什么？

38. 什么是 FP-Tree 算法？它主要解决了 Apriori 算法的哪个缺陷？

39. 请画图描述并解释 FP-Tree 的数据结构。

40. 请为图 11-28 的交易数据集中的样本数据建立 FP-Tree，并找出最大的频繁项集，设置支持度为 50%，置信度为 70%。

41. 请解释以下 Spark MLlib 的 k-means 构造算法参数的含义：{k: 2, maxIterations: 20, runs: 1, initializationMode: KMeans.K_MEANS_PARALLEL, InitializationSteps: 5, epsilon: le-4, seed: random}

42. 请解释以下 Spark MLlib 的 LinerRegressionWithRGD 训练函数的参数的含义：input，numIterations，stepSize，miniBatchFraction，initialWeight。

43. 请解释以下 Spark MLlib 决策树算法参数的含义：input，numClasses，impurity，maxDepth，maxBins，categoricalFeaturesInfo。

44. 调用 Spark MLlib 的 FP-Growth 算法构建 FP-Tree 需要哪些参数？调用哪个方法可以从 FP-Tree 上获取关联规则？需要哪些参数？

第五部分

大数据应用篇

Chapter 12 第12章 大数据应用

随着大数据时代的到来，大数据技术的应用场景越来越广泛，从市场营销到产品设计，从市场预测到决策支持，从效能提升到运营管理，并且大数据技术的应用场景已经从早期的互联网公司开始走向传统企业。大数据得到了企业的高度重视，许多传统企业都成立了大数据部门。但是，目前很多企业面临的困难在于大数据技术的场景应用，既如何利用数据分析和外部数据来提升业务。

本章首先从大数据场景应用的横向出发，介绍大数据技术在各个功能领域的应用场景，重点介绍精准营销、个性化推荐和大数据预测等大数据技术的场景应用和案例，然后从大数据场景应用的纵向出发，介绍各个行业的大数据技术的应用场景，重点介绍银行、证券、保险、互联网金融、互联网、电信和物流等行业的大数据技术的场景应用和案例。

12.1 大数据功能应用

本节从大数据场景应用的横向出发，介绍大数据技术在一些功能领域的应用场景，重点介绍精准营销、个性化推荐和大数据预测的大数据技术应用的场景和案例。

12.1.1 基于大数据的精准营销

在大数据时代到来之前，企业营销只能利用传统的营销数据，包括客户关系管理系统中的客户信息、广告效果、展览等一些线下活动的效果。数据的来源仅限于消费者某一方面的有限信息，不能提供充分的提示和线索。互联网时代带来了新类型的数据，包括使用网站的数据、地理位置的数据、邮件数据、社交媒体数据等。大数据时代的企业营销可以借助大数据技术将新类型的数据与传统数据进行整合，从而更全面地了解消费者的信息，对顾客群体进行细分，然后对每个群体采取符合具体需求的专门行动，也就是进行精准营销。

1. 精准营销概述

精准营销是指企业通过定量和定性相结合的方法，对目标市场的不同消费者进行细致分析，并根据他们不同的消费心理和行为特征，采用有针对性的现代技术、方法和指向明确的策略，从而实现对目标市场不同消费者群体强有效性、高投资回报的营销沟通。

精准营销最大的优点在于“精准”，即在市场细分的基础上，对不同消费者进行细致分析，确定目标对象。精准营销的主要特点有以下几点。第一，精准的客户定位是营销策略的基础；第二，精准营销能提供高效、投资高回报的个性化沟通。过去营销活动面对的是大众，目标不够明确，沟通效果不明显。精准营销是在确定目标对象后，划分客户生命周期的各个阶段，抓住消费者的心理，进行细致、有效的沟通；第三，精准营销为客户提供增值服务，为客户细致分析，量身定做，避免了用户对商品的挑选，节约了客户的时间成本和精力，同时满足客户的个性化需求，增加了顾客让渡价值；第四，发达的信息技术有益于企业实现精准化营销，“大数据”和“互联网+”时代的到来，意味着人们可以利用数字中的镜像世界映射出现实世界的个性特征。这些技术的提高降低了企业进行目标定位的成本，同时也提高了对目标分析的准确度。

精准营销运用先进的互联网技术与大数据技术等手段，使企业和顾客能够进行长期个性化的沟通，从而让企业和顾客达成共识，为企业建立稳定忠实的客户群奠定坚实的基础。得益于现代高度分散物流的保障方式，企业可以摆脱杂多的中间渠道环节，并且脱离对传统的营销模块式组织机构的依赖，真正实现对客户的个性化关怀。通过可量化的市场定位技术，精准营销打破了传统营销只能做到定性的市场定位的局限，使企业营销达到了可调控和可度量的要求。此外，精准营销改变了传统广告所必需的高成本。

2．大数据精准营销过程

传统的营销理念是根据顾客的基本属性，如顾客的性别、年龄、职业和收入等来判断顾客的购买力和产品需求，从而进行市场细分，以及制定相应的产品营销策略，这是一种静态的营销方式。大数据不仅记录了人们的行为轨迹，还记录了人们的情感与生活习惯，能够精准预测顾客的需求，从而实现以客户生命周期为基准的精准化营销，这是一个动态的营销过程。

（1）助力客户信息收集与处理

客户数据收集与处理是一个数据准备的过程，是数据分析和挖掘的基础，是搞好精准营销的关键和基础。

精准营销所需要的信息内容主要包括描述信息、行为信息和关联信息等 3 大类。描述信息是顾客的基本属性信息，如年龄、性别、职业、收入和联系方式等基本信息。行为信息是顾客的购买行为的特征，通常包括顾客购买产品或服务的类型、消费记录、购买数量、购买频次、退货行为、付款方式、顾客与企业的联络记录，以及顾客的消费偏好等。关联信息是顾客行为的内在心理因素，常用的关联信息包括满意度和忠诚度、对产品与服务的偏好或态度、流失倾向及与企业之间的联络倾向等。

（2）客户细分与市场定位

企业要对不同客户群展开有效的管理并采取差异化的营销手段，就需要区分出不同的客户群。在实际操作中，传统的市场细分变量，如人口因素、地理因素、心理因素等由于只能提供较为模糊的客户轮廓，已经难以为精准营销的决策提供可靠的依据。大数据时代，利用大数据技术能在收集的海量非结构化信息中快速筛选出对公司有价值的信息，对客户行为模式与客户价值进行准确判断与分析，使我们有可能甚至深入了解“每一个人”，而不止是通过“目标人群”来进行客户洞察和提供营销策略。

大数据可以帮助企业在众多用户群中筛选出重点客户，它利用某种规则关联，确定企业的目标客户，从而帮助企业将其有限的资源投入到这少部分的忠诚客户中，即把营销开展的重点放在这最重要的 20%的客户上，更加关注那部分优质客户，以最小的投入获取最大的收益。

（3）辅助营销决策与营销战略设计

在得到基于现有数据的不同客户群特征后，市场人员需要结合企业战略、企业能力、市场环境等因素，在不同的客户群体中寻找可能的商业机会，最终为每个客户群制定个性化的营销战略，每个营销战略都有特定的目标，如获取相似的客户、交叉销售或提升销售，以及采取措施防止客户流失等。

在得到基于现有数据的不同客户群特征后，市场人员需要结合企业战略、企业能力、市场环境等因素，在不同的客户群体中寻找可能的商业机会，最终为每个客户群制定个性化的营销战略，每个营销战略都有特定的目标。

（4）精准的营销服务

动态的数据追踪可以改善用户体验。企业可以追踪了解用户使用产品的状况，做出适时的提醒，例如，食品是否快到保质期；汽车使用磨损情况，是否需要保养维护等。流式数据使产品“活”起来，企业可以随时根据反馈的数据做出方案，精准预测顾客的需求，提高顾客生活质量。针对潜在的客户或消费者，企业可以通过各种现代化信息传播工具直接与消费者进行一对一的沟通，也可以通过电子邮件将分析得到的相关信息发送给消费者，并追踪消费者的反应。

（5）营销方案设计

在大数据时代，一个好的营销方案可以聚焦到某个目标客户群，甚至精准地根据每一位消费者不同的兴趣与偏好为他们提供专属性的市场营销组合方案，包括针对性的产品组合方案、产品价格方案、渠道设计方案、一对一的沟通促销方案，如 O2O 渠道设计，网络广告的受众购买的方式和实时竞价技术，基于位置的促销方式等。

（6）营销结果反馈

在大数据时代，营销活动结束后，可以对营销活动执行过程中收集到的各种数据进行综合分析，从海量数据中挖掘出最有效的企业市场绩效度量，并与企业传统的市场绩效度量方法展开比较，以确立基于新型数据的度量的优越性和价值，从而对营销活动的执行、渠道、产品和广告的有效性进行评估，为下一阶段的营销活动打下良好的基础。

3．大数据精准营销方式

在大数据的背景下，百度等公司掌握了大量的调研对象的数据资源，这些用户的前后行为将能够被精准地关联起来。

（1）实时竞价（RTB）

简单地来讲，RTB 智能投放系统的操作过程就是当用户发出浏览网页请求时，该请求信息会在数据库中进行比对，系统通过推测来访者的身份和偏好，将信息发送到后方需求平台，然后由广告商进行竞价，出价最高的企业可以把自己的广告瞬间投放到用户的页面上。RTB 运用 Cookie 技术记录用户的网络浏览痕迹和 IP 地址，并运用大数据技术对海量数据进行甄别分析，得出用户的需求信息，向用户展现相应的推广内容。这种智能投放系统能精准地确定目标客户，显著提高广告接受率，具有巨大的商业价值和广阔的应用前景。

（2）交叉销售

“啤酒与尿布”是数据挖掘的经典案例。海量数据中含有大量的信息，通过对数据的有效分析，企业可以发现客户的其他需求，为客户制定套餐服务，还可以通过互补型产品的促销，为客户提供更多更好的服务，如银行和保险公司的业务合作，通信行业制定手机上网和短信包月的套餐等。

（3）点告

“点告”就是以“点而告知”取代“广而告知”，改变传统的片面追求广告覆盖面的思路，转向专注于广告受众人群细分以及受众效果。具体来讲，当用户注册为点告网的用户时，如果填写自己的职业和爱好等资料，点告网就可以根据用户信息进行数据挖掘分析，然后将相应的题目推荐给用户，继而根据用户的答题情况对用户进行自动分组，进一步精确地区分目标用户。“点告”以其精准性、趣味性、参与性及深入性，潜移默化地影响目标受众，最终达到宣传企业的目的。

（4）窄告

“窄告”与广告相对立，是一种把商品信息有针对性地投放给企业想要传递到的那些人眼前的广告形式。“窄告”基于精准营销理念，在投放广告时，采用语义分析技术将广告主的关键词及网文进行匹配，从而有针对性地将广告投放到相关文章周围的联盟网站的窄广告位上。“窄告”能够通过地址精确区分目标区域，锁定哪些区域是广告商指定的目标客户所在地，最后成功地精确定位目标受众。

（5）定向广告推送

社交网络广告商可以对互联网和移动应用中大量的社交媒体个人页面进行搜索，实时查找提到的品牌厂商的信息，并对用户所发布的文字、图片等信息进行判断，帮助广告商投放实时广告，使得投放的广告更加符合消费者的实际需要，因而更加准确有效。

12.1.2 基于大数据的个性化推荐

随着互联网时代的发展和大数据时代的到来，人们逐渐从信息匮乏的时代走入了信息过载的时代。为了让用户从海量信息中高效地获取自己所需的信息，推荐系统应运而生。推荐系统的主要任务就是联系用户和信息，它一方面帮助用户发现对自己有价值的信息，另一方面让信息能够展现在对它感兴趣的用户面前，从而实现信息消费者和信息生产者的双赢。基于大数据的推荐系统通过分析用户的历史记录了解用户的喜好，从而主动为用户推荐其感兴趣的信息，满足用户的个性化推荐需求。

1．推荐系统概述

推荐系统是自动联系用户和物品的一种工具，它通过研究用户的兴趣爱好，来进行个性化推荐。以 Google 和百度为代表的搜索引擎可以让用户通过输入关键词精确找到自己需要的相关信息。但是，搜索引擎需要用户提供能够准确描述自己的需求的关键词，否则搜索引擎就无能为力了。

与搜索引擎不同的是，推荐系统不需要用户提供明确的需求，而是通过分析用户的历史行为来对用户的兴趣进行建模，从而主动给用户推荐可满足他们兴趣和需求的信息。每个用户所得到的推荐信息都是与自己的行为特征和兴趣有关的，而不是笼统的大众化信息。

随着推荐引擎的出现，用户获取信息的方式从简单的目标明确的数据搜索转换到更高级更符合人们使用习惯的信息发现。随着推荐技术的不断发展，推荐引擎已经在电子商务（如 Amazon、当当网）和一些基于社会的化站点（包括音乐、电影和图书分享，如豆瓣等）中都取得很大的成功。

图 12-1 展示了推荐引擎的工作原理，它接收的输入是推荐的数据源，一般情况下，推荐引擎所需要的数据源包括以下几点。

- 要推荐物品或内容的元数据，如关键字、基因描述等。
- 系统用户的基本信息，如性别、年龄等。
- 用户对物品或者信息的偏好，根据应用本身的不同，可能包括用户对物品的评分，用户查看物品的记录，用户的购买记录等。

用户的偏好信息可以分为显式用户反馈和隐式用户反馈两大类。显式用户反馈是用户在网站上自然浏览或者使用网站以外，显式地提供的反馈信息，如用户对物品的评分，或者对物品的评论等。隐式用户反馈是用户在使用网站时产生的数据，隐式地反映了用户对物品的喜好，如用户购买了某物品，用户查看了某物品的信息等。

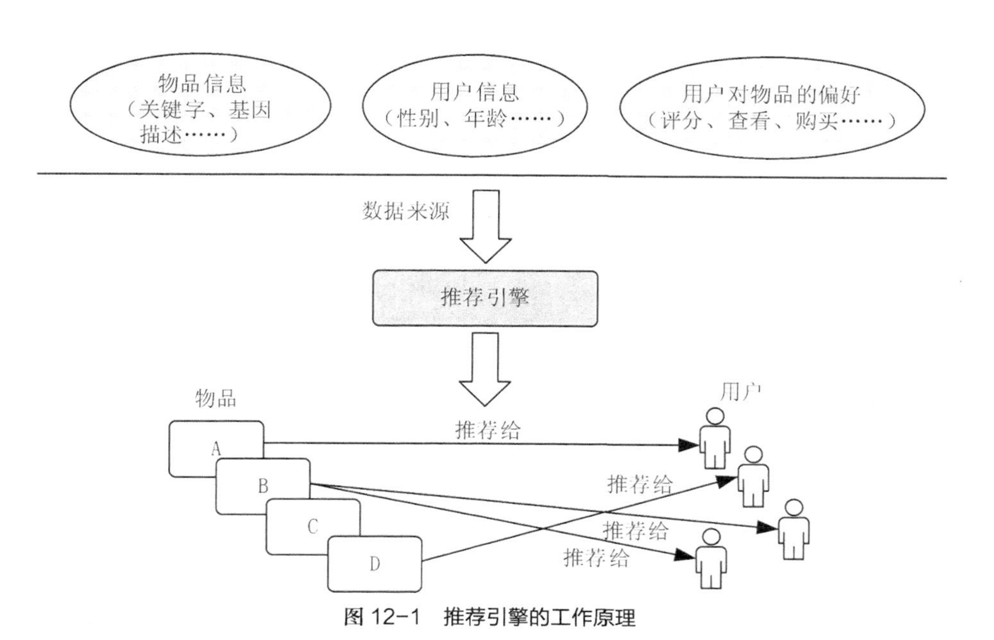

图 12-1　推荐引擎的工作原理

显式用户反馈能准确地反映用户对物品的真实喜好，但需要用户付出额外的劳动，而隐式用户行为，通过一些分析和处理，也能反映用户的喜好，只是数据不是很精确，有些行为的分析存在较大的噪声。但只要选择正确的行为特征，隐式用户反馈也能得到很好的效果。例如，在电子商务的网站上，购买行为其实就是一个能很好表现用户喜好的隐式用户反馈。

推荐引擎根据不同的推荐机制可能用到数据源中的不同部分，然后根据这些数据，分析出一定的规则或者直接对用户对其他物品的喜好进行预测计算。这样，推荐引擎就可以在用户进入的时候给他推荐他可能感兴趣的物品。

2．推荐机制

大部分推荐引擎的工作原理是基于物品或者用户的相似集进行推荐，所以可以对推荐机制进行以下分类。

- 基于人口统计学的推荐：根据系统用户的基本信息发现用户的相关程度。
- 基于内容的推荐：根据推荐物品或内容的元数据，发现物品或者内容的相关性。
- 基于协同过滤的推荐：根据用户对物品或者信息的偏好，发现物品或者内容本身的相关性，或者是发现用户的相关性。

（1）基于人口统计学的推荐

基于人口统计学的推荐机制可根据用户的基本信息发现用户的相关程度，然后将相似用户喜爱的其他物品推荐给当前用户，图 12-2 描述了这种推荐机制的工作原理。

从图 12-2 中可以很清楚地看出，首先，系统对每个用户都有一个用户基本信息的模型，其中包括用户的年龄、性别等，然后，系统会根据用户的基本信息计算用户的相似度，可以看到用户 A 的基本信息和用户 C 一样，所以系统会认为用户 A 和用户 C 是相似用户，在推荐引擎中，可以称他们是“邻居”，最后，基于“邻居”用户群的喜好推荐给当前用户一些物品，图 12-2 所示为将用户 A 喜欢的物品 A 推荐给用户 C。

基于人口统计学的推荐机制的主要优势是对于新用户来讲没有“冷启动”的问题，这是因为该机制不使用当前用户对物品的喜好历史数据。该机制的另一个优势是它是领域独立的，不依赖于物品本身的数据，所以可以在不同的物品领域都得到使用。

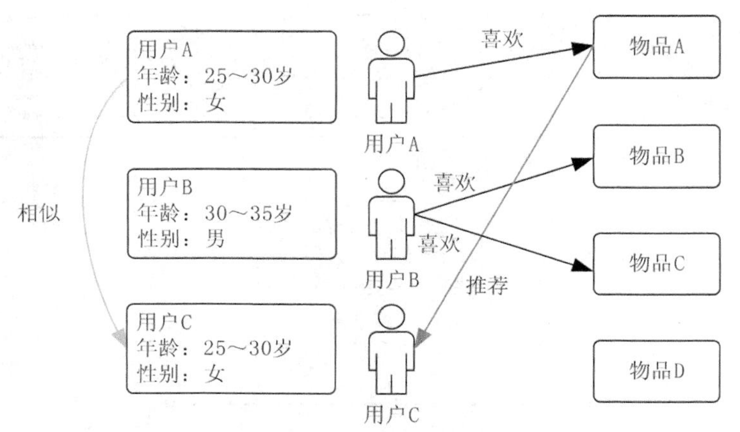

图 12-2 基于人口统计学的推荐机制的工作原理

基于人口统计学的推荐机制的主要问题是基于用户的基本信息对用户进行分类的方法过于粗糙，尤其是对品味要求较高的领域，如图书、电影和音乐等领域，无法得到很好的推荐效果。另外，该机制可能涉及一些与需要查找的信息本身无关却比较敏感的信息，如用户的年龄等，这些信息涉及了用户的隐私。

（2）基于内容的推荐

基于内容的推荐是在推荐引擎出现之初应用最为广泛的推荐机制，它的核心思想是根据推荐物品或内容的元数据，发现物品或内容的相关性，然后基于用户以往的喜好记录，推荐给用户相似的物品。图 12-3 描述了基于内容推荐的基本原理。

图 12-3 中给出了基于内容推荐的一个典型的例子，即电影推荐系统。首先，需要对电影的元数据进行建模，这里只简单地描述了电影的类型；然后，通过电影的元数据发现电影间的相似度，由于电影 A 和 C 的类型都是“爱情、浪漫”，所以它们会被认为是相似的电影；最后，实现推荐，由于用户 A 喜欢看电影 A，那么系统就可以给他推荐类似的电影 C。

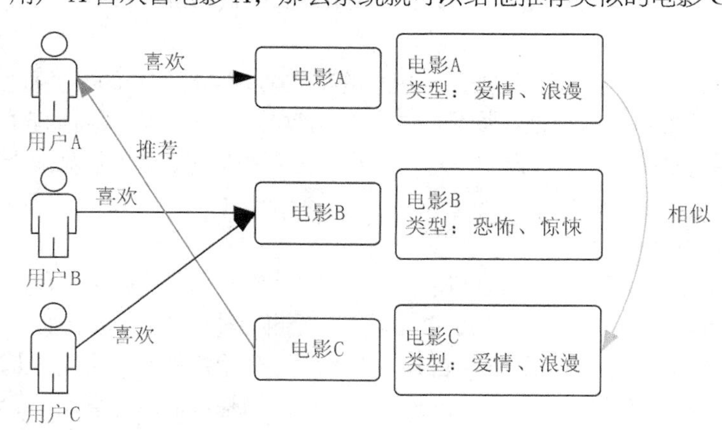

图 12-3 基于内容推荐机制的工作原理

基于内容的推荐机制的好处在于它能基于用户的口味建模，能提供更加精确的推荐。但它也存在以下几个问题。

- 需要对物品进行分析和建模，推荐的质量依赖于物品模型的完整和全面程度。
- 物品相似度的分析仅仅依赖于物品本身的特征，而没有考虑人对物品的态度。

- 因为是基于用户以往的历史做出推荐，所以对于新用户有“冷启动”的问题。

虽然基于内容的推荐机制有很多不足和问题，但它还是成功地应用在一些电影、音乐、图书的社交站点。有些站点还请专业的人员对物品进行基因编码，例如，在潘多拉的推荐引擎中，每首歌有超过 100 个元数据特征，包括歌曲的风格、年份、演唱者等。

（3）基于协同过滤的推荐

随着互联网时代的发展，Web 站点更加提倡用户参与和用户贡献，因此基于协同过滤的推荐机制应运而生。它的原理就是根据用户对物品或者信息的偏好，发现物品或者内容本身的相关性，或者发现用户的相关性，然后再基于这些相关性进行推荐。基于协同过滤的推荐可以分为 3 个子类：基于用户的协同过滤推荐，基于项目的协同过滤推荐和基于模型的协同过滤推荐。

① 基于用户的协同过滤推荐

基于用户的协同过滤推荐的基本原理是根据所有用户对物品或者信息的偏好，发现与当前用户口味和偏好相似的“邻居”用户群。一般的应用是采用计算“k–邻居”的算法，然后基于这 k 个邻居的历史偏好信息，为当前用户进行推荐的。图 12–4 描述了基于用户的协同过滤推荐机制的基本原理。

如图 12–4 所示，假设用户 A 喜欢物品 A 和物品 C，用户 B 喜欢物品 B，用户 C 喜欢物品 A、物品 C 和物品 D；从这些用户的历史喜好信息中可以发现，用户 A 和用户 C 的口味和偏好是比较类似的，同时用户 C 还喜欢物品 D，那么系统可以推断用户 A 很可能也喜欢物品 D，因此可以将物品 D 推荐给用户 A。

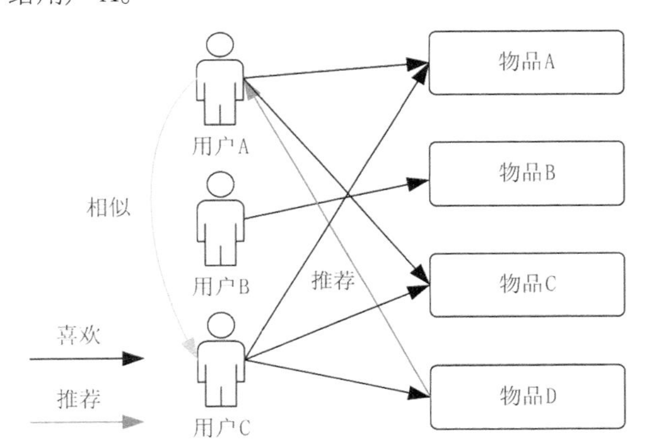

图 12–4　基于用户的协同过滤推荐机制的基本原理

基于用户的协同过滤推荐机制和基于人口统计学的推荐机制都是计算用户的相似度，并基于“邻居”用户群计算推荐的，它们的不同之处在于如何计算用户的相似度。基于人口统计学的机制只考虑用户本身的特征，而基于用户的协同过滤机制是在用户的历史偏好的数据上计算用户的相似度，它的基本假设是，喜欢类似物品的用户可能有相同或者相似的口味和偏好。

② 基于项目的协同过滤推荐

基于项目的协同过滤推荐的基本原理是使用所有用户对物品或者信息的偏好，发现物品和物品之间的相似度，然后根据用户的历史偏好信息，将类似的物品推荐给用户，图 12–5 描述了它的基本原理。

假设用户 A 喜欢物品 A 和物品 C，用户 B 喜欢物品 A、物品 B 和物品 C，用户 C 喜欢物品 A。从这些用户的历史喜好可以分析出物品 A 和物品 C 是比较类似的，因为喜欢物品 A 的人都喜欢物品 C。基于这个数据可以推断用户 C 很有可能也喜欢物品 C，所以系统会将物品 C 推荐给用户 C。

基于项目的协同过滤推荐和基于内容的协同过滤推荐其实都是基于物品相似度的预测推荐，只是相似度计算的方法不一样，前者是从用户历史的偏好进行推断的，而后者是基于物品本身的属性特征信息进行推断的。

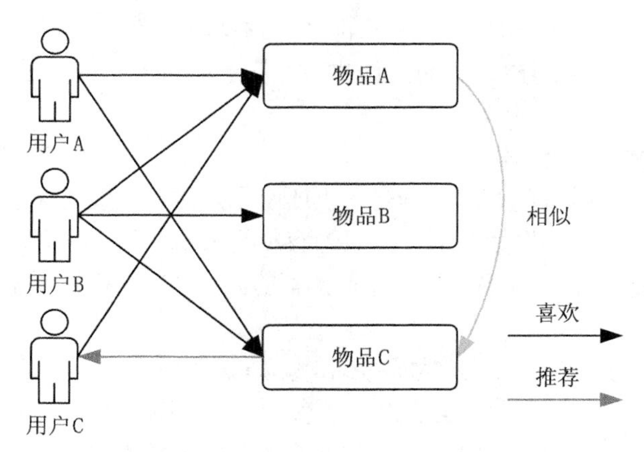

图 12-5　基于项目的协同过滤推荐机制的基本原理

③ 基于模型的协同过滤推荐

基于模型的协同过滤推荐就是指基于样本的用户喜好信息，采用机器学习的方法训练一个推荐模型，然后根据实时的用户喜好的信息进行预测，从而计算推荐。

这种方法使用离线的历史数据进行模型训练和评估，需要耗费较长的时间，依赖于实际的数据集规模、机器学习算法计算复杂度。

基于协同过滤的推荐机制是目前应用最为广泛的推荐机制，它具有以下两个优点。

- 它不需要对物品或者用户进行严格的建模，而且不要求物品的描述是机器可理解的，所以这种方法也是领域无关的。
- 这种方法计算出来的推荐是开放的，可以共用他人的经验，能够很好地支持用户发现潜在的兴趣偏好。

基于协同过滤的推荐机制也存在以下几个问题。

- 方法的核心是基于历史数据，所以对新物品和新用户都有“冷启动”的问题。
- 推荐的效果依赖于用户历史偏好数据的多少和准确性。
- 对于一些特殊品味的用户不能给予很好的推荐。
- 由于以历史数据为基础，抓取和建模用户的偏好后，很难修改或者根据用户的使用进行演变，从而导致这个方法不够灵活。

（4）混合推荐机制

在现行的 Web 站点上的推荐往往不是只采用了某一种推荐机制和策略的，而是将多个方法混合在一起，从而达到更好的推荐效果。有以下几种比较流行的组合推荐机制的方法。

- 加权的混合：用线性公式将几种不同的推荐按照一定权重组合起来，具体权重的值需要在测试数据集上反复实验，从而达到最好的推荐效果。

- 切换的混合：对于不同的情况（如数据量，系统运行状况，用户和物品的数目等），选择最为合适的推荐机制计算推荐。
- 分区的混合：采用多种推荐机制，并将不同的推荐结果分不同的区显示给用户。
- 分层的混合：采用多种推荐机制，并将一个推荐机制的结果作为另一个的输入，从而综合各个推荐机制的优缺点，得到更加准确的推荐。

3．推荐系统的应用

目前，在电子商务、社交网络、在线音乐和在线视频等各类网站和应用中，推荐系统都起着很重要的作用。本节将简要分析两个有代表性的推荐系统（Amazon 作为电子商务的代表，豆瓣作为社交网络的代表）。

（1）推荐在电子商务中的应用：Amazon

Amazon 作为推荐系统的鼻祖，已经将推荐的思想渗透在应用的各个角落。Amazon 推荐的核心是，通过数据挖掘算法和用户与其他用户的消费偏好的对比，来预测用户可能感兴趣的商品。Amazon 采用的是分区的混合的机制，即将不同的推荐结果分不同的区显示给用户。图 12-6 展示了用户在 Amazon 首页上能得到的推荐。

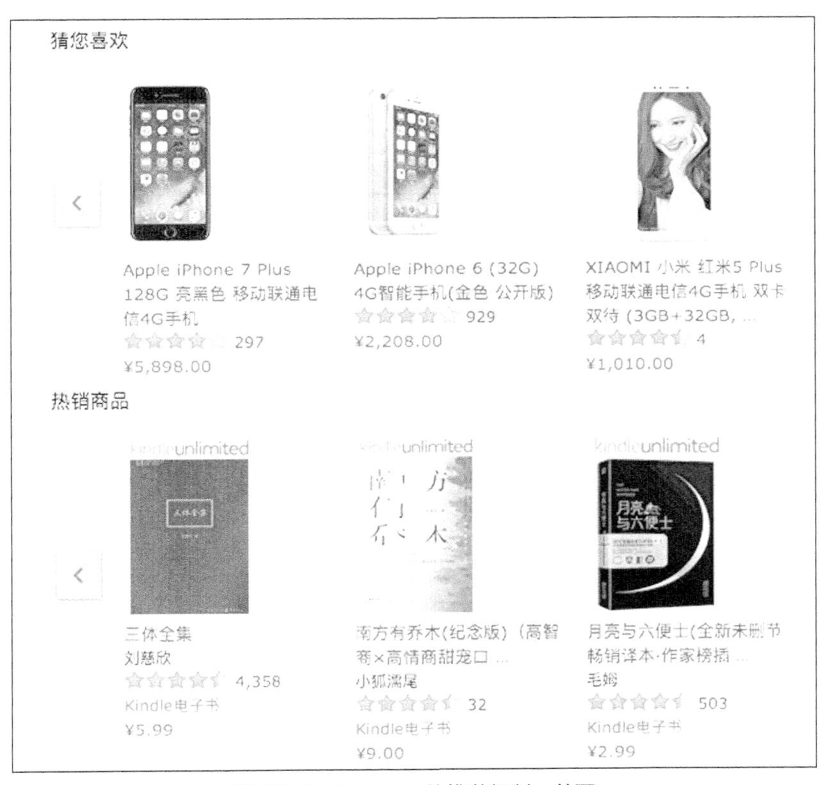

图 12-6　Amazon 的推荐机制：首页

Amazon 利用了可以记录的所有用户在站点上的行为，并根据不同数据的特点对它们进行处理，从而分成不同区为用户推送推荐。

- 猜你喜欢：通常是根据用户的近期的历史购买或者查看记录给出一个推荐。
- 热销商品：采用了基于内容的推荐机制，将一些热销的商品推荐给用户。

图 12-7 展示了用户在 Amazon 浏览物品的页面上能得到的推荐。

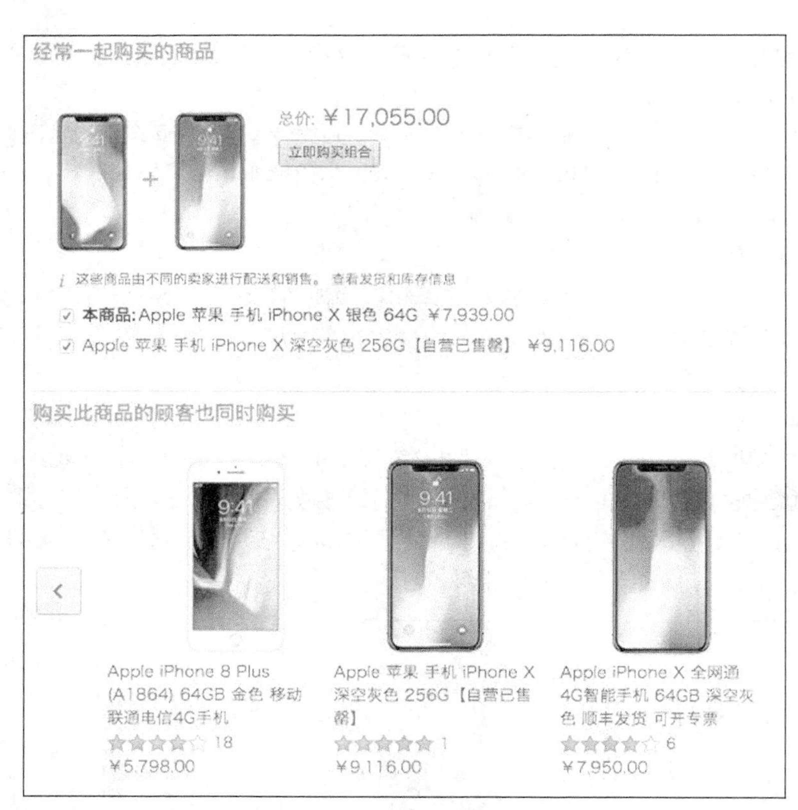

图 12-7　Amazon 的推荐机制：浏览物品

当用户浏览物品时，Amazon 会根据当前浏览的物品对所有用户在站点上的行为进行处理，然后在不同区为用户推送推荐。

- 经常一起购买的商品：采用数据挖掘技术对用户的购买行为进行分析，找到经常被一起或同一个人购买的物品集，然后进行捆绑销售，这是一种典型的基于项目的协同过滤推荐机制；
- 购买此商品的顾客也同时购买：这也是一个典型的基于项目的协同过滤推荐的应用，用户能更快更方便地找到自己感兴趣的物品。

（2）推荐在社交网站中的应用：豆瓣

豆瓣是国内做得比较成功的社交网站，它以图书、电影、音乐和同城活动为中心，形成了一个多元化的社交网络平台，下面来介绍豆瓣是如何进行推荐的。

当用户在豆瓣电影中将一些看过的或是感兴趣的电影加入到看过和想看的列表里，并为它们做相应的评分后，豆瓣的推荐引擎就已经拿到了用户的一些偏好信息。基于这些信息，豆瓣将会给用户展示图 12-8 所示的电影推荐。

豆瓣的推荐是根据用户的收藏和评价自动得出的，每个人的推荐清单都是不同的，每天推荐的内容也可能会有变化。收藏和评价越多，豆瓣给用户的推荐就会越准确和丰富。

豆瓣是基于社会化的协同过滤的推荐，用户越多，用户的反馈越多，则推荐的效果越准确。相对于 Amazon 的用户行为模型，豆瓣电影的模型更加简单，就是“看过”和“想看”，这也让他们的推荐更加专注于用户的品位，毕竟买东西和看电影的动机还是有很大不同的。

另外，豆瓣也有基于物品本身的推荐，当用户查看一些电影的详细信息时，它会给用户推荐出“喜欢这个电影的人也喜欢的电影”，这是一个基于协同过滤的推荐的应用。

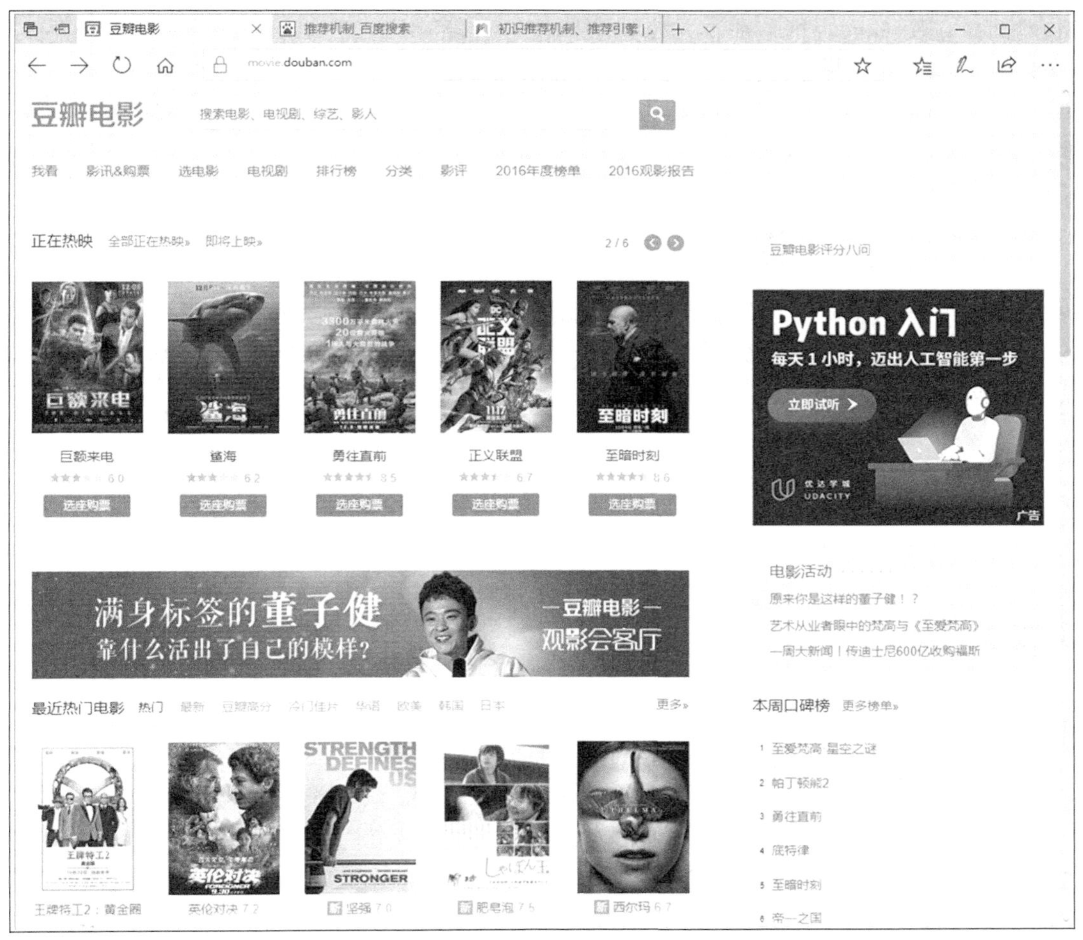

图 12-8 豆瓣的推荐机制：基于用户品味的推荐

12.1.3 大数据预测

大数据预测是大数据最核心的应用，它将传统意义的预测拓展到“现测”。大数据预测的优势体现在，它把一个非常困难的预测问题，转化为一个相对简单的描述问题，而这是传统小数据集根本无法企及的。从预测的角度看，大数据预测所得出的结果不仅仅是用于处理现实业务的简单、客观的结论，更是能用于帮助企业经营的决策。

1．预测是大数据的核心价值

大数据的本质是解决问题，大数据的核心价值就在于预测，而企业经营的核心也是基于预测而做出正确判断。在谈论大数据应用时，最常见的应用案例便是“预测股市”“预测流感”“预测消费者行为”等。

大数据预测则是基于大数据和预测模型去预测未来某件事情的概率。让分析从“面向已经发生的过去”转向“面向即将发生的未来”是大数据与传统数据分析的最大不同。

大数据预测的逻辑基础是，每一种非常规的变化事前一定有征兆，每一件事情都有迹可循，如果找到了征兆与变化之间的规律，就可以进行预测。大数据预测无法确定某件事情必然会发生，它更多是给出一个事件会发生的概率。

实验的不断反复、大数据的日渐积累让人类不断发现各种规律，从而能够预测未来。利用大数据预测可能的灾难，利用大数据分析癌症可能的引发原因并找出治疗方法，都是未来能够惠及人类的事业。例如，大数据曾被洛杉矶警察局和加利福尼亚大学合作用于预测犯罪的发生；Google 流感趋势利用搜索关键词预测禽流感的散布；麻省理工学院利用手机定位数据和交通数据进行城市规划；气象局通过整理近期的气象情况和卫星云图，更加精确地判断未来的天气状况。

2．大数据预测的思维改变

在过去，人们的决策主要是依赖 20%的结构化数据，而大数据预测则可以利用另外 80%的非结构化数据来做决策。大数据预测具有更多的数据维度，更快的数据频度和更广的数据宽度。与小数据时代相比，大数据预测的思维具有 3 大改变：实样而非抽样；预测效率而非精确；相关关系而非因果关系。

（1）实样而非抽样

在小数据时代，由于缺乏获取全体样本的手段，人们发明了“随机调研数据”的方法。理论上，抽取样本越随机，就越能代表整体样本。但问题是获取一个随机样本的代价极高，而且很费时。人口调查就是一个典型例子，一个国家很难做到每年都完成一次人口调查，因为随机调研实在是太耗时耗力，然而云计算和大数据技术的出现，使得获取足够大的样本数据乃至全体数据成为可能。

（2）效率而非精确

小数据时代由于使用抽样的方法，所以需要在数据样本的具体运算上非常精确，否则就会“差之毫厘，失之千里”。例如，在一个总样本为 1 亿的人口中随机抽取 1 000 人进行人口调查，如果在 1 000 人上的运算出现错误，那么放大到 1 亿中时，偏差将会很大。但在全样本的情况下，有多少偏差就是多少偏差，而不会被放大。

在大数据时代，快速获得一个大概的轮廓和发展脉络，比严格的精确性要重要得多。有时候，当掌握了大量新型数据时，精确性就不那么重要了，因为我们仍然可以掌握事情的发展趋势。大数据基础上的简单算法比小数据基础上的复杂算法更加有效。数据分析的目的并非就是数据分析，而是用于决策，故而时效性也非常重要。

（3）相关性而非因果关系

大数据研究不同于传统的逻辑推理研究，它需要对数量巨大的数据做统计性的搜索、比较、聚类、分类等分析归纳，并关注数据的相关性或称关联性。相关性是指两个或两个以上变量的取值之间存在某种规律性。相关性没有绝对，只有可能性。但是，如果相关性强，则一个相关性成功的概率是很高的。

相关性可以帮助我们捕捉现在和预测未来。如果 A 和 B 经常一起发生，则我们只需要注意到 B 发生了，就可以预测 A 也发生了。

根据相关性，我们理解世界不再需要建立在假设的基础上，这个假设是指针对现象建立的有关其产生机制和内在机理的假设。因此，我们也不需要建立这样的假设，即哪些检索词条可以表示流感在何时何地传播；航空公司怎样给机票定价；沃尔玛的顾客的烹饪喜好是什么。取而代之的是，我们可以对大数据进行相关性分析，从而知道哪些检索词条是最能显示流感的传播的，飞机票的价格是否会飞涨，哪些食物是飓风期间待在家里的人最想吃的。数据驱动的关于大数据的相关性分析法，取代了基于假想的易出错的方法。大数据的相关性分析法更准确、更快，而且不易受偏见的影响。建立在相关性分析法基础上的预测是大数据的核心。

相关性分析本身的意义重大，同时它也为研究因果关系奠定了基础。通过找出可能相关的事物，我们可以在此基础上进行进一步的因果关系分析。如果存在因果关系，则再进一步找出原因。这种便捷的机制通过严格的实验降低了因果分析的成本。我们也可以从相互联系中找到一些重要的变量，这些变量可以用到验证因果关系的实验中去。

3．大数据预测的典型应用领域

互联网给大数据预测应用的普及带来了便利条件，结合国内外案例来看，以下 11 个领域是最有机会的大数据预测应用领域。

（1）天气预报

天气预报是典型的大数据预测应用领域。天气预报粒度已经从天缩短到小时，有严苛的时效要求。如果基于海量数据通过传统方式进行计算，则得出结论时明天早已到来，预测并无价值，而大数据技术的发展则提供了高速计算能力，大大提高了天气预报的实效性和准确性。

（2）体育赛事预测

2014 年世界杯期间，Google、百度、微软和高盛等公司都推出了比赛结果预测平台。百度的预测结果最为亮眼，全程 64 场比赛的预测准确率为 67%，进入淘汰赛后准确率为 94%。这意味着未来的体育赛事会被大数据预测所掌控。

Google 世界杯预测是基于 Opta Sports 的海量赛事数据来构建最终的预测模型的。百度则是通过搜索过去 5 年内全世界 987 支球队（含国家队和俱乐部队）的 3.7 万场比赛数据，同时与中国彩票网站乐彩网、欧洲必发指数数据供应商 SPdex 进行数据合作，导入博彩市场的预测数据，建立了一个囊括 199 972 名球员和 1.12 亿条数据的预测模型，并在此基础上进行结果预测。

从互联网公司的成功经验来看，只要有体育赛事历史数据，并且与指数公司进行合作，便可以进行其他赛事的预测，如欧冠、NBA 等赛事。

（3）股票市场预测

去年，英国华威商学院和美国波士顿大学物理系的研究发现，用户通过 Google 搜索的金融关键词或许可以预测金融市场的走向，相应的投资战略收益高达 326%。此前则有专家尝试通过 Twitter 博文情绪来预测股市波动。

（4）市场物价预测

CPI 用于表征已经发生的物价浮动情况，但统计局的数据并不权威。大数据则可能帮助人们了解未来物价的走向，提前预知通货膨胀或经济危机。最典型的案例莫过于马云通过阿里 B2B 大数据提前知晓亚洲金融危机。

单个商品的价格预测更加容易，尤其是机票这样的标准化产品，“去哪儿”提供的“机票日历”就是价格预测，它能告知你几个月后机票的大概价位。由于商品的生产、渠道成本和大概毛利在充分竞争的市场中是相对稳定的，与价格相关的变量是相对固定的，商品的供需关系在电子商务平台上可实时监控，因此价格可以预测。基于预测结果可提供购买时间建议，或者指导商家进行动态价格调整和营销活动以实现利益最大化。

（5）用户行为预测

基于用户搜索行为、浏览行为、评论历史和个人资料等数据，互联网业务可以洞察消费者的整体需求，进而进行针对性的产品生产、改进和营销。《纸牌屋》选择演员和剧情，百度基于用户喜好进行精准广告营销，阿里根据天猫用户特征包下生产线定制产品，Amazon 预测用户点击行为提前发货均是受益于互联网用户行为预测。如图 12-9 所示。

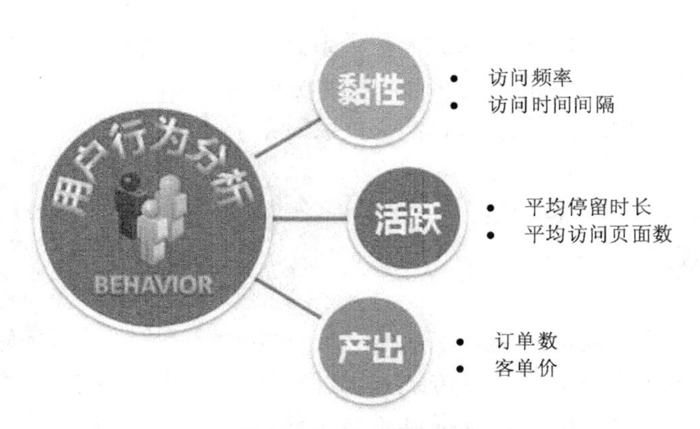

图 12-9　用户行为预测

受益于传感器技术和物联网的发展，线下的用户行为洞察正在酝酿。免费商用 Wi-Fi、iBeacon 技术、摄像头影像监控、室内定位技术、NFC 传感器网络、排队叫号系统，可以探知用户线下的移动、停留、出行规律等数据，从而进行精准营销或者产品定制。

（6）人体健康预测

中医可以通过望闻问切的手段发现一些人体内隐藏的慢性病，甚至通过看体质便可知晓一个人将来可能会出现什么症状。人体体征变化有一定规律，而慢性病发生前人体已经会有一些持续性异常。理论上来说，如果大数据掌握了这样的异常情况，便可以进行慢性病预测。

Nature 新闻与观点报道过 Zeevi 等人的一项研究，即一个人的血糖浓度如何受特定的食物影响的复杂问题。该研究根据肠道中的微生物和其他方面的生理状况，提出了一种可以提供个性化的食物建议的预测模型，比目前的标准能更准确地预测血糖反应。如图 12-10 所示。

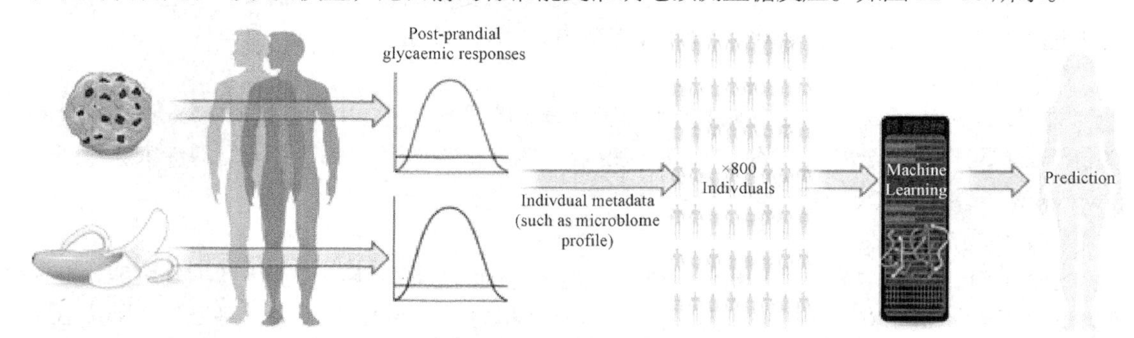

图 12-10　血糖浓度预测模型

智能硬件使慢性病的大数据预测变为可能。可穿戴设备和智能健康设备可帮助网络收集人体健康数据，如心率、体重、血脂、血糖、运动量、睡眠量等状况。如果这些数据足够精准、全面，并且有可以形成算法的慢性病预测模式，或许未来这些穿戴设备就会提醒用户身体罹患某种慢性病的风险。

（7）疾病疫情预测

疾病疫情预测是指基于人们的搜索情况、购物行为预测大面积疫情暴发的可能性，最经典的“流感预测”便属于此类。如果来自某个区域的“流感”“板蓝根”搜索需求越来越多，自然可以推测该处有流感趋势。

百度已经推出了疾病预测产品，目前可以就流感、肝炎、肺结核、性病这四种疾病，对全国每一个省份以及大多数地级市和区县的活跃度、趋势图等情况，进行全面的监控。未来，百度疾病预测监控的疾病种类将从目前的4种扩展到30多种，覆盖更多的常见病和流行病。用户可以根据当地的预测结果进行针对性的预防。

（8）灾害灾难预测

气象预测是最典型的灾难灾害预测。地震、洪涝、高温、暴雨这些自然灾害如果可以利用大数据的能力进行更加提前的预测和告知，便有助于减灾、防灾、救灾、赈灾。与过往不同的是，过去的数据收集方式存在着有死角、成本高等问题，而在物联网时代，人们可以借助廉价的传感器摄像头和无线通信网络，进行实时的数据监控收集，再利用大数据预测分析，做到更精准的自然灾害预测。

（9）环境变迁预测

除了进行短时间微观的天气、灾害预测之外，还可以进行更加长期和宏观的环境和生态变迁预测。森林和农田面积缩小，野生动物植物濒危，海岸线上升，温室效应这些问题是地球面临的“慢性问题”。人类知道越多地球生态系统以及天气形态变化的数据，就越容易模型化未来环境的变迁，进而阻止不好的转变发生。大数据可帮助人类收集、储存和挖掘更多的地球数据，同时还提供了预测的工具。

（10）交通行为预测

交通行为预测是指基于用户和车辆的LBS定位数据，分析人车出行的个体和群体特征，进行交通行为的预测。交通部门可通过预测不同时点、不同道路的车流量，来进行智能的车辆调度，或应用潮汐车道；用户则可以根据预测结果选择拥堵概率更低的道路。

百度基于地图应用的LBS预测涵盖范围更广。它在春运期间可预测人们的迁徙趋势来指导火车线路和航线的设置，在节假日可预测景点的人流量来指导人们的景区选择，平时还有百度热力图来告诉用户城市商圈、动物园等地点的人流情况，从而指导用户出行选择和商家的选点选址。

（11）能源消耗预测

加州电网系统运营中心管理着加州超过80%的电网，向3 500万用户每年输送2.89亿兆瓦电力，电力线长度超过40 000千米。该中心采用了Space-Time Insight的软件进行智能管理，综合分析来自天气、传感器、计量设备等各种数据源的海量数据，预测各地的能源需求变化，进行智能电能调度，平衡全网的电力供应和需求，并对潜在危机做出快速响应。中国智能电网业已在尝试类似的大数据预测应用。

除了上面列举的11个领域之外，大数据预测还可被应用在房地产预测、就业情况预测、高考分数线预测、选举结果预测、奥斯卡大奖预测、保险投保者风险评估、金融借贷者还款能力评估等领域，让人类具备可量化、有说服力、可验证的洞察未来的能力，大数据预测的魅力正在释放出来。

12.1.4 大数据的其他应用领域

数据除了具有第一次被使用时提供的价值以外，还具有无穷无尽的“剩余价值”可以被利用，这一点通过一些具体的应用模式和场景就能得到集中体现。

1. 大数据帮助企业挖掘市场机会，探寻细分市场

大数据能够帮助企业分析大量数据，从而进一步挖掘市场机会和细分市场，然后对每个群体量体裁衣般地采取独特的行动。获得好的产品概念和创意，关键在于如何去搜集消费者相关的信息，如何获得趋势，如何挖掘出人们头脑中未来可能会消费的产品概念。用创新的方法解构消费者的生活方式，剖析消费者的生活密码，才能让吻合消费者未来生活方式的产品研发不再成为问题。企业了解了消费者的密码，就会知道其潜藏在背后的真正需求。大数据分析是发现新客户群体，确定最优供应商，创新产品，理解销售季节性等问题的最好方法。

2．大数据提高决策能力

当前，企业管理者还是更多依赖个人经验和直觉来做决策，而不是基于数据。在信息有限，获取成本高昂，而且没有被数字化的时代，这是可以理解的，但是大数据时代，就必须要让数据说话。

大数据从诞生开始就是站在决策的角度出发的，大数据能够有效地帮助各个行业的用户做出更为准确的商业决策，从而实现更大的商业价值。虽然不同行业的业务不同，所产生的数据及其所支撑的管理形态也千差万别，但从数据的获取，数据的整合，数据的加工，数据的综合应用，数据的服务和推广，数据处理的生命线流程来分析，所有行业的模式是一致的。

在宏观层面，大数据使经济决策部门可以更敏锐地把握经济走向，制定并实施科学的经济政策；而在微观层面，大数据可以提高企业经营决策水平和效率，推动创新，给企业、行业领域带来价值。

3．大数据创新企业管理模式，挖掘管理潜力

在购物、教育、医疗都已经要求在大数据、移动网络支持下的个性化的时代，创新已经成为企业的生命之源，企业也不应该继续遵循工业时代的规则，强调命令式集中管理、封闭的层级体系和决策体制。个体的人现在都可以通过佩戴各种传感器，搜集各种来自身体的信号来判断健康状态，那么企业也同样需要配备这样的传感系统，来实时判断其健康状态的变化情况。

大数据技术与企业管理的核心因素高度契合。管理最核心的因素之一是信息搜集与传递，而大数据的内涵和实质在于大数据内部信息的关联、挖掘，由此发现新知识、创造新价值。两者在这一特征上具有高度契合性，甚至可以称大数据就是企业管理的又一种工具。对于企业来说，信息即财富，从企业战略着眼，大数据技术可以充分发挥其辅助决策的潜力，更好地服务企业发展战略。

4．大数据变革商业模式，催生产品和服务的创新

在大数据时代，以利用数据价值为核心的新型商业模式正在不断涌现。企业需要能够把握市场机遇、迅速实现大数据商业模式的创新。

大数据让企业能够创造新产品和服务，改善现有产品和服务，以及发明全新的业务模式。回顾 IT 历史，似乎每一轮 IT 概念和技术的变革，都伴随着新商业模式的产生。例如，在个人电脑时代，微软凭借操作系统获取了巨大财富，在互联网时代，Google 抓住了互联网广告的机遇，在移动互联网时代，苹果则通过终端产品的销售和应用商店获取了高额利润。

大数据技术还可以有效地帮助企业整合、挖掘、分析其所掌握的庞大数据信息，构建系统化的数据体系，从而完善企业自身的结构和管理机制；同时，伴随着消费者个性化需求的增长，大数据在各个领域的应用开始逐步显现，已经开始并正在改变着大多数企业的发展途径及商业模式。例如，大数据可以完善基于柔性制造技术的个性化定制生产路径，推动制造业企业的升级改造；依托大数据技术可以建立现代物流体系，其效率远超传统物流企业；利用大数据技术可多维度评价企业信用，提高金融业资金使用率，改变传统金融企业的运营模式等。

12.1.5 小结

随着大数据技术的越来越成熟，大数据思维正在改变着人们的观念，大数据的应用已经在帮助人们获取真正有用的价值。本节主要从大数据场景应用的横向出发，比较详细地描述了大数据在精准营销、个性化推荐和大数据预测 3 大功能领域的应用场景，并简单介绍了大数据在其他一些功能领域的应用，包括细分市场、决策能力、挖掘管理潜力、服务创新等。

12.2 大数据行业应用

本节主要从大数据场景应用的纵向出发，介绍大数据在各个行业的应用场景，主要包括金融、互联网、电信和物流等行业的大数据场景应用和案例。

12.2.1 大数据行业应用概述

经过近几年的发展，大数据技术已经慢慢地渗透到各个行业。不同行业的大数据应用进程的速度，与行业的信息化水平、行业与消费者的距离、行业的数据拥有程度有着密切的关系。总体看来，应用大数据技术的行业可以分为以下 4 大类。

（1）第一大类是互联网和营销行业。互联网行业是离消费者距离最近的行业，同时拥有大量实时产生的数据。业务数据化是其企业运营的基本要素，因此，互联网行业的大数据应用的程度是最高的。与互联网行业相伴的营销行业，是围绕着互联网用户行为分析，以为消费者提供个性化营销服务为主要目标的行业。

（2）第二大类是信息化水平比较高的行业，如金融、电信等行业。它们比较早地进行信息化建设，内部业务系统的信息化相对比较完善，对内部数据有大量的历史积累，并且有一些深层次的分析类应用，目前正处于将内外部数据结合起来共同为业务服务的阶段。

（3）第三类是政府及公用事业行业。不同部门的信息化程度和数据化程度差异较大，例如，交通行业目前已经有了不少大数据应用案例，但有些行业还处在数据采集和积累阶段。政府将会是未来整个大数据产业快速发展的关键，通过政府及公用数据开放可以使政府数据在线化走得更快，从而激发大数据应用的大发展。

（4）第四类是制造业、物流、医疗、农业等行业。它们的大数据应用水平还处在初级阶段，但未来消费者驱动的 C2B 模式会倒逼着这些行业的大数据应用进程逐步加快。

据统计，目前中国大数据 IT 应用投资规模最高的有五大行业，其中，互联网行业占比最高，占大数据 IT 应用投资规模的 28.9%，其次是电信领域（19.9%），第三为金融领域（17.5%），政府和医疗分别为第四和第五。如图 12-11 所示。

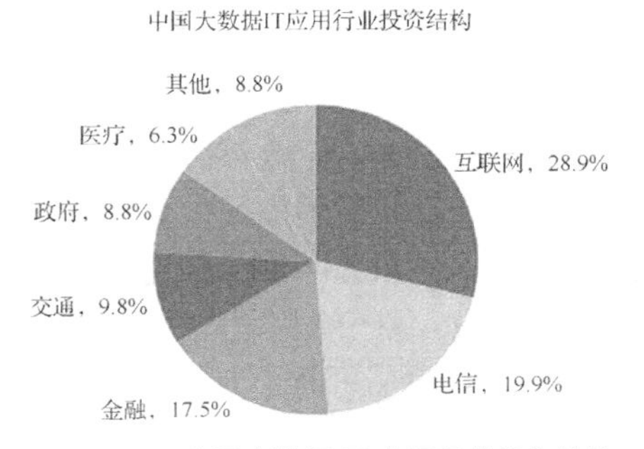

图 12-11 中国大数据 IT 应用行业投资结构

国际知名咨询公司麦肯锡在《大数据的下一个前沿：创新、竞争和生产力》报告中指出，在大数据应用综合价值潜力方面，信息技术、金融保险、政府及批发贸易四大行业的潜力最高，信息、金融保险、计算机及电子设备、公用事业 4 类的数据量最大。

12.2.2 金融行业大数据

金融行业是典型的数据驱动行业，每天都会产生大量的数据，包括交易、报价、业绩报告、消费者研究报告、各类统计数据、各种指数等。所以，金融行业拥有丰富的数据，数据维度比较广泛，数据质量也很高，利用自身的数据就可以开发出很多应用场景。如果能够引入外部数据，还可以进一步加快数据价值的变现。外部数据中比较好的有社交数据、电商交易数据、移动大数据、运营商数据、工商司法数据、公安数据、教育数据和银联交易数据等。

大数据在金融行业的应用范围较广，典型的案例有花旗银行利用 IBM 沃森电脑为财富管理客户推荐产品，并预测未来计算机推荐理财的市场将超过银行专业理财师；摩根大通银行利用决策树技术，降低了不良贷款率，转化了提前还款客户，一年为摩根大通银行增加了 6 亿美金的利润。

从投资结构上来看，银行将会成为金融类企业中的重要部分，证券和保险分列第二和第三位，如图 12-12 所示。下面将分别介绍银行、证券和保险行业的大数据应用情况。

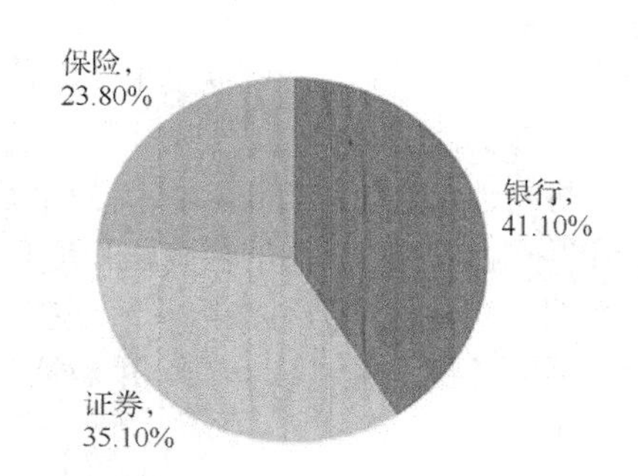

图 12-12　中国金融行业大数据应用投资结构

1．银行大数据应用场景

比较典型的银行的大数据应用场景集中在数据库营销、用户经营、数据风控、产品设计和决策支持等。目前来讲，大数据在银行的商业应用还是以其自身的交易数据和客户数据为主，外部数据为辅以描述性数据分析为主，预测性数据建模为辅，以经营客户为主，经营产品为辅。

银行的数据按类型可以分为交易数据、客户数据、信用数据、资产数据等 4 大类。银行数据大部分是结构化数据，具有很强的金融属性，都存储在传统关系型数据库和数据仓库中，通过数据挖掘可分析出其中的一些具有商业价值的隐藏在交易数据之中的知识。

国内不少银行已经开始尝试通过大数据来驱动业务运营，如中信银行信用卡中心使用大数据技术实现了实时营销，光大银行建立了社交网络信息数据库，招商银行则利用大数据发展小微贷款。如图 12-13 所示，银行大数据应用可以分为 4 大方面：客户画像、精准营销、风险管控、运营优化。

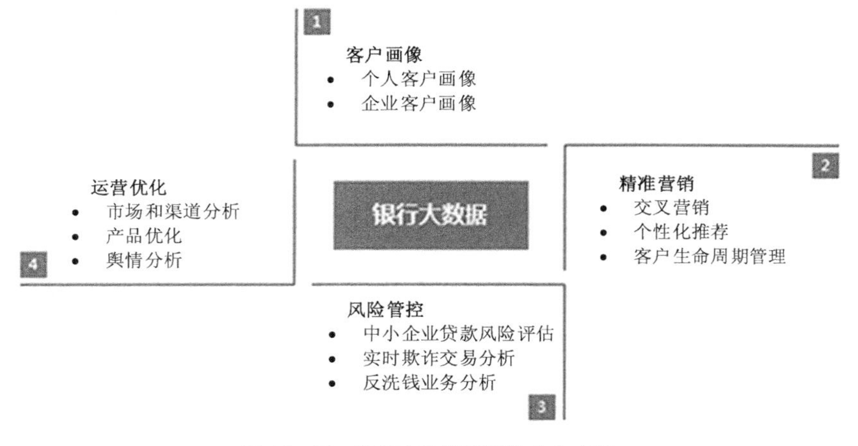

图 12-13 银行大数据应用的 4 大方面

（1）客户画像

客户画像应用主要分为个人客户画像和企业客户画像。个人客户画像包括人口统计学特征、消费能力、兴趣、风险偏好等数据；企业客户画像包括企业的生产、流通、运营、财务、销售和客户数据，以及相关产业链的上下游等数据。

需要指出银行拥有的客户信息并不全面，基于银行自身拥有的数据有时候难以得出理想的结果，甚至可能得出错误的结论。例如，如果某位信用卡客户月均刷卡 8 次，平均每次刷卡金额 800 元，平均每年打 4 次客服电话，从未有过投诉，如果按照传统的数据分析，该客户是一位满意度较高，流失风险较低的客户，但是，如果看到该客户的微博，得到的真实情况是，工资卡和信用卡不在同一家银行，还款不方便，好几次打客服电话没接通，客户多次在微博上抱怨，该客户的流失风险较高。所以银行不仅仅要考虑银行自身业务所采集到的数据，更应整合外部更多的数据，以扩展对客户的了解。

① 客户在社交媒体上的行为数据

通过打通银行内部数据和外部社会化的数据，可以获得更为完整的客户画像，从而进行更为精准的营销和管理，例如，光大银行建立了社交网络信息数据库。

② 客户在电商网站的交易数据

通过客户在电商网站上的交易数据就可以了解客户的购买能力和购买习惯，从而帮助银行评判客户的信贷能力。例如，建设银行将自己的电子商务平台和信贷业务结合起来，阿里金融根据用户过去的信用即可为阿里巴巴用户提供无抵押贷款。

③ 企业客户的产业链的上下游的数据

如果银行掌握了企业所在的产业链的上下游的数据，则可以更好地掌握企业的外部环境发展情况，从而预测企业未来的状况。

④ 其他有利于扩展银行对客户兴趣爱好的数据

还有其他有利于扩展银行对客户兴趣爱好的数据，如网络广告界目前正在兴起的 DMP 数据平台的互联网用户行为数据。

（2）精准营销

在客户画像的基础上，银行可以有效地开展精准营销。

① 实时营销

实时营销是根据客户的实时状态来进行营销的，例如，根据客户当时的所在地、客户最近一次消费等信息有针对性地进行营销。当某客户采用信用卡采购孕妇用品时，可以通过建模推测怀孕的概率，并推荐孕妇类喜欢的业务。也可以将客户改变生活状态的事件（换工作、改变婚姻状况、置居等）视为营销机会。

② 交叉营销

交叉营销就是进行不同业务或产品的交叉推荐，例如，招商银行可以根据客户交易记录进行分析，有效地识别小微企业客户，然后用远程银行来实施交叉销售。

③ 个性化推荐

银行可以根据客户的喜好进行服务或者银行产品的个性化推荐，例如，根据客户的年龄、资产规模、理财偏好等，对客户群进行精准定位，分析出其潜在的金融服务需求，进而有针对性地营销推广。

④ 客户生命周期管理

客户生命周期管理包括新客户获取、客户防流失和客户赢回等。例如，招商银行通过构建客户流失预警模型，对流失率等级前 20%的客户发售高收益理财产品予以挽留，使得金卡和金葵花卡客户流失率分别降低了 15 个和 7 个百分点。

现代化的商业银行正在从经营产品转向经营客户，因此目标客户的寻找，已经成为银行数据商业应用的主要方向。通过数据挖掘和分析，发现高端财富管理和理财客户成为吸收存款和理财产品销售的主要应用领域。

① 利用数据库营销，挖掘高端财富客户

利用数据库营销是一种挖掘高端财富客户的有效方法。银行可以从物业费代缴服务中寻找高端理财客户。通过帮助一些物业公司，特别是包含较多高档楼盘的物业公司，进行物业费的代扣代缴，银行可以依据物业费的多少，来识别高档住宅的业主。例如，银行可以从数据库中发现物业费代扣金额超过 4 000 元的客户，然后结合其在本行的资产余额，进行针对性的分析，从而可以帮助银行找到一些主要资产不在本行的高端用户，为这些用户提供理财服务和资产管理服务。某家股份制商业银行曾经利用该营销方法，在两个月内吸引到十多亿的存款。

② 利用刷卡记录来寻找财富管理人群

高端财富人群是所有银行财富管理重点发展的人群。中国具有上百万的高端财富人群，他们平均可支配的金融资产在一千万人民币。高端财富人群具有典型的高端消费习惯，覆盖奢侈品、游艇、豪车、手表、高尔夫、古玩、字画等消费场景。银行可以参考 POS 机的消费记录，结合移动设备的位置数据识别出这些高端财富管理人群，为其提供定制的财富管理方案，吸收其成为财富管理客户，增加存款和理财产品销售。

③ 利用外部数据找到白金卡用户

白金信用卡主要面对高端消费人群，是信用卡公司希望获得的高价值用户。尽管这些人群很难通过线下的方式进行接触，但是银行可以通过参考客户乘坐头等舱的次数、出境游消费金额、境外数据漫游费用等来发现这些潜在的白金卡客户。通过与其他行业的消费信息进行关联分析发现潜在客户是典型的大数据关联应用消费场景。

（3）风险管控

利用大数据技术可以进行对中小企业贷款风险的评估和对欺诈交易的识别，从而帮助银行降低风险。

① 中小企业贷款风险评估

信贷风险一直是金融机构需要努力化解的一个重要问题。为数众多的中小企业是金融机构不可忽视的客户群体，市场潜力巨大。但是，中小企业贷款偿还能力差，财务制度普遍不健全，难以有效评估其真实经营状况，生存能力相对比较低，信用度低。据测算，对中小企业贷款的平均管理成本是大型企业的5倍左右，而风险成本却高很多。这种成本、收益和风险的不对称导致金融机构不愿意向中小企业全面敞开大门。

现在，通过使用大数据分析技术，银行可通过将企业的生产、流通、销售、财务等相关信息与大数据挖掘方法相结合的方式进行贷款风险分析，从而量化企业的信用额度，更有效地开展中小企业贷款。例如，“阿里小贷”依据会员在阿里巴巴平台上的网络活跃度、交易量、网上信用评价等，结合企业自身经营的财务健康状况进行贷款决定。

“阿里小贷”首先通过阿里巴巴B2B、淘宝、天猫、支付宝等电子商务平台，收集客户积累的信用数据，包括客户评价数据、货运数据、口碑评价等，同时引入海关、税务、电力等外部数据加以匹配，建立数据模型；其次，通过交叉检验技术辅以第三方验证确认客户的真实性，将客户在电子商务平台上的行为数据映射为企业和个人的信用评价，并通过评分卡体系、微贷通用规则决策引擎、风险定量化分析等技术，对地区客户进行评级分层；最后，在风险监管方面，开发了网络人际爬虫系统，可获取和整合相关人际关系信息，并通过设计规则及其关联性分析得到风险评估结论，再通过与贷前评级系统的交叉验证，构成风险控制的双保险。

② 欺诈交易识别

银行可以利用持卡人基本信息、卡基本信息、交易历史、客户历史行为模式、正在发生行为模式等，结合智能规则引擎进行实时的交易反欺诈分析，例如，IBM金融犯罪管理解决方案帮助银行利用大数据有效地预防与管理金融犯罪；摩根大通银行利用大数据技术追踪盗取客户账号或侵入自动柜员机（ATM）系统的罪犯。

（4）运营优化

大数据分析方法可以改善经营决策，为管理层提供可靠的数据支撑，使经营决策更加高效、敏捷，精确性更高。

① 市场和渠道分析优化

通过大数据，银行可以监控不同市场推广渠道尤其是网络渠道推广的质量，从而进行合作渠道的调整和优化，同时，银行也可以分析哪些渠道更适合推广哪类银行产品或者服务，从而进行渠道推广策略的优化。

② 产品和服务优化

银行可以将客户行为转化为信息流，并从中分析客户的个性特征和风险偏好，更深层次地理解客户的习惯，智能化分析和预测客户需求，从而进行产品创新和服务优化。例如，兴业银行通过对还款数据的挖掘来比较区分优质客户，根据客户还款数额的差别，提供差异化的金融产品和服务方式。

③ 舆情分析

银行可以通过爬虫技术，抓取社区、论坛和微博上关于银行以及银行产品和服务的相关信息，并通过自然语言处理技术进行正负面判断，尤其是及时掌握银行以及银行产品和服务的负面信息，及时发现和处理问题；对于正面信息，可以加以总结并继续强化。同时，银行也可以抓取同行业的正负面信息，及时了解同行做得好的方面，以作为自身业务优化的借鉴。

2．证券行业数据应用场景

证券行业的主要收入来源于经纪业务、资产管理、投融资服务和自由资金投资等。外部数据的分析，特别是行业数据的分析有助于其投融资服务和投资业务。

证券行业拥有的数据类型有个人属性信息（如用户名称、手机号码、家庭地址、邮件地址等）、交易用户的资产和交易纪录、用户收益数据。证券公司可以利用这些数据和外部数据来建立业务场景，筛选目标客户，为用户提供适合的产品，提高单个客户收入。证券行业需要通过数据挖掘和分析找到高频交易客户、资产较高的客户和理财客户。借助于数据分析的结果，证券公司就可以根据客户的特点进行精准营销，推荐针对性服务。如果客户平均年收益低于 5%，交易频率很低，就可以建议其购买证券公司提供的理财产品。如果客户交易比较频繁，收益也比较高，那么就可以主动推送融资服务。如果客户交易不频繁，但是资金量较大，就可以为客户提供投资咨询服务，激活客户的交易兴趣。客户交易的频率、客户的资产规模和客户交易量都是证券公司的主要收入来源，通过对客户交易习惯和行为的分析，可以帮助证券公司获得更多的收益。

除了利用企业财务数据来判断企业经营情况以外，证券公司还可以利用外部数据来分析企业的经营情况，为投融资以及自身投资业务提供有力支持。例如，利用移动 App 的活跃和覆盖率来判断移动互联网企业的经营情况，电商、手游、旅游等行业的 App 活跃情况完全可以说明企业的运营情况。另外，海关数据、物流数据、电力数据、交通数据、社交舆情、邮件服务器容量等数据可以说明企业经营情况，为投资提供重要参考。

目前，国内外证券行业的大数据应用大致有以下 3 个方向：股价预测，客户关系管理和投资景气指数预测。

（1）股价预测

2011 年 5 月，英国对冲基金 Derwent Capital Markets 建立了规模为 4 000 美金的对冲基金。该基金是基于社交网络的对冲基金，通过分析 Twitter 的数据内容来感知市场情绪，从而指导进行投资，并在首月的交易中实现盈利，其以 1.85%的收益率，让平均数只有 0.76%的其他对冲基金相形见绌。

麻省理工学院的学者，根据情绪词将 Twitter 内容标定为正面或负面情绪。结果发现，无论是如“希望”的正面情绪，还是如“害怕”“担心”的负面情绪，其占总 Twitter 内容数的比例，都预示着道琼斯指数、标准普尔 500 指数、纳斯达克指数的下跌。

美国佩斯大学的一位博士则采用了另外一种思路，他追踪了星巴克、可口可乐和耐克三家公司在社交媒体上的受欢迎程度，同时比较它们的股价。他发现，Facebook 上的粉丝数、Twitter 上的听众数和 Youtube 上的观看人数都和股价密切相关。另外，根据品牌的受欢迎程度，还能预测股价在 10 天、30 天之后的上涨情况。

（2）客户关系管理

① 客户细分

客户细分是指通过分析客户的账户状态（类型、生命周期、投资时间）、账户价值（资产峰值、资产均值、交易量、佣金贡献和成本等）、交易习惯（周转率、市场关注度、仓位、平均持股市值、平均持股时间、单笔交易均值和日均成交量等）、投资偏好（偏好品种、下单渠道和是否申购）及投资收益（本期相对和收益、今年相对和收益和投资能力等），来进行客户聚类和细分，从而发现客户交易模式类型，找出最有价值和盈利潜力的客户群，以及他们最需要的服务，更好地配置资源和政策，改进服务，抓住最有价值的客户。

② 流失客户预测

券商可根据客户历史交易行为和流失情况来建模，从而预测客户流失的概率。例如，2012 年海通证券自主开发的“给予数据挖掘算法的证券客户行为特征分析技术”主要应用在客户深度画像及基于画像的用户流失概率预测中。通过对海通 100 多万样本客户、半年交易记录的海量信息分析，建立了客户分类、客户偏好、客户流失概率的模型。该项技术通过客户行为的量化分析来测算客户将来可能流失的概率。

（3）投资景气指数预测

2012 年，国泰君安推出了“个人投资者投资景气指数”（简称“3I 指数”），其通过一个独特的视角传递个人投资者对市场的预期、当期的风险偏好等信息。国泰君安研究所通过对海量个人投资者样本进行持续性跟踪监测，对账本投资收益率、持仓率、资金流动情况等一系列指标进行统计、加权汇总后，得到了综合性投资景气指数。

“3I 指数”通过对海量个人投资者真实投资交易信息的深入挖掘分析，来了解交易个人投资者交易行为的变化、投资信心的状态与发展趋势、对市场的预期及当前的风险偏好等信息。在样本选择上，国泰君安研究所选择了资金在 100 万元以下、投资年限在 5 年以上的中小投资者，样本规模高达 10 万，覆盖全国不同地区，所以，这个指数较为有代表性，在参数方面，主要根据中小投资者持仓率的高低、是否追加资金、是否盈利这几个指标，来看投资者对市场是乐观还是悲观。“3I 指数”每月发布一次，以 100 为中间值，100～120 属于正常区间，120 以上表示趋热，100 以下则是趋冷。从实验数据看，从 2007 年至今，“3I 指数”的涨跌波动与上证指数走势的拟合度相当高。

3．保险行业数据应用场景

保险行业主要通过保险代理人与保险客户进行连接，对客户的基本信息和需求掌握很少，因此极端依赖外部保险代理人和渠道（银行）。在竞争不激烈的情况下，这种连接客户的方式是可行的。但是随着互联网保险的兴起，用户会被分流到互联网渠道，特别是年轻人会更加喜欢通过互联网这个渠道来满足自己的需求。未来线上客户将成为保险公司客户的重要来源。

保险行业的产品是一个长周期性产品，保险客户再次购买保险产品的转化率很高，所以，经营好老客户是保险公司的一项重要任务。保险公司内部的交易系统不多，交易方式比较简单，数据主要集中在产品系统和交易系统之中。保险公司的主要数据有人口属性信息、信用信息、产品销售信息和客户家人信息等，但是缺少客户兴趣爱好、消费特征、社交等信息。

保险行业的数据业务场景是围绕保险产品和保险客户进行的，典型的数据应用有，利用用户行为数据来制定车险价格，利用客户外部行为数据来了解客户需求，向目标用户推荐产品等。例如，依据个人属性和外部养车 App 的活跃情况，为保险公司找到车险客户；依据个人属性和移动设备位置信息，为保险企业找到商旅人群，推销意外险和保障险等；依据家人数据和人生阶段信息，为用户推荐理财保险，寿险，保障保险，养老险，教育险等；依据自身数据和外部数据，为高端人士提供财产险和寿险等；利用外部数据，提升保险产品的精算水平，提高利润水平和投资收益。

保险公司也需要同外部渠道进行合作，以开发出适合不同业务场景的保险产品，如航班延误险、旅游天气险、手机被盗险等新的险种。目的不仅仅是靠这些险种盈利，还是找到潜在客户，为客户提供其他保险产品。另外，保险公司应该借助于移动互联网连接客户，利用数据分析来了解客户，降低对外部渠道的依赖，降低保险营销费用，提高直销渠道投入和直销销售比。

总而言之，保险行业的大数据应用可以分为 3 大方面：客户细分及精细化营销、欺诈行为分析和精细化运营。如图 12-14 所示。

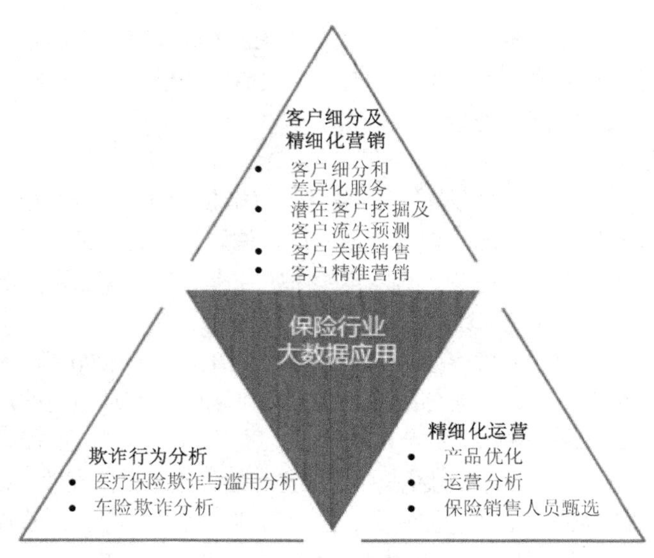

图 12-14　保险行业的大数据应用

（1）客户细分和精细化营销

① 客户细分和差异化服务

风险偏好是确定保险需求的关键。风险喜好者、风险中立者和风险厌恶者对于保险需求有不同的态度。一般来讲，风险厌恶者有更大的保险需求。在进行客户细分时，除了利用风险偏好数据外，还要结合客户职业、爱好、习惯、家庭结构、消费方式偏好数据，利用机器学习算法来对客户进行分类，并针对分类后的客户提供不同的产品和服务策略。

② 潜在客户挖掘及流失用户预测

保险公司可通过大数据整合客户线上和线下的相关行为，通过数据挖掘手段对潜在客户进行分类，细化销售重点。保险公司通过大数据进行挖掘时，可综合考虑客户的信息、险种信息、既往出险情况、销售人员信息等，筛选出影响客户退保或续期的关键因素，并通过这些因素和建立的模型，对客户的退保概率或续期概率进行估计，找出高风险流失客户，及时预警，制定挽留策略，提高保单续保率。

③ 客户关联销售

保险公司可以通过关联规则找出较佳的险种销售组合，利用时序规则找出顾客生命周期中购买保险的时间顺序，从而把握保户提高保额的时机，建立既有保户再销售清单与规则，促进保单的销售。借助大数据，保险业还可以直接锁定客户需求。以淘宝运费退货险为例，据统计，淘宝用户运费险索赔率在 50%以上，该产品给保险公司带来的利润只有 5%左右。但是客户购买运费险后，保险公司就可以获得该客户的个人基本信息，包括手机号和银行账户信息等，并能够了解该客户购买的产品信息，从而实现精准推送。假设该客户购买并退货的是婴儿奶粉，我们就可以估计该客户家里有小孩，可以向其推荐儿童疾病险、教育险等利润率更高的产品。

④ 客户精准营销

在网络营销领域，保险公司可以通过收集互联网用户的各类数据，如地域分布等属性数据，搜索关键词等即时数据，购物行为、浏览行为等行为数据，以及兴趣爱好、人脉关系等社交数据，在广告推送中实现地域定向、需求定向、偏好定向、关系定向等定向方式，实现精准营销。

（2）欺诈行为分析

欺诈行为分析是指基于企业内外部交易和历史数据，实时或准实时预测和分析欺诈等非法行为，包括医疗保险欺诈与滥用分析，以及车险欺诈分析等。

① 医疗保险欺诈与滥用分析

医疗保险欺诈与滥用通常可分为两种：一种是非法骗取保险金，即保险欺诈；另一种则是在保额限度内重复就医、浮报理赔金额等，即医疗保险滥用。保险公司能够利用过去数据，寻找影响保险欺诈的更为显著的因素及这些因素的取值区间，建立预测模型，并通过自动化计分功能，快速将理赔案件依照滥用欺诈可能性进行分类处理。

② 车险欺诈分析

保险公司能够利用过去的欺诈事件建立预测模型，将理赔申请分级处理，可以很大程度上解决车险欺诈问题，包括车险理赔申请欺诈侦测、业务员及修车厂勾结欺诈侦测等。

（3）精细化运营

① 产品优化

过去保险公司把很多人都放在同一风险水平之上，客户的保单并没有完全解决客户的各种风险问题。使用精细化的数据分析，保险公司可以通过自有数据及客户在社交网络的数据，解决现有的风险控制问题，为客户制定个性化的保单，获得更准确及更高利润率的保单模型，给每一位顾客提供个性化的解决方案。

② 运营分析

运营分析是指基于企业内外部运营、管理和交互数据分析，借助大数据平台，全方位统计和预测企业经营和管理绩效，基于保险保单和客户交互数据进行建模，借助大数据平台快速分析和预测再次发生的或新的市场风险、操作风险等。

③ 保险销售人员甄选

保险销售人员甄选是指根据保险销售人员业绩数据、性别、年龄、入司前工作年限、其他保险公司经验和代理人人员思维性向测试等，找出销售业绩相对较好的销售人员的特征，优选高潜力销售人员。

12.2.3 互联网行业的大数据应用

互联网企业拥有大量的线上数据，而且数据量还在快速增长，除了利用大数据提升自己的业务之外，互联网企业已经开始实现数据业务化，利用大数据发现新的商业价值。以阿里巴巴为例，它不仅在不断加强个性化推荐、“千人千面”这种面向消费者的大数据应用，并且还在尝试利用大数据进行智能客户服务，这种应用场景会逐渐从内部应用延展到外部很多企业的呼叫中心之中。在面向商家的大数据应用中，以“生意参谋”为例，超过600万商家在利用“生意参谋”提升自己的电商店面运营水平。除了面向自己的生态之外，阿里巴巴数据业务化也在不断加速，“芝麻信用”这种基于收集的个人数据进行个人信用评估的应用获得了长足发展，应用场景从阿里巴巴的内部延展到越来越多的外部场景，如租车、酒店、签证等。

因为客户的所有行为都会在互联网平台上留下痕迹，所以互联网企业可以方便地获取大量的客户行为信息。由互联网商务平台产生的信息一般具有真实性和确定性，通过运用大数据技术对这些数据进行分析，可以帮助企业制定出具有针对性的服务策略，从而获取更大的效益。近年来的实践证明，合理地运用大数据技术能够将电子商务的营业效率提高60%以上。

大数据在过去几年中已经改变了电子商务的面貌，具体来讲，电子商务行业的大数据应用有以下几个方面：精准营销、个性化服务、商品个性化推荐。

1．精准营销

互联网企业使用大数据技术采集有关客户的各类数据，并通过大数据分析建立“用户画像”来抽象地描述一个用户的信息全貌，从而可以对用户进行个性化推荐、精准营销和广告投放等。当用户登录网站的瞬间，系统就能预测出该用户今天为何而来，然后从商品库中把合适的商品找出来，并推荐给他。图12-15显示了用户画像会包括哪些用户基本信息和特性。

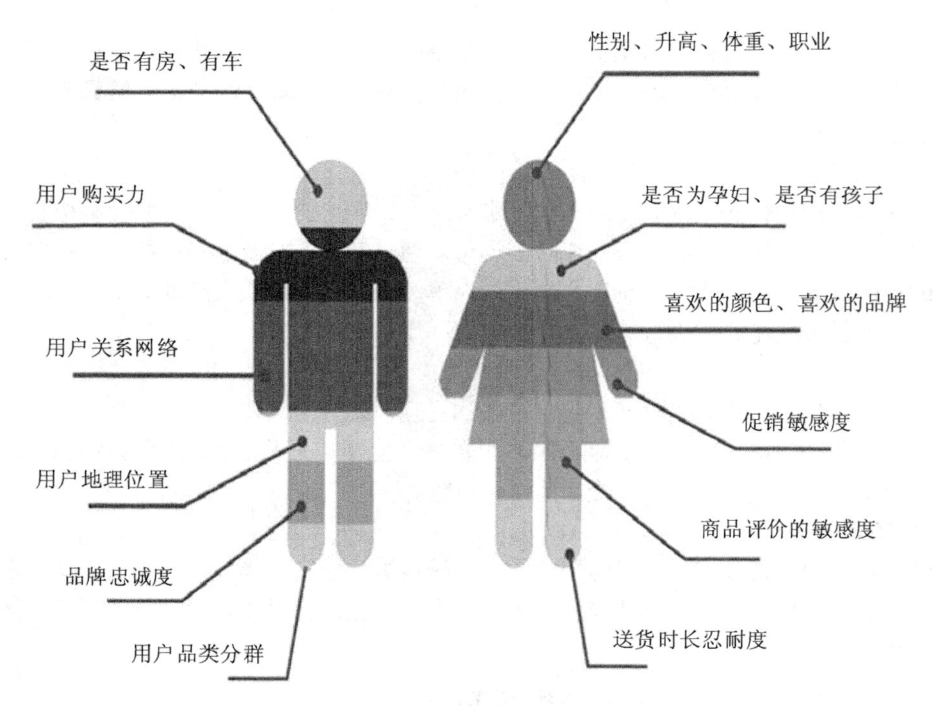

图12-15 用户画像

大数据支持下的营销核心在于，让企业的业务在合适的时间，通过合适的载体，以合适的方式，推送给最需要此业务的用户。首先，大数据营销具有很强的时效性。在互联网时代，用户的消费行为极易在短时间内发生变化，大数据营销可以在用户需求最旺盛时及时进行营销策略实施。其次，可以实施个性化、差异化营销。大数据营销可以根据用户的兴趣爱好、在某一时间点的需求，做到对细分用户的一对一的营销，让业务的营销做到有的放矢，并可以根据实时性的效果反馈，及时调整营销策略。最后，大数据营销对目标用户的信息可以进行关联性分析。大数据可以对用户的各种信息进行多维度的关联分析，从大量数据中发现数据项集之间有趣的关联和相关联系，例如，通过发现用户购物篮中的不同商品之间的联系，分析出用户的其他消费习惯。通过了解哪些商品频繁地被用户同时购买，帮助营销人员从用户的一种商品消费习惯，发现用户另外的商品消费规律，从而针对此用户制定出相关商品的营销策略。图12-16显示了网站会根据用户画像为不同客户推荐不同商品。

图 12-16 精准营销

例如，某电子商务平台通过客户的网络浏览记录和购买记录等掌握客户的消费模式，从而分析并分类客户的消费相关特性，如收入、家庭特征、购买习惯等，最终掌握客户特征，并基于这些特征判断其可能关注的产品与服务。从消费者进入网站开始，网站在列表页、单品页、购物车页等 4 个页面，部署了 5 种应用不同算法的推荐栏为其推荐感兴趣的商品，从而提高商品曝光率，促进交叉和向上销售。从多个角度对网站进行全面优化后，商城下定订单转化率增长了 66.7%，下定商品转化率增长了 18%，总销量增长了 46%。

在美国的沃尔玛大卖场，当收银员扫描完顾客所选购的商品后，POS 机上会显示出一些附加信息，然后售货员会根据这些信息提醒顾客还可以购买哪些商品。沃尔玛在大数据系统支持下实现的“顾问式营销”系统能够建立预测模型，例如，如果顾客的购物车中有不少啤酒、红酒和沙拉，则有 80%的可能需要买配酒小菜、作料。

2．个性化服务

电子商务具有提供个性化服务的先天优势，可以通过技术支持实时获得用户的在线记录，并及时为他们提供定制化服务。许多电商都已经尝试了依靠数据分析，在首页为用户提供全面的个性化的商品推荐。海尔和天猫提供了让用户在网上定制电视的功能，顾客可以在电视机生产以前选择尺寸、边框、清晰度、能耗、颜色、接口等属性，再由厂商组织生产并送货到顾客家中。这样的个性化服务受到了广泛欢迎。类似的定制服务还出现在空调、服装等行业。这些行业通过满足个性化需求使顾客得到更满意的产品和服务，进而缩短设计、生产、运输、销售等周期，提升商业运转效率。

企业要为用户提供理想的个性化服务，首先必须通过数据充分了解用户的个性，其次是合理地掌控和设计服务的个性。了解用户个性是为用户提供他们想要的产品和服务的基础。企业需要在庞大的数据库中，找出最具有含金量的数据，然后，通过数据挖掘方法对用户进行聚类，再依据用户类型的特征设计针对性的服务。个性化分散的单位可大可小，大到一个有同样需求的客户群体，小到每一个用户都是一个个性化需求单位。企业必须掌握好个性化服务的粒度，过于分散的个性化服务，会增加企业的服务成本和管理的复杂程度，所增加的个性化成本和实际收益需要成正比。

携程的大数据应用从用户的角度出发，分析基于携程所有用户的数据，包括用户在查询、浏览、预订、出行、评论等一系列旅行前后行为中所产生的数据。携程在剔除无效数据的同时，保证用户所留下的数据的真实性，然后将大量的数据进行实时筛选、分拣与重新组织并应用到用户的出行前、出行中、出行后的个性化需求中，如图 12-17 所示。要做到个性化，明确用户的目标需求是至关重要的，不仅要看订单，还要关心用户所关心的内容。例如，同样是预订五星级酒店，有些用户对酒店设施十分敏感，有些看重酒店位置，有些则更在意酒店服务，对此，携程会根据用户的需求推荐不同的酒店。

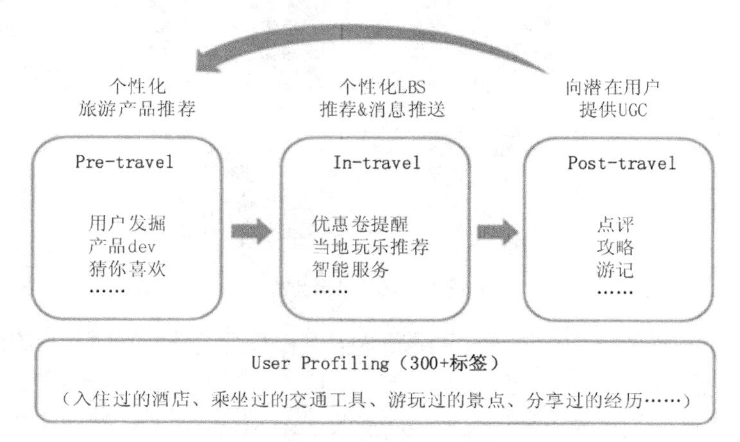

图 12-17　提供个性化旅游服务

美国塔吉特（Target）百货设立了一个迎婴聚会登记表，并对登记表中顾客的消费数据进行建模分析。他们发现，许多孕妇在第二个妊娠期的开始会买许多大包装的无香味护手霜，在怀孕的最初 20 周会大量购买补充钙、锌之类的保健品。塔吉特最终选出了 25 种典型商品的消费数据，构建了“怀孕预测指数”。通过这个预测指数，塔吉特能够在很小的误差范围内预测到顾客的怀孕情况，从而就能在合适的时间把孕妇优惠广告寄发给顾客。

“Nike 跑鞋或腕带传感器”使耐克逐渐成为大数据营销的创新公司。运动者只要穿着 Nike 的跑鞋运动，与之关联的 iPod 就可以存储并显示运动日期、时间、距离、热量消耗值等数据。Nike 通过跑步者上传的跑步路线掌握了主要城市最佳跑步路线的数据库，而且组织城市的跑步活动效果更好。目前，Nike 的运动网上社区有超过 500 万名活跃用户每天不停地上传数据，Nike 借此与消费者建立了前所未有的牢固关系。同时，海量的数据对于 Nike 了解用户习惯、改进产品、精准投放和精准营销也起到了不可替代的作用，Nike 甚至掌握了跑步者最喜欢听的歌是哪些。个性化服务离不开顾客的主动参与和分享，来源于客户的数据也能更精准地服务于客户。

“三只松鼠”近几年的快速发展，一方面是依靠品牌推广，另一方面是在数据分析的基础上不断完善细节，包括个性化的称呼、“三只松鼠”的卡通形象、赠品的差别化、不同的顾客标签分类以及用户体验等。“三只松鼠”通过 ERP 系统能够了解所有顾客在商城的购买记录，通过 CRM 系统能够准确抓取用户的评价，一些不经意的留言和评级会反映出他们的需求。通过分析顾客过去在商城的购买习惯，用户的购买评价，来判断哪种口味的产品在哪个地区卖得最好，哪种产品是消费者最乐于接受的，从而进行更有针对性的产品首页推荐。同时，他们会对顾客进行个性化、人性化的标签分类和细化分析，从而根据这些分类，推送不同的产品类型。例如，爱老婆型顾客购买的产品主要是以老婆食用为主的，“三只松鼠”会在包裹里放上书信，以“松鼠”的口吻代替顾客给他老婆写一封信。

3．商品个性化推荐

随着电子商务规模的不断扩大，商品数量和种类快速增长，顾客需要花费大量的时间才能找到自己想买的商品。个性化推荐系统通过分析用户的行为，包括反馈意见、购买记录和社交数据等，以分析和挖掘顾客与商品之间的相关性，从而发现用户的个性化需求、兴趣等，然后将用户感兴趣的信息、产品推荐给用户。个性化推荐系统针对用户特点及兴趣爱好进行商品推荐，能有效地提高电子商务系统的服务能力，从而保留客户。

（1）电子商务网站

随着电子商务的蓬勃发展，推荐系统在互联网中的优势地位也越来越明显。在国际方面，Amazon 平台中采用的推荐算法被认为是非常成功的。在国内，比较大型的电子商务平台网站有淘宝网（包括天猫商城）、京东商城、当当网、苏宁易购等。在这些电子商务平台中，网站提供的商品数量不计其数，网站中的用户规模也非常巨大。据不完全统计，天猫商城中的商品数量已经超过了 4 000 万。在如此庞大的电商网站中，用户根据自己的购买意图输入关键字查询后，会得到很多相似的结果。用户在这些结果中也很难区分异同，难于选择合适的物品，推荐系统能够根据用户兴趣为用户推荐一些用户感兴趣的商品。电子商务网站利用推荐系统为用户推荐商品，方便了用户，从而也提高了网站的销售额。

（2）电影视频网站

个性化推荐系统在电影和视频网站中的应用也很广泛，能够帮助用户在浩瀚的视频库中找到令他们感兴趣的视频。在该领域成功使用推荐系统的一家公司就是 Netflix。Netflix 原先是一家 DVD 租赁网站，后来开始涉足在线视频业务。Netflix 非常重视个性化推荐技术，并且在 2006 年开始举办著名的 Netflix Prize 推荐系统比赛，希望研究人员能够将 Netflix 的推荐算法的预测准确度提升 10%。该比赛对推荐系统的发展起到了重要的推动作用：一方面该比赛给学术界提供了一个实际系统中的大规模用户行为数据集（40 万用户对 2 万部电影的上亿条评分记录）；另一方面，在 3 年的比赛中，参赛者提出了很多推荐算法，大大降低了推荐系统的预测误差。

图 12-18 是 Netflix 的电影推荐界面，包含了电影的标题和海报、用户反馈和推荐理由三部分。Netflix 使用的是基于物品的推荐算法，即给用户推荐和他们曾经喜欢的电影相似的电影。Netflix 宣称有 60% 的用户是通过其推荐系统找到感兴趣的电影和视频的。

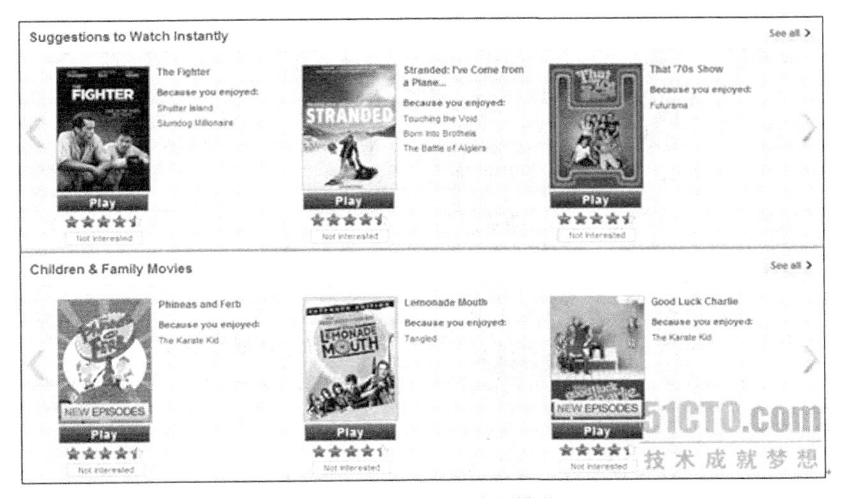

图 12-18　Netflix 电影推荐

YouTube 作为美国最大的视频网站，拥有大量用户上传的视频内容。为了解决视频库的信息过载问题，YouTube 在个性化推荐领域也进行了深入研究，现在使用的也是基于物品的推荐算法。实验证明，YouTube 个性化推荐的点击率是热门视频点击率的两倍。

（3）网络电台

个性化网络电台也很适合进行个性化推荐。首先，音乐很多，用户不可能听完所有的音乐再决定自己喜欢听什么，而且每年新的歌曲在以很快的速度增加，因此用户无疑面临着信息过载的问题。其次，人们听音乐时，一般都是把音乐作为一种背景乐来听，很少有人必须听某首特定的歌。对于普通用户来说，听什么歌都可以，只要能够符合他们当时的心情就可以了。因此，个性化音乐网络电台是非常符合个性化推荐技术的产品。

目前有很多知名的个性化音乐网络电台。国际上著名的有 Pandora 和 Last.fm，国内的代表则是豆瓣电台。这 3 个个性化网络电台都不允许用户点歌，而是给用户几种反馈方式：喜欢、不喜欢和跳过。经过用户一定时间的反馈，电台就可以从用户的历史行为中获得用户的兴趣模型，从而使用户的播放列表越来越符合用户对歌曲的兴趣。

Pandora 的算法主要是基于内容的，其音乐家和研究人员亲自听了上万首来自不同歌手的歌，然后对歌曲的不同特性（如旋律、节奏、编曲和歌词等）进行标注，这些标注被称为音乐的基因。然后，Pandora 会根据专家标注的基因计算歌曲的相似度，并给用户推荐和他之前喜欢的音乐在基因上相似的其他音乐。

Last.fm 记录了所有用户的听歌记录及用户对歌曲的反馈，在这一基础上计算出不同用户在歌曲上的喜好相似度，从而给用户推荐和他有相似听歌爱好的其他用户喜欢的歌曲。同时，Last.fm 也建立了一个社交网络，来让用户能够和其他用户建立联系，以及让用户给好友推荐自己喜欢的歌曲。Last.fm 没有使用专家标注，而是主要利用用户行为计算歌曲的相似度。

（4）社交网络

社交网络中的个性化推荐技术主要应用在 3 个方面：利用用户的社交网络信息对用户进行个性化的物品推荐，信息流的会话推荐和给用户推荐好友。

Facebook 保存着两类最宝贵的数据：一类是用户之间的社交网络关系，另一类是用户的偏好信息。Facebook 推出了一个称为 Instant Personalization 的推荐 API，它能根据用户好友喜欢的信息，给用户推荐他们的好友最喜欢的物品。很多网站都使用了 Facebook 的推荐 API 来实现网站的个性化。

著名的电视剧推荐网站 Clicker 使用 Instant Personalization 给用户进行个性化视频推荐。Clicker 现在可以利用 Facebook 的用户行为数据来提供个性化的、用户可能感兴趣的内容“流”了，而更重要的是，用户无须在 Clicker 网站上输入太多数据（通过评分、评论或观看 Clicker.com 上的视频等方式），Clicker 就能提供这样的服务。

除了利用用户在社交网站的社交网络信息给用户推荐本站的各种物品外，社交网站本身也会利用社交网络给用户推荐其他用户在社交网站的会话。每个用户在 Facebook 的个人首页都能看到好友的各种分享，并且能对这些分享进行评论。每个分享和它的所有评论被称为一个会话，Facebook 开发了 EdgeRank 算法对这些会话排序，使用户能够尽量看到熟悉的好友的最新会话。

除了根据用户的社交网络及用户行为给用户推荐内容，社交网站还通过个性化推荐服务给用户推荐好友。

（5）其他应用

因为电子商务企业基本上实现了业务流程的各个环节的数据化，所以可以充分利用大数据技术对这些数据进行挖掘分析来优化其业务流程，提高业务利润。除了前面介绍的几个应用之外，大数据在电子商务行业还可以应用在其他许多方面。

① 动态定价和特价优惠

电子商务企业可以通过使用数据构建客户资料，并发现用户喜欢花费多少费用和喜欢购买什么产品，从而通过跟踪客户的消费行为，使用大数据分析来开发灵活的定价和折扣政策。例如，如果分析显示用户对特定类别商品的兴趣飙升，则电子商务企业可以提供打折或买一送一优惠。

② 定制优惠

电子商务企业可以通过使用数据来确定客户的购买习惯，并根据以前的购买方式向他们发送有针对性的特价优惠和折扣代码。数据也可以用于在客户中止购买或只看不买时重新吸引客户，例如，通过发送电子邮件提醒客户他们查看过的产品或邀请他们完成购买。

③ 供应链管理

电子商务企业可以使用大数据更有效地管理供应链。数据分析可以揭示供应链中的任何延迟或潜在的库存问题。如果某个项目存在问题，则可以立即将其从销售中删除，以免破坏客户服务问题。

④ 预测分析

预测分析是指利用大数据技术分析电子商务业务的各种渠道，帮助企业制定未来运营的业务计划。数据分析可能会显示电商企业在线商店部门的新购买趋势或销售减缓的商品。使用这些信息就可以帮助规划下一阶段的库存，并制定新的市场目标。随时了解电子商务的最新趋势具有一定的挑战性，但是利用大数据技术可以大大提高企业的利润，并帮助企业建立一个成功的前瞻性思维业务。如果不利用挖掘大数据的力量，就可能会错过市场成功的机遇。

12.2.4 物流行业大数据应用

物流大数据就是通过海量的物流数据，即运输、仓储、搬运装卸、包装及流通加工等物流环节中涉及的数据、信息等，挖掘出新的增值价值，通过大数据分析可以提高运输与配送效率，减少物流成本，更有效地满足客户服务要求。

1．物流大数据的作用

物流大数据应用对于物流企业来讲具有以下 3 个方面的重要作用。

（1）提高物流的智能化水平

通过对物流数据的跟踪和分析，物流大数据应用可以根据情况为物流企业做出智能化的决策和建议。在物流决策中，大数据技术应用涉及竞争环境分析、物流供给与需求匹配、物流资源优化与配置等。

在竞争环境分析中，为了达到利益的最大化，需要对竞争对手进行全面的分析，预测其行为和动向，从而了解在某个区域或是在某个特殊时期，应该选择的合作伙伴。在物流供给与需求匹配方面，需要分析特定时期、特定区域的物流供给与需求情况，从而进行合理的配送管理。在物流资源优化与配置方面，主要涉及运输资源、存储资源等。物流市场有很强的动态性和随机性，需要实时分析市场变化情况，从海量的数据中提取当前的物流需求信息，同时对已配置和将要配置的资源进行优化，从而实现对物流资源的合理利用。

（2）降低物流成本

由于交通运输、仓储设施、货物包装、流通加工和搬运等环节对信息的交互和共享要求比较高，因此可以利用大数据技术优化配送路线、合理选择物流中心地址、优化仓库储位，从而大大降低物流成本，提高物流效率。

（3）提高用户服务水平

随着网购人群的急剧膨胀，客户越来越重视物流服务的体验。通过对数据的挖掘和分析，以及合理地运用这些分析成果，物流企业可以为客户提供最好的服务，提供物流业务运作过程中商品配送的所有信息，进一步巩固和客户之间的关系，增加客户的信赖，培养客户的黏性，避免客户流失。

2．物流大数据应用案例

针对物流行业的特性，大数据应用主要体现在车货匹配、运输路线优化、库存预测、设备修理预测、供应链协同管理等方面。

（1）车货匹配

通过对运力池进行大数据分析，公共运力的标准化和专业运力的个性化需求之间可以产生良好的匹配，同时，结合企业的信息系统也会全面整合与优化。通过对货主、司机和任务的精准画像，可实现智能化定价、为司机智能推荐任务和根据任务要求指派配送司机等。从客户方面来讲，大数据应用会根据任务要求，如车型、配送公里数、配送预计时长、附加服务等自动计算运力价格并匹配最符合要求的司机，司机接到任务后会按照客户的要求进行高质量的服务。在司机方面，大数据应用可以根据司机的个人情况、服务质量、空闲时间为他自动匹配合适的任务，并进行智能化定价。基于大数据实现车货高效匹配，不仅能减少空驶带来的损耗，还能减少污染。

（2）运输路线优化

通过运用大数据，物流运输效率将得到大幅提高，大数据为物流企业间搭建起沟通的桥梁，物流车辆行车路径也将被最短化、最优化定制。美国 UPS 公司使用大数据优化送货路线，配送人员不需要自己思考配送路径是否最优。UPS 采用大数据系统可实时分析 20 万种可能路线，3 秒找出最佳路径。UPS 通过大数据分析，规定卡车不能左转，所以，UPS 的司机会宁愿绕个圈，也不往左转。根据往年的数据显示，因为执行尽量避免左转的政策，UPS 货车在行驶路程减少 2.04 亿的前提下，多送出了 350 000 件包裹。

（3）库存预测

互联网技术和商业模式的改变带来了从生产者直接到顾客的供应渠道的改变。这样的改变，从时间和空间两个维度都为物流业创造新价值奠定了很好的基础。大数据技术可优化库存结构和降低库存存储成本；运用大数据分析商品品类，系统会自动分解用来促销和用来引流的商品；同时，系统会自动根据以往的销售数据进行建模和分析，以此判断当前商品的安全库存，并及时给出预警，而不再是根据往年的销售情况来预测当前的库存状况。总之，使用大数据技术可以降低库存存货，从而提高资金利用率。

（4）设备修理预测

美国 UPS 公司从 2000 年就开始使用预测性分析来检测自己全美 60 000 辆车规模的车队，这样就能及时地进行防御性的修理。如果车在路上抛锚，损失会非常大，因为那样就需要再派一辆车，会造成延误和再装载的负担，并消耗大量的人力、物力。以前，UPS 每两三年就会对车辆的零件进行定时更换，但这种方法不太有效，因为有的零件并没有什么毛病就被换掉了。通过监测车辆的各个部位，UPS 如今只需要更换需要更换的零件，从而节省了好几百万美元。

（5）供应链协同管理

随着供应链变得越来越复杂，使用大数据技术可以迅速高效地发挥数据的最大价值，集成企业所有的计划和决策业务，包括需求预测、库存计划、资源配置、设备管理、渠道优化、生产作业计划、物料需求与采购计划等，这将彻底变革企业市场边界、业务组合、商业模式和运作模式等。良好的供应商关系是消灭供应商与制造商间不信任成本的关键。双方库存与需求信息的交互，将降低由于缺货造成的生产损失。通过将资源数据、交易数据、供应商数据、质量数据等存储起来用于跟踪和分析供应链在执行过程中的效率、成本，能够控制产品质量；通过数学模型、优化和模拟技术综合平衡订单、产能、调度、库存和成本间的关系，找到优化解决方案，能够保证生产过程的有序与匀速，最终达到最佳的物料供应分解和生产订单的拆分。

3．Amazon 物流大数据应用

Amazon 是全球商品品种最多的网上零售商，坚持走自建物流方向，其将集成物流与大数据紧紧相连，从而在营销方面实现了更大的价值。由于 Amazon 有完善、优化的物流系统作为保障，它才能将物流作为促销的手段，并有能力严格地控制物流成本和有效地进行物流过程的组织运作。

Amazon 在业内率先使用了大数据、人工智能和云技术进行仓储物流的管理，创新地推出预测性调拨、跨区域配送、跨国境配送等服务。

（1）订单与客户服务中的大数据应用

Amazon 提供了完整的端到端的 5 大类服务：浏览、购物、仓配、送货和客户服务等。

① 浏览

Amazon 基于大数据分析技术来精准分析客户的需求。通过系统记录的客户浏览历史，后台会随之把顾客感兴趣的库存放在离他们最近的运营中心，这样方便客户下单。

② 购物

不管客户在哪个角落，Amazon 都可以帮助客户快速下单，也可以很快知道他们喜欢的商品。

③ 仓配

Amazon 运营中心最快可以在 30 分钟之内完成整个订单的处理。大数据驱动的仓储订单运营非常高效，订单处理、快速拣选、快速包装、分拣等一切过程都由大数据驱动，且全程可视化。

④ 送货

Amazon 的物流体系会根据客户的具体需求时间进行科学配载，调整配送计划，实现用户定义的时间范围内的精准送达。Amazon 还可以根据大数据的预测，提前发货，赢得绝对的竞争力。

⑤ 客户服务

Amazon 利用大数据驱动客户服务，创建了技术系统来识别和预测客户需求。根据用户的浏览记录、订单信息、来电问题，定制化地向用户推送不同的自助服务工具，大数据可以保证客户能随时随地电话联系到对应的客户服务团队。

（2）智能入库管理技术

在 Amazon 全球的运营中心，从入库这一时刻就开始使用大数据技术。

① 入库

Amazon 采用独特的采购入库监控策略，基于自己过去的经验和所有历史数据的收集，来了解什么样的品类容易坏，坏在哪里，然后给其进行预包装。这都是在收货环节提供的增值服务。

② 商品测量

Amazon 的 Cubi Scan 仪器会对新入库的中小体积商品进行长宽高和体积的测量，并根据这些商品信息优化入库。这给供应商提供了很大方便，客户不需要自己测量新品，这样能够大大提升新品上线速度。Amazon 数据库存储下这些数据，在全国范围内共享，这样其他库房就可以直接利用这些后台数据进行后续的优化、设计和区域规划。

（3）智能拣货和智能算法

Amazon 使用大数据分析实现了智能拣货，主要应用在以下几个方面。

① 智能算法驱动物流作业，保障最优路径

Amazon 的大数据物流平台的数据算法会给每个人随机地优化他的拣货路径。系统会告诉员工应该去哪个货位拣货，并且可以确保全部拣选完之后的路径最少。通过这种智能的计算和智能的推荐，可以把传统作业模式的拣货行走路径减少至少 60%。

② 图书仓的复杂的作业方法

图书仓采用的是加强版监控，会限制那些相似品尽量不要放在同一个货位。批量的图书的进货量很大，Amazon 通过对数据的分析发现，穿插摆放可以保证每个员工出去拣货的任务比较平均。

③ 畅销品的运营策略

Amazon 根据后台的大数据，可以知道哪些物品的需求量比较高，然后会把它们放在离发货区比较近的地方，有些是放在货架上的，有些是放在托拍位上的，这样可以减少员工的负重行走路程。

（4）智能随机存储

随机存储是 Amazon 运营的重要技术，但是随机存储不是随便存储，而是有一定的原则性的。随机存储要考虑畅销商品与非畅销商品，还要考虑先进先出的原则，同时随机存储还与最佳路径有重要关系。

随机上架是 Amazon 的运营中心的一大特色，实现的是见缝插针的最佳存储方式。看似杂乱，实则乱中有序。乱是指可以打破品类和品类之间的界线，可以把它们放在一起。有序是指库位的标签就是它的 GPS，这个货位里面所有的商品其实在系统里面都是各就其位，非常精准地被记录在它所在的区域。

（5）智能分仓和智能调拨

Amazon 智能分仓和智能调拨拥有独特的技术优势，在 Amazon 中国的 10 多个平行仓的调拨完全是在精准的供应链计划的驱动下进行的，它实现了智能分仓、就近备货和预测式调拨。全国各个省市包括各大运营中心之间有干线的运输调配，以确保库存已经提前调拨到离客户最近的运营中心。整个智能化全国调拨运输网络很好地支持了平行仓的概念，全国范围内只要有货用户就可以下单购买，这是大数据体系支持全国运输调拨网络的充分表现。

（6）精准库存预测

Amazon 的智能仓储管理技术能够实现连续动态盘点，对库存预测的精准率可达 99.99%。在业务高峰期，Amazon 通过大数据分析可以做到对库存需求的精准预测，在配货规划、运力调配，以及末端配送等方面做好准备，从而平衡了订单运营能力，大大降低爆仓的风险。

（7）可视化订单作业、包裹追踪

Amazon 实现了全球可视化的供应链管理，在中国就能看到来自大洋彼岸的库存。Amazon 平台可以让国内消费者、合作商和 Amazon 的工作人员全程监控货物、包裹位置和订单状态。从前端的预约到收货到内部存储管理、库存调拨、拣货、包装，再到配送发货，送到客户手中，整个过程环环相扣，每个流程都有数据的支持，并通过系统实现对其的可视化管理。

4. 国际物流大数据应用

DHL 应用大数据加快了自身反应速度，通过分析客户数据做到了精准服务；UPS 通过大数据调整了配送策略节省了大量燃油成本；Fleet Risk Advisors 可对车队管理做全程监控，甚至能觉察到司机的心理变化。

（1）DHL

DHL 速递货运公司的快运卡车被特别改装成为 Smart Truck，并装有摩托罗拉的 XR48ORFIO 阅读器。每当运输车辆装载和卸载货物时，车载计算机会将货物上的 RFID 传感器的信息上传至数据中心服务器，服务器会在更新数据之后动态计算出最新最优的配送序列和路径。此外，在运送途中，远程信息处理数据库会根据即时交通状况和 GPS 数据实时更新配送路径，做到更精确的取货和交货，对随时接收的订单做出更灵活的反应，以及向客户提供有关取货时间的精确信息。如图 12-19 所示。

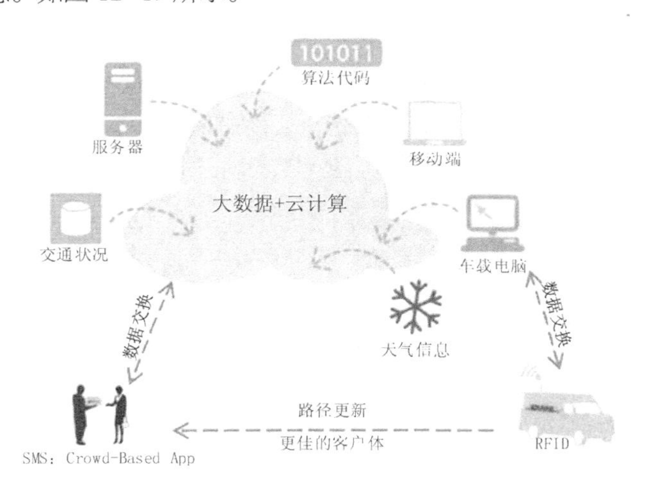

图 12-19 DHL 物流大数据应用

DHL 通过对末端运营大数据的采集，实现了全程可视化的监控，以及最优路径的调度，同时精确到了每一个运营结点。此外，拥有 Crowd-Based 手机应用程序的顾客可以实时更新他们的位置或即将到达的目的地，DHL 的包裹配送人员能够实时收到顾客的位置信息，防止配送失败，甚至按需更新配送目的地。

（2）FedEx

FedEx 联邦快递可以让包裹主动传递信息。通过灵活的感应器（如 SenseAware）来实现近乎实时的反馈，包括温度、地点和光照，使得客户在任何时间都能了解到包裹所处的位置和环境，而司机也可在车里直接修改订单物流信息。除此以外，联邦快递正在努力推动更加智能的递送服务，实现在被允许的情况下对客户所处的地理位置的实时更新和了解，使包裹更快速和精确地送达客户的手中。FedEx 将来可以根据收集到的历史数据和实时增量数据，通过大数据解决方案解决 FedEx 更多的问题，从而提升竞争力。如图 12-20 所示。

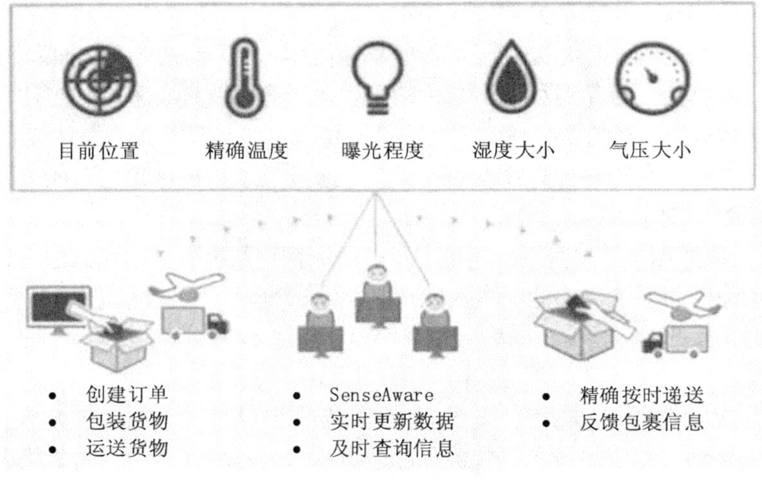

图 12-20 FedEx 物流大数据应用

（3）FleetBoard

FleetBoard 致力于通过大数据处理为物流行业用户提供远程信息化车队管理解决方案，实现数据采集和全程监控，包括驾驶司机的驾驶动作、车辆温度、车门打开等细节。车辆上的终端通过移动通信系统与 FleetBoard 的服务器建立联系，互换数据。物流公司或车队管理者可直接访问 GPS 及其他若干实时数据，如车辆行驶方向，停车/行驶时间和装/卸货等信息。此外，通过计算驾驶员急加速、急刹车的次数，经济转速区行驶时间和怠速长短等信息，可以直接帮助驾驶员发现驾驶命令中的问题并改进提高。FleetBoard 的物流大数据应用如图 12-21 所示。

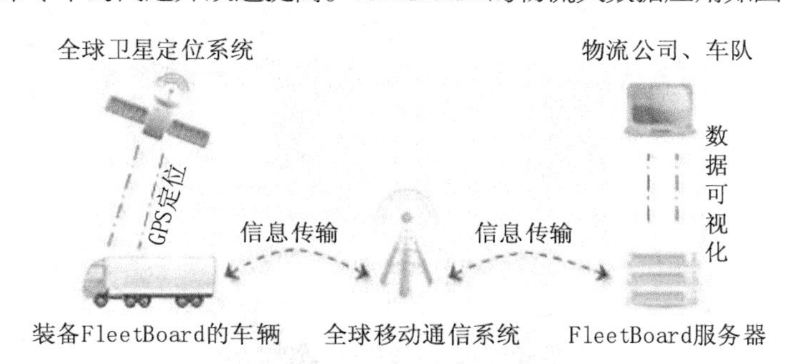

图 12-21 FleetBoard 物流大数据应用

对于冷链运输的用户，FleetBoard 有专门的数据管理系统来实时监测冷藏车的温度、车门是否打开等情况，自动向手机或电子邮箱发送警示信息。

（4）Con-Way Freight

Con-Way Freight 可提供零担运输、第三方物流和大宗货物运输等服务，范围覆盖了全美及北美五大洲的 18 个国家。Con-Way Freight 通过使用大数据解决方案使得系统能够集成实时增量数据，并通过询问和处理非结构化数据快速得出准确的答案。Ad-Hoc 系统使得公司可以定义需要监控的配送流程，预测商业活动内部和外部因素的影响，以及为 CRM 和营销计划提供消费者划分，甚至可以定位到任何一位客户，实时分析送达率和具体的货运损失等信息。而 Score Carding 系统能够将原定目标和实时表现进行对比，使 Con-Way Freight 能够随时根据对比结果全面调整和提高运营表现。如图 12-22 所示。

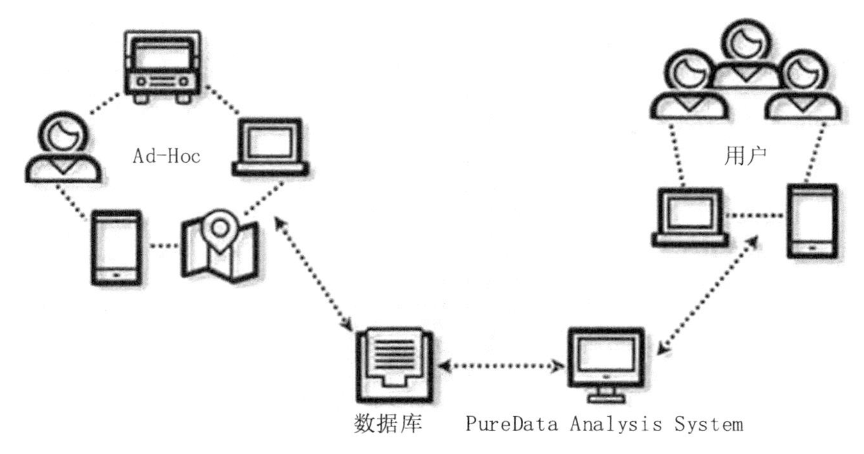

图 12-22 Con-Way Freight 物流大数据应用

Con-way Freight 高管能够通过大数据解决方案快速得出准确的数据报告，做出恰当及时的运营决策。

（5）C.H.Robinson

C.H.Robinson 第三方物流公司拥有全美最大的卡车运输网络，却没有一辆货车。它用 1.5 亿美元的固定资产，创造了 114 亿美元的收入、4.5 亿美元的利润。它的新生始于 1997 年的商业模式变革，主动放弃了自有货车，建立了专门整合其他运输商的物流系统，通过系统对社会资源进行整合建立新的平台经济。如图 12-23 所示，C.H.Robinson 的平台模式由 3 部分构成：TMS 平台，用来链接运输商；“导航球”Navisphere 平台，用来连接客户；做支付的中间账户，同时提供咨询服务。2012 年，支付服务带来大约 5 亿美元的净收入，咨询服务带来了 12 亿美元的收入。

C.H.Robinson 通过系统的两大平台：导航球（Navisphere）和 TMS 平台，来对接客户群和运输商，沉淀形成的大数据库可支持 C.H.Robinson 的增值服务。

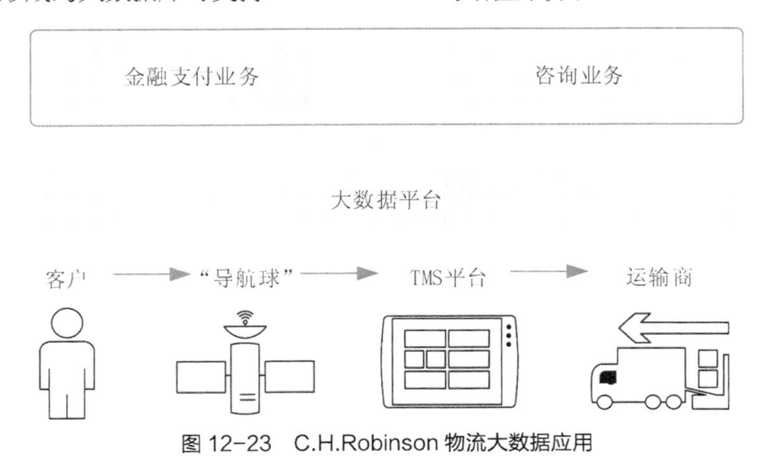

图 12-23 C.H.Robinson 物流大数据应用

（6）FRA

FRA（Fleet Risk Advisors）为运输行业提供了预测分析和风险预防或补救解决方案。FRA 根据历史数据和实时增量数据可得出司机工作表现模型和若干预测模型，能够准确地预测可避免的事故、员工流动等问题。例如，根据司机实时的工作表现波动情况，预测司机疲劳程度和排班安排等，为客户提供合理的解决方案以便提高司机安全系数，此外还能根据司机和机动车的实时状况预测可能发生的风险，并及时提供预防或补救解决方案。FRA 利用大数据预测模型取得了很好的效果，如图 12-24 所示。

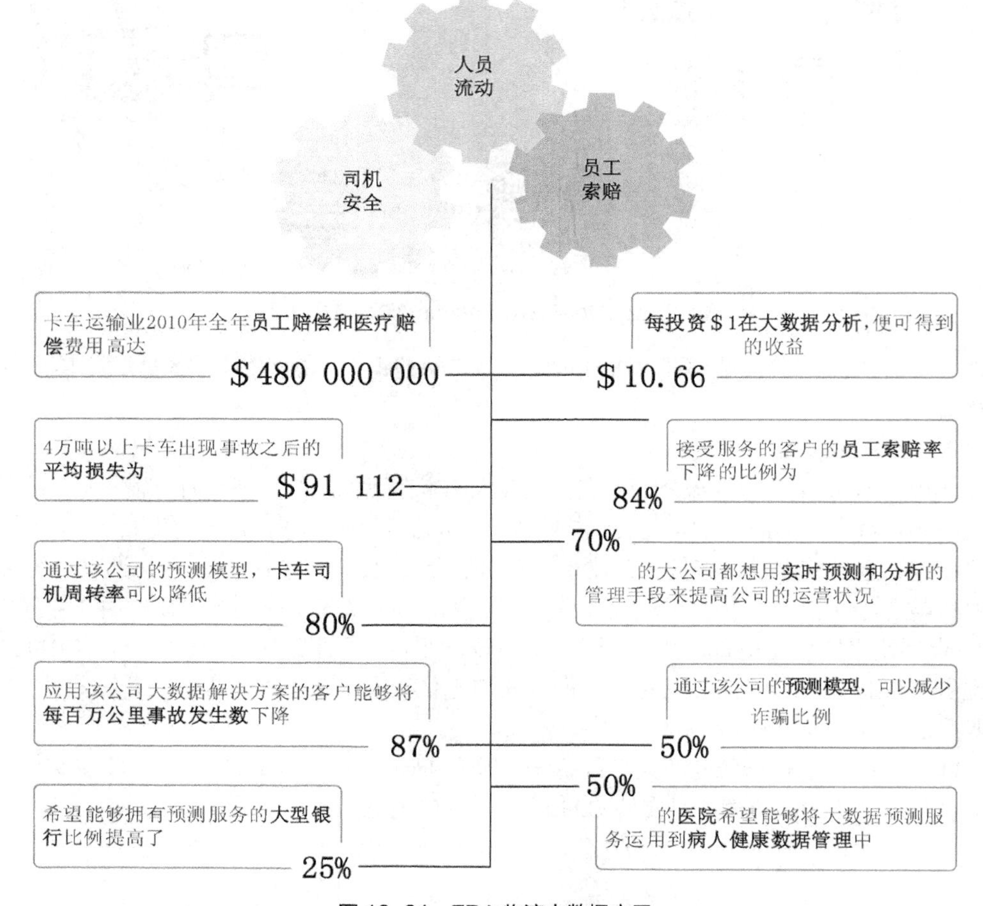

图 12-24　FRA 物流大数据应用

FRA 通过大数据解决方案得出司机工作表现的若干预测模型，解决了事故发生率和人员流动等人事部门的问题。

12.2.5　小结

大数据产业在经过几年的发展之后，已经开始进入到价值变现阶段。在互联网企业之后，传统企业已经开始利用大数据技术提高生产效率和管理水平。本节首先对国内的大数据行业应用现状进行了概括，然后分别对当前投资最多的金融、互联网、电信和物流等行业的大数据应用和案例进行了介绍。

大数据在金融行业应用范围较广，从为财富管理客户推荐产品，到利用决策树技术降低不良贷款率；从利用刷卡记录寻找财富管理人群，到提供个性化客户服务；从股价预测，到预防欺诈行为发生，金融行业大数据应用发展潜力巨大。

互联网企业的一大优势就是拥有大量的线上数据，除了利用大数据提升自己业务之外，互联网企业已经开始实现数据业务化，利用大数据发现新的商业价值。互联网企业的大数据应用覆盖了精准营销、商品推荐、洞察客户、规划营销、物流管理、流程规划和风险控制等方面。

电信运营商实施大数据应用具有先天优势，其拥有多年积累的数据。这些数据包括移动语音、固定电话、固网接入和无线上网等所有业务，也会涉及公众客户、政企客户和家庭客户，同时，其也会收集到实体渠道、电子渠道、直销渠道等所有类型渠道的接触信息，以及手机购物、视频通话、移动音乐下载、手机游戏、手机 IM、移动搜索、移动支付等移动数据。全球电信运营商已经开始利用数据挖掘、数据共享、数据分析转变商业模式，赢取深度商业洞察力，打造全新的商业生态圈，实现从电信网络运营商到信息运营商的角色转变。目前，国内运营商运用大数据主要用于网络管理和优化、市场与精准营销、客户关系管理、企业运营管理和数据业务化等方面。

物流大数据应用通过海量的运输、仓储、搬运装卸、包装及流通加工等物流环节中涉及的数据、信息等，来挖掘新的增值价值。通过大数据分析可以提高运输与配送效率，减少物流成本，更有效地满足客户服务要求。物流大数据应用对于物流企业来讲具有 3 个方面的重要作用：提高物流的智能化水平、降低物流成本、提高用户服务水平。本节对 Amazon 等几家国际上较为领先的物流企业的大数据应用进行了介绍。

12.3 总结

本章分别从大数据场景应用的横行和纵向两个维度对大数据应用进行了描述。首先，从大数据场景应用的横向出发介绍了大数据在各个功能领域的应用场景，主要介绍了精准营销、个性化推荐和大数据预测的大数据应用的场景和案例；然后，从大数据场景应用的纵向出发介绍了各个行业的大数据应用场景，主要介绍了银行、证券、保险、互联网金融、互联网、电信和物流等行业的大数据场景应用和案例。

习 题

1. 什么是精准营销？与传统营销相比，精准营销有哪些不同和优点？
2. 企业的大数据精准营销主要涉及哪些方面？
3. 大数据精准营销有哪些典型方式？
4. 什么是个性化推荐？推荐系统与搜索引擎的核心差别是什么？
5. 请描述推荐引擎的工作原理。
6. 什么是长尾理论？推荐系统为什么能够帮助企业更好地利用长尾理论？
7. 根据发现数据相关性的方法进行分类，推荐机制有哪 3 大类？各自的优缺点有哪些？
8. 什么是基于用户的协同过滤推荐？什么是基于项目的协同过滤推荐？什么是基于模型的协同过滤推荐？各自的优缺点有哪些？
9. 大数据预测的优势有哪些？典型的应用有哪些？
10. 大数据预测在哪 3 个方面带来了思维改变？
11. 大数据预测的四大特征是什么？
12. 常见的大数据应用的类型可以分为哪 5 大类？
13. 银行大数据应用有哪 4 个方面？

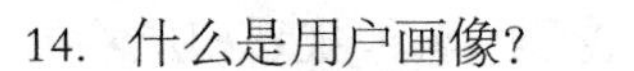

14. 什么是用户画像？
15. 什么是精准营销？
16. 证券行业的大数据应用主要有哪3个方向？
17. 保险行业的大数据应用主要有哪3个方向？
18. 与传统行业相比，互联网行业实施大数据战略的主要优势是什么？
19. 互联网行业的大数据应用主要有哪些方面？
20. 什么是交叉销售？
21. 什么是捆绑销售？